PROGRAMME RAISONNÉ

DU

COURS DE CULTURE

PROFESSÉ

A L'ÉCOLE NORMALE DE VERSAILLES.

ERRATA.

Pages 22, ligne 20, au lieu de 1.º *reptiles*, lisez *utiles*.

25, ligne 12, au lieu de 3.º *les mares*, lisez *les marcs*.

34, ligne 4, au lieu de *sa* description, lisez *la* description.

42, ligne 9, au lieu de tilleul *abgenté*, lisez *argenté*.

89, ligne 21, au lieu de *l'alcoola*, lisez de *l'alcohol*.

118, ligne 16, au lieu de *cristallelle*, lisez *cristatelle*.

121, après 102, *Brise moyenne*, et la description qui se rapporte à cette plante, faites l'addition suivante, nécessitée par omission.

    102 *bis*. FLOUVE ODORANTE. — Gramen peu garni et grêle dans toutes ses parties, croissant naturellement dans des lieux secs et humides, et entrant avantageusement, en certaine proportion, dans la composition des prairies et des pâturages. Cette espèce produit peu, mais elle est très-alimentaire; elle a, verte et sèche, une saveur fort agréable, et sèche, une odeur suave et pénétrante qui aromatise le foin: les animaux la recherchent.

124, ligne 14, devant *Millet d'Italie*, placez le n.º 3 oublié.

125, ligne 8, au lieu de *Millet d'Italie Sorgho*, lisez simplement *Sorgho*.

163, ligne 25, *Beclabunga*, lisez *Becabunga*.

164, ligne 11, *Galeope*, lisez *Galéopside*.

168, ligne 13, *Boucace*, lisez *boucage*.

Id., ligne 38, *Cucalis*, lisez *Caucalis*.

Id., ligne 40, *Ruplèvre*, lisez *Buplèvre*.

PROGRAMME RAISONNÉ

DU

COURS DE CULTURE

PROFESSÉ

A L'ÉCOLE NORMALE DE VERSAILLES ;

SUIVI DE

L'EXPOSÉ DES ÉLÉMENS D'ÉTUDES AGRONOMIQUES,

ET DE LA

DESCRIPTION DU JARDIN D'INSTRUCTION DE L'ÉCOLE ;

AVEC 16 PLANCHES

Donnant l'intelligence des objets qui sont désignés dans ce Cours.

Par M. Fr. Philippar,

Directeur du Jardin des Plantes de Versailles, Professeur de Culture à l'Ecole Normale de Versailles, Professeur d'Horticulture, d'Art forestier et de Botanique appliquée à l'Institut royal agronomique de Grignon, etc.; Membre honoraire, titulaire, associé et correspondant de plusieurs Sociétés savantes nationales et étrangères, etc.

A VERSAILLES,

CHEZ DUFAURE, ÉDITEUR, IMPRIMEUR-LIBRAIRE,

Rue de la Paroisse, 21.

M. DXXX. XL.

AVANT-PROPOS.

Depuis sept ans je fais le cours de culture de l'école normale de Versailles ; pendant ce temps, j'ai pu apprécier les besoins de l'enseignement qui m'est confié et acquérir l'expérience de la manière de diviser la matière de ce cours, qui est destiné à l'instruction des instituteurs.

Après avoir cherché à me pénétrer des vues du Gouvernement, qui a senti la nécessité d'introduire l'enseignement de la culture dans les écoles normales primaires de la France, j'ai fait un premier programme que j'ai modifié chaque année dans l'intérêt des études de nos élèves-maîtres ; de modifications en modifications, fondées sur la pratique de l'enseignement, j'ai cru pouvoir m'arrêter à celui que je donne ici, qui me paraît convenir aux élèves des écoles normales primaires, et qui doivent exercer les fonctions d'instituteurs.

Un bon cours de culture pour les écoles normales primaires, ne me paraît pas très-facile à faire ; il ne faut pas se dissimuler les difficultés qui environnent un tel enseignement, quand on comprend sa portée et son utilité. Dans ces établissemens, il ne s'agit pas de faire des agriculteurs praticiens, on ne veut même pas former des cultivateurs ; mais on a pour objet de façonner des hommes qui puissent être utilement placés dans les campagnes, au milieu des populations rurales, pour lesquelles la culture est l'occupation principale.

Les instituteurs sont destinés à instruire des enfans qui sont nés dans la culture et qui, pour la plupart, doivent cultiver ainsi que le font leur père ; pour cela, ils ne peuvent rester étrangers à ce qui se fait autour d'eux et à ce qu'il serait possible de faire là où ils sont placés, afin d'être en état de diriger plus sûrement dans le temps de leurs occupations futures, et conséquemment dans l'intérêt de leur avenir, les élèves qui leur sont confiés.

Ce n'est pas de la science qui convient dans une semblable situation, mais bien une prédisposition intellectuelle par laquelle l'instituteur éclairé sur tout ce qui constitue le mouvement continuel de la vie des champs, puisse être en état de répondre aux nombreuses questions qui lui sont faites par les enfans, et puisse au besoin conseiller les pères sur ce qui pourrait être fait avec plus d'avantage pour eux et pour la population communale. La science ne serait pas comprise et découragerait peut-être ceux qui n'ont pas été façonnés pour l'entendre, et elle perdrait sans doute, dans ce cas, tous les avantages que lui reconnaissent les hommes qui sont préparés à l'appliquer.

Appeler de bonne heure l'attention des enfans sur ce qu'ils doivent faire un jour, les disposer à raisonner et à s'expliquer tout ce qu'ils voyent et ce qu'ils feront, c'est amener doucement et insensiblement les hommes à posséder une véritable instruction, c'est leur faire aimer leur profession, les concentrer dans la sphère laborieuse où il est important de les entretenir, en les éclairant, pour leur rendre la vie plus douce et la situation plus agréable; c'est enfin préparer des intelligences à utiliser la raison et les forces au profit de la fertilité du sol, qui devient d'autant plus riche et fécond qu'il est bien cultivé.

Les résultats à obtenir de l'enseignement de la culture dans les écoles normales primaires ne peuvent être immédiats; ils se feront attendre pendant quelques années encore, parce que les instituteurs que nous formons actuellement, auront à éclairer des élèves qui seront moins aptes à profiter de leurs leçons que ceux qui leur succéderont : ceux-ci seront encouragés par leurs pères qui pourront apprécier les bienfaits de l'instruction qu'ils auront reçue, et à l'aide de laquelle ils ne manqueront pas de préparer les leurs à en profiter mieux encore. Quoique les résultats paraissent être assez loin de nous, et que les succès dépendent de ce qui se fait maintenant et de ce qui doit se faire successivement, il est raisonnable d'établir des bases qui deviendront le fondement d'un avenir consistant.

Chaque département ou à peu près tous les départemens, ayant leur école normale, c'est dans ce centre d'instruction populaire, ainsi que l'a parfaitement compris le Gouvernement, que l'on doit semer ces bons principes de culture par lesquels la fertilité du territoire ira croissant. Faire connaître le sol, sa nature, ses parties constitutives et les diverses proportions dans lesquelles se trouvent ses constituans; parler de la puissance de la fécondité des terres et des moyens d'entretenir et d'accroître, s'il y a lieu, cette fécondité, en indiquant les substances dont on peut faire usage à cet égard; appeler l'attention sur les outils, les instrumens et les machines dont on se sert; signaler le vice des uns, les avantages des autres, et ne pas laisser ignorer ceux qui sont étrangers à la contrée, mais qui y seraient introduits dans l'intérêt des hommes et des animaux; enfin chercher à démontrer la meilleure manière d'obtenir les produits et de les employer : ces objets sont autant de points sur lesquels on s'étendra toujours au profit de l'instruction. L'étude des végétaux et celle des animaux qui rendent de si grands services et que l'on connaît à peine, bien qu'on vive toujours au milieu d'eux, prendra sa place dans l'enseignement.

C'est encore dans ces écoles que l'on doit apprendre à connaître les ressources culturales et industrielles du département, les diverses pratiques de culture qui y sont suivies et celles qui pourraient y être introduites, les causes de prospérité, de retard ou de souffrance, la routine vicieuse et les désordres qui en découlent, les améliorations introduites et celles que l'on pourrait introduire. C'est dans ce lieu d'études positives et d'immédiate application, qu'on doit s'instruire sur la véritable situation du département sous le rapport de la culture, de l'industrie et du commerce, parce que selon la situation physique, qu'il est souvent possible de modifier, en opérant sagement, on peut plus ou moins facilement diriger le moral en faveur du bien-être social.

Si dans chaque département il est un certain nombre de personnes qui appellent l'attention des autres sur le bien aise ou le mal aise qui les environne et sur la cause de cette situation, il est tout naturel de penser qu'on éclairera les hommes sur ce qui les intéresse le plus particulièrement, et qu'on arrivera à les faire raisonner et opérer dans le sens d'un mieux qui profite à tous.

Afin de fixer l'opinion des élèves que l'on instruit, on peut avec avantage, dans le sens de leur développement intellectuel, comparer d'autres départemens avec celui dans lequel on se trouve ; alors en indiquant le véritable état caractéristique du département que l'on compare, et la cause de cet état, cause qui est toujours assez facilement appréciable, on fera pénétrer dans les esprits le sentiment de la localité, et on fournira les moyens de mieux comprendre la relation des choses par lesquelles le bien ou le mal, avec ses conséquences, peut être fait.

L'étude de la culture, outre les lumières que donne cet enseignement, offre encore ce précieux avantage de disposer les hommes qui s'y livrent à la méditation. C'est au milieu des champs que l'homme devient meilleur pour lui, pour sa famille et pour la société. Tout en creusant le sillon, en divisant son champ avec ses paisibles animaux, le laboureur est toujours émerveillé du résultat de ses œuvres, et il ne peut pas ne pas reconnaître les bienfaits d'une puissance divine qui préside à ses travaux. Sans contredit, les populations agricoles sont comparativement les plus simples, les plus morales et les plus religieuses ; et on peut le comprendre, en pensant que le travail occupe utilement et agréablement l'esprit et le corps du cultivateur, et que constamment charmé du beau spectacle de la nature, dont les scènes sont si variées, il se pénètre d'un religieux respect pour l'auteur de tant de merveilles.

Je n'ai pas perdu de vue que l'enseignement de la culture devait céder le pas à l'enseignement fondamental, celui qui est de première nécessité, aux autres facultés qui deviennent l'objet essentiel des écoles primaires. Concevant que les élèves n'ont que peu de temps à donner à l'étude de la culture, j'ai dû, dans l'exposition de la matière, penser à me resserrer dans les limites des parties qui deviennent les plus utiles, en cherchant néanmoins à mettre nos jeunes gens à même de comprendre les ouvrages de culture, de répondre aux questions qui leur sont faites par les enfans qu'ils instruisent, de pouvoir s'expliquer les travaux qu'ils voyent faire autour d'eux, d'entendre le langage du cultivateur, de rectifier quelques fausses idées, de déraciner quelques routines, et de savoir donner à propos quelques conseils.

Pour chercher à mieux atteindre le but proposé, j'ai dû rendre le cours aussi consistant que possible et enchaîner la matière de telle sorte que le connu conduise à l'intelligence de ce qu'on doit successivement apprendre, et j'ai dû, pensant bien que l'élève, qui aurait suivi mon cours, ne pouvait pas être cultivateur capable d'opérer dans tous les cas, laisser à nos auditeurs des élémens tels qu'ils puissent profiter de tout ce qu'ils voient et acquérir, par l'observation et l'expérience, ce que le peu de temps qu'ils restent à étudier avec moi ne m'a pas permis de leur enseigner. J'ai dû encore, dans l'intérêt de leur instruction et de leur bonheur pendant l'exercice de leurs fonctions, là où ils se trouveront, chercher à leur apprendre à discerner la véritable pratique d'avec la routine, et les disposer à environner de leur confiance et de leur respect le laborieux cultivateur, à qui une longue expérience du travail et de l'observation a donné une science de faits à l'aide de laquelle il cultive avec succès.

Aujourd'hui que tout est dirigé vers le positif, que l'on

ne fait rien sans se rendre compte d'un résultat prévu et calculé, et que nous usons de tous les moyens qui sont en notre pouvoir pour améliorer dans toutes les parties, il serait honteux que la population agricole restât plongée dans cette routine aveugle qui a traversé tant d'époques, et qui s'est même fortifiée au préjudice de l'augmentation de la production du sol et du développement des industries qui ressortent de la culture. En tout il y a progrès; la culture est peut-être la seule partie qui prenne la moindre part à ce mouvement; car, il faut bien le reconnaître, si dans quelques localités il se trouve un petit nombre d'hommes qui donnent l'impulsion de l'amélioration, dans une immense quantité d'autres, l'engourdissement le plus profond et l'indifférence la plus grande frappent de nullité tous les projets qui tendent aux progrès. Ce qui est remarquable et qui prouve que les lumières, sur l'intelligence de la meilleure fertilisation n'ont pas encore exercé partout leur salutaire influence, c'est que ce sont ceux-là mêmes qui auraient le plus d'intérêt à l'amélioration, qui la comprennent le moins et qui sont les moins disposés à faire usage des ressources qui les environnent. Il ne faut pas négliger de reconnaître que, si depuis quelques années il y a des progrès de faits sur certains points de notre France, ce n'est que depuis que quelques hommes éclairés y ont pénétré, et depuis que, par le bienfait du gouvernement, l'instruction a été comprise et a été encouragée.

En tenant compte de ce fait, on peut facilement comprendre la cause du retard; car qui jusqu'ici, dans les campagnes, aurait répandu les principes d'une pratique éclairée, qui aurait enseigné les moyens d'améliorer et qui le ferait même encore maintenant dans certains lieux retirés? Le défaut de communication, les centralisations locales et les préventions quelquefois fondées contre ce qui est innovation prônée par des hommes qui n'étaient pas spéciaux, ont fait que les populations rurales sont restées indifférentes,

ou se sont tenues long-temps en garde contre ce qui eût
peut-être pu les faire sortir du cercle étroit dans lequel elles
vivaient, affermies par l'exemple de leurs pères.

Il est vrai de dire, et il ne faut pas se le dissimuler, que
les causes qui ont rendu les hommes justement plus défians,
mettront encore long-temps obstacle à l'introduction de principes plus sûrs ; aussi, pour se présenter à eux avec utilité,
pour les convaincre, devons-nous les aborder avec l'esprit
de persuasion basé sur de solides raisonnemens fortifiés par
les faits que la pratique et l'expérience font connaître : la
manière de se faire comprendre est subordonnée au langage
que l'on emploie. Comme la susceptibilité est grande chez
ceux qui ne comprennent pas et qui ignorent, et qu'il y a
une sorte de culte attaché aux règles prescrites par les ancê-
tres, il ne faut pas heurter ni vouloir chercher à faire adopter de suite des principes que la raison commande et que le
défaut d'intelligence fait repousser. Il faut marcher lente-
ment, progressivement, et aller droit à l'intelligence, afin de
l'ouvrir et de l'éclairer insensiblement ; alors on arrivera.
Combien d'améliorations échouent faute de savoir les introduire, et combien de succès sont déconsidérés par le fait
des mauvais moyens que l'on a employé pour les faire connaître ! souvent par une fausse direction dans les moyens on
n'atteint pas la fin.

Il faut aussi que les hommes qui ont la mission de propager les bons principes de culture, de populariser l'enseignement cultural et de rectifier les idées en préparant de bonnes
voies, se prémunissent contre tout ce qui leur sera opposé.
Il est pour ainsi dire de convention que ceux qui se consa-
crent à ce genre d'enseignement doivent s'attendre à supporter quelques désagrémens, ils sont inhérens aux charges
pénibles de leurs fonctions : heureux si ils ont le bon esprit
de se soumettre adroitement, en persévérant au milieu des
obstacles qui surgiront de toutes parts ! Ils entendront souvent dire que les principes qu'ils professent sont des théo-

ries ; que depuis long-temps on cultive sans autres règles, sans autres principes que ceux qui ressortent de l'habitude, et que la terre n'a jamais manqué à celui qui la remuait.

Il est vrai que ces réflexions ne seront jamais faites que par des hommes qui ne possèdent ni le véritable savoir pratique, ni la saine raison appuyée sur une bonne théorie ; parce que, si ils étaient affermis dans l'une par l'autre qui l'éclaire, ils concevraient que pour opérer ils marchent eux-mêmes d'après un raisonnement qui est leur théorie, dont le fondement n'est cependant pas assez solide pour qu'ils puissent obtenir les succès que donnent les lumières. Ils ne peuvent pas comprendre qu'à l'aide de ces lumières ils pourraient tirer plus avantageusement partie des circonstances naturelles et accidentelles qui les environnent. Cependant on doit se tenir en garde contre les théories et contre les hommes qui les conseillent.

Ceux-ci n'ont pour eux que le savoir d'un raisonnement qui séduit, mais qui peut être dangereux pour les fortunes qu'ils exposent impunément, parce que l'application en serait funeste et qu'ils seraient eux-mêmes fort embarrassés de la faire. En culture, une théorie sans fondement est ruineuse comme effet et nuisible comme exemple.

Les hommes à théorie n'ont pour eux qu'un raisonnement dont la substance coordonnée ne peut être soumise à aucune déviation, parce que l'application qui se complique de circonstances qu'il n'est pas toujours facile de prévoir, doit être subordonnée à tous les détails des opérations que l'expérience suggère. Ils laissent tous les cas imprévus, ils ne peuvent comprendre ni conséquemment prévoir les modifications infinies qui nécessitent des opérations variées et multipliées qui fondent l'art du cultivateur s'appuyant sur l'économie agricole.

Sans doute la pratique présente tous les avantages de succès quand elle est régie par des principes sûrs et qu'elle est dirigée par le raisonnement basé sur l'expérience ; mais la pratique, dépouillée de tout espèce de raisonnement, entretient celui qui la suit dans la sphère étroite d'une intelligence bornée par laquelle on reste dans les limites de l'imitation sans espoir de progrès. Cependant si la pratique routinière paralyse, elle expose moins à de ruineux mécomptes qu'une théorie hasardée qui effraye l'homme attentif, qui le dispose à imiter dans le cas de succès. Il est pourtant vrai de dire aussi que cette pratique routinière est funeste à la société, en ce sens qu'elle entrave les progrès et qu'elle engourdit l'intelligence.

L'amélioration est un besoin que tous les cultivateurs sentent ou doivent sentir, et nous dirons à ceux qui voient notre agriculture dans un état brillant, que nous aurons le droit de nous montrer persistans dans notre manière de faire quand nous aurons en France moins de terres incultes et plus de terres mieux cultivées ; quand nos races d'animaux domestiques seront plus généralement améliorées et que les animaux seront plus nombreux, de manière à avoir de la viande et des cuirs en plus grande quantité et à meilleur compte, et afin de faire une plus grande masse de fumiers pour l'engrais des terres ; quand nous saurons généralement utiliser toutes les substances propres à améliorer le sol, et quand nous appliquerons à propos les amendemens, les engrais et les stimulans, en sachant utiliser tout ce que nous possédons pour composer des matières fertilisantes ; quand les instrumens d'agriculture seront simples, peu coûteux, commodes à manier, et moins fatiguans pour les hommes et les animaux ; quand notre culture forestière laissera moins à désirer, et que le bois sera en suffisante quantité pour fournir aux besoins de toutes les constructions, avec facilité de pouvoir le choisir, et quand la réduction de son prix sera telle que l'ouvrier pourra garnir son foyer, et que le malheureux ne sera plus exposé à souffrir du froid dans sa demeure ; quand la routine, la saleté et la misère seront loin de nos campagnes ; quand tous nos départemens seront fertiles, riants, peuplés d'habitans aisés et laborieux ; enfin quand l'instruction aura pénétré partout, qu'elle sera comprise, que les parens préféreront envoyer les enfans aux écoles plutôt que d'épuiser leurs forces naissantes à des travaux pénibles, qui entravent le développement de jeunes intelligences qui devraient grandir pour le service du pays, et que cette belle instruction, source de prospérité, aura plus généralement fait sentir son heureuse influence pour le bonheur de toute la classe laborieuse.

Il faut bien se persuader que la culture ne doit pas se borner à la simple imitation, et que sont bons cultivateurs, tous les hommes qui font bien ce qui est connu et ce qui se fait autour d'eux. Sans doute c'est un mérite, mais s'il n'y avait que des imitateurs, la station serait accablante. Les besoins s'accroissent avec le temps et avec la population. L'industrie qui s'étend et qui suit le mouvement de progression, attend plus de ressources de la culture qui l'alimente et qui l'entretient. Si les ressources qui nous environnent ne suffisent pas, pourquoi ne pas chercher à les augmenter et même à en créer de nouvelles qui soient plus en rapport avec nos besoins : les besoins prennent un caractère de périodicité qui entretient les fluctuations physiques, politiques, morales et intellectuelles des populations.

On n'est qu'imitateur sans succès assez fructueux quand on ne conçoit qu'une culture, tandis qu'on est cultivateur éclairé quand on l'étend au delà de la sphère des opérations ordinaires et que l'on comprend tout ce que peut la culture sur la production variée en quantité et en qualité. L'industrie marche de front avec la culture ; le commerce qui découle de l'une et de l'autre et qui leur fournit aussi des moyens, répartit au profit du consommateur ce que le sol produit et ce que l'art perfectionne.

Le cultivateur doit tout prévoir, car sa situation est imposante : il a entre les mains un dépôt sacré, le trésor de la nation.

PROGRAMME DU COURS.

Ce programme devant être mis entre les mains des élèves qui suivent le cours, j'ai dû le détailler suffisamment pour donner à mes auditeurs un cadre assez complet des études agronomiques, afin qu'ils puissent avoir une juste idée de l'ensemble des études que nécessite la culture.

Dans l'exposition de la matière, suivant que le sujet présente de l'utilité et selon que le développement doit intéresser et devient nécessaire, je m'étends et quelquefois beaucoup, je me resserre ou je passe très-rapidement : l'importance relative du sujet me guide à cet égard.

Le cours de culture est divisé en trois parties; chacune de ces parties est subdivisée de manière à faciliter l'intelligence des démonstrations. Ces trois parties composent la théorie et la pratique.

Les leçons théoriques se font dans l'amphithéâtre, et les leçons pratiques se font dans les carrés d'étude du jardin et dans les promenades. — Je parlerai subséquemment du jardin, dont je donnerai la description, et j'indiquerai comment les promenades spéciales sont faites.

1.re PARTIE. — THÉORIE DE LA CULTURE.

ÉTUDES PRÉLIMINAIRES.

1.° *Introduction au cours.*

DE LA CULTURE. — Définition de la culture. — Quelle est son utilité. — De quoi elle se compose : 1.° de la culture proprement dite, 2.° de l'éducation des végétaux, 3.° de l'éducation des animaux, 4.° des constructions agricoles, 5.° de l'industrie agricole, 6.° du commerce des produits agricoles, et 7.° de l'économie rurale. — Explication sur chacune de ces branches de la culture, avec indication des avantages qu'elles présentent.

DIVISION DE LA CULTURE en *Agriculture* ou culture des champs, comprenant les terres labourées, les prairies naturelles et les prairies artificielles, les paturages agrestes et les paturages cultivés, les vergers agrestes et les vergers cultivés, les plantations fruitières et les plantations dépendantes de l'agriculture.

En *Viticulture* ou culture des vignobles.

En *Moriculture* ou culture des mûriers.

En *Plantations* considérées en général et en *plantations* spéciales.

En *Sylviculture* ou culture des bois et des forêts.

En *Horticulture* ou culture des jardins, comprenant le marais, la pépinière, le jardin fruitier, le jardin potager-fruitier, le fleuriste, le jardin officinal, le jardin d'étude générale ou spéciale, les jardins d'ornement, le parc, le jardin anglais et les divers jardins de fantaisie.

De l'utilité de chacune de ces divisions et des circonstances qui permettent d'adopter l'une ou l'autre, et des situations dans lesquelles il est possible et avantageux d'en adopter plusieurs.

Définition de la théorie et de la pratique. — Développement sur ces deux manières d'envisager la culture et déduction des avantages que le cultivateur doit trouver en faisant marcher de front la théorie et la pratique, qui sont inséparables.

INFLUENCE DE LA CULTURE. — Influence de la culture sur les états, sur la société, sur les familles et sur les particuliers. — Comparaison de l'influence de la culture avec celle de l'industrie proprement dite et du commerce, sur le caractère physique et moral des populations, sur l'aisance sociale et individuelle, et sur la prospérité des états.

UTILITÉ DU COURS. — Considérations générales sur l'utilité du cours pour les instituteurs. — Résultats qu'on doit obtenir de l'enseignement de la culture dans les écoles normales primaires et dans les écoles communales. — Conséquences de ces résultats en faveur des instituteurs, des élèves des écoles communales, de la population agricole, et conséquences de ces résultats relativement à l'amélioration des cultures françaises.

MANIÈRE D'UTILISER L'ENSEIGNEMENT DE LA CULTURE. — De quelle manière l'instituteur pourra utiliser dans les écoles des campagnes et même dans celles des villes, les connaissances qu'il aura acquises dans le cours de culture. — Moyens que l'instituteur doit employer pour diriger l'esprit de la jeunesse vers la culture, et pour instruire dans cette partie les enfans qui lui sont confiés. — Moyens que l'instituteur doit employer pour utiliser ses connaissances en culture au profit de l'amélioration locale.

SITUATION DE LA CULTURE EN EUROPE, EN FRANCE ET DANS LE DÉPARTEMENT DE SEINE ET OISE.

Examen rapide des états de l'Europe relativement à leur situation culturale. — Indication des états où la culture est en progrès et de ceux où la culture est en retard, et comparaison de la situation caractéristique des peuples de ces divers états relativement à la culture.

Examen de l'état actuel de la culture en France. — Coup-d'œil sur les départemens de la France où la culture est en progrès, et sur ceux où elle est en retard. — De la cause de la prospérité et de la cause du retard. — Des moyens à employer pour chercher à rétablir l'équilibre, sans perdre de vue les situations locales et les besoins des localités. — Examen des cultures du département de Seine et Oise.

Etat des cultures de ce département. — Cantons où la culture est en retard. — Cause de la différence et des moyens à employer pour arriver à une amélioration plus générale.

2.° *Etude des Elémens de production* (*).

DE LA NATURE ET DE SES COMPOSÉS. — Définition de la nature. — Ce qu'on entend par composés de la nature. — Division des composés de la nature en classes ou règnes. — Caractère de chaque règne. — Rapports qui existent entre les composés de chaque règne.

Des composés de la nature, considérés sous le rapport de la culture, de l'industrie, des arts et du commerce. — Utilité relative des composés de la nature pour la culture.

DES CORPS CÉLESTES. — Du soleil et de son influence relativement à la culture. — Des saisons et de leur influence en culture. — Influence du jour et de la nuit sur la culture et sur tout ce qui découle de la culture.

(*) Toutes les parties qui composent la matière que je traite dans cette subdivision, ne sont considérées que sous le rapport spécial de la culture ; en m'abstenant de pénétrer dans les détails scientifiques, je réduis les démonstrations à l'expression la plus simple de l'immédiate application à la culture.

De la lune et de son influence relativement à la culture. — Quelques observations relatives aux influences de la lune sur les opérations de la culture et sur les végétaux. — Observation sur la lune rousse dont on parle tant en culture.

DE L'ATMOSPHÈRE. — Etude des différens milieux atmosphériques.

Des agens atmosphériques et de leurs effets considérés relativement à la culture.

Des météores et de leurs effets sous le rapport de la culture.

DE LA TERRE. — De la terre considérée en général, relativement à sa formation et à sa composition. — De la croûte terreuse et de sa base.

De la classification des terrains et des roches qu'ils contiennent.

Comme il importe beaucoup que le cultivateur puisse s'entendre avec le géologue, il me paraît utile, en parlant de la terre, de chercher à faire concorder la science avec la pratique. L'étude de la terre, qui donne lieu à une science qui a pris rang, la *Géologie*, est un des points importans de la culture. Sans vouloir pénétrer dans les détails scientifiques, j'ai dû, à l'aide de cette science, en prenant ce qu'elle peut offrir de précisément utile à la culture, poser des bases qui puissent faire connaître d'une manière plus positive le sol, sa situation et sa constitution, pour arriver à mieux apprécier sa fertilité, la cause de cette fertilité, afin que le cultivateur puisse opérer avec plus de précision.

1.° Terrain granitique.
2.° Terrain schisteux.
3.° Terrain carbonifère.
4.° Terrain triasique.
5.° Terrain jurassique.
6.° Terrain crétacé.
7.° Terrain supercrétacé.
8.° Terrain clysmien.
9.° Terrain moderne.
10.° Terrain pyroïde.
11.° Terrain volcanique.

Situation de chacun de ces terrains. — Caractères de constitution, d'inclinaison et de puissance culturale de chacun de ces terrains. — Des roches qu'ils contiennent. — De la nature de ces roches et de leur désagrégation par rapport à la culture.

De l'inclinaison des terrains considérée sous le rapport de la culture.

Des eaux. — Des différentes masses d'eau et de leur influence sur la culture.

Des situations et des expositions. — Etudes de la situation et de l'exposition des terrains par rapport à la culture. — De l'influence des situations et des expositions sur les cultures.

Des montagnes de divers ordres. — Des cotaux. — Des collines. — Influence de ces situations et des cultures qui peuvent et qui doivent être préférablement suivies dans chacune de ces situations.

Des plateaux. — Des versants. — Des vallées. — Des vallons. — Influence de ces situations et des cultures qui peuvent et qui doivent y être suivies.

Des plaines et des cultures qui peuvent et qui doivent être préférablement suivies dans ces situations.

Des bassins de la France et des cultures qui sont et qui peuvent être suivies dans ces situations.

Du climat et de la température. — Influence du climat et de la température sur la culture et sur la nature des produits qui en découlent.

Des variations atmosphériques et de leur influence sur les cultures.

Etude des différens climats par rapport à la culture. — Les zônes climatériques sont glaciales, froides, tempérées, chaudes et brûlantes.

Du climat de la France. — Des quatre grandes zônes climatériques qui divisent la France en quatre grandes régions, relativement à la possibilité des cultures spéciales qui sont fondamentales et qui servent de base pour toutes les autres. — Ces climats sont : 1.º climat de l'oranger; 2.º climat de l'olivier; 3.º climat de la vigne; 4.º climat du pommier.

De l'année culturale fondée sur le climat, sur la température et sur l'état atmosphérique des localités.

Des considérations qui doivent diriger le cultivateur relativement à l'effet des influences climatériques. Des moyens que le cultivateur doit employer pour opérer et réussir dans les différens milieux climatériques où il sera placé.

Du sol arable. — Sa nature. — Son épaisseur. — De son influence sur la culture.

De l'humus. — Sa nature. — De son influence sur la fertilité des terres.

Du sous-sol. — Sa nature. — Sa profondeur. — De son influence sur le sol arable et sur les cultures.

De la terre végétale. — Des différentes parties constitutives des terres. — Influence des parties constitutives sur la masse terreuse, sur la végétation et sur la nature des produits que l'on obtient par la culture. — Analyse pratique des terres.

De la nomenclature et de la classification des différentes terres suivant les parties constitutives. — Les sols siliceux, alumineux, calcaires et humeux, sont les types caractéristiques auxquels se rapportent tous les autres. — Indication des propriétés qui sont spéciales à chaque sol par rapport à la culture.

De la fertilité naturelle des terres et de l'appréciation du degré de fertilité.

De la puissance de fécondité naturelle des terres. — De la richesse des terres.

Des dépendances d'une exploitation quelconque. — Des dépendances territoriales. — Des routes. — Des chemins. — Des canaux. — Des fossés. — Des clôtures, etc., etc. — Détails relatifs à cet égard.

Des bâtimens spéciaux pour une exploitation quelconque. — Des diverses sortes d'habitations pour les hommes et pour les animaux. — Conditions de chacune des habitations spéciales. — Des différentes sortes de constructions affectées aux besoins des cultures spéciales. — Conditions de chacune des constructions spéciales.

Des hommes. — Des chefs d'exploitations, propriétaires ou locataires. — Des préposés aux intérêts de la propriété.

Dénomination des divers cultivateurs relativement au genre de culture qu'ils suivent. — Situation, conditions et conduite des hommes relativement à l'exploitation et relativement aux agens qu'ils emploient.

Des agens immédiats de la culture, hommes et femmes, journaliers et à gages. — Des différentes sortes d'agens immédiats de la culture. — Du choix des agens; conditions qui doivent présider au choix et conditions de préférence. — De la conduite des agens relativement à l'exploitation et relativement aux maîtres. — Des moyens à employer pour former de bons agens immédiats de la culture, et pour les attacher à la localité et à l'exploitation.

Des végétaux. — Des végétaux considérés en général. — Utilité des végétaux pour les différens besoins de la vie. — Utilité des végétaux pour la culture. — Utilité de l'étude des végétaux pour le cultivateur.

Des plantes sauvages et des plantes cultivées. — Des végétaux utiles et des végétaux nuisibles.

Étude de l'organisation des végétaux relativement à la culture.

Classification des végétaux considérés sous le rapport de la pratique culturale.

De la Classification des Végétaux.

Les végétaux sont très-nombreux en espèces et en variétés ; il en est un grand nombre dont l'utilité est incontestablement reconnue ; il en est aussi sur l'utilité desquels on n'est pas encore fixé ; et il en est enfin qui ne sont considérés que sous le rapport scientifique. L'étude des végétaux donne lieu à une science vaste et complexe, qui est nommée *botanique*. Dans un cours de culture, si l'étude des végétaux devient indispensable, celle de la science botanique, considérée dans tous ses détails, devient sinon impossible, du moins fort difficile. Pour procéder avec plus de lumières en culture, nous prendrons de cette science tout ce qu'elle peut offrir d'utile pour l'immédiate application.

La classification que nous adoptons dans le cours, est tout-à-fait pratique ; elle est la même que celle que nous avons suivie pour le placement des plantes dans le jardin d'étude de l'École. J'ai pensé qu'il était préférable de donner aux élèves une classification simple et facile, qui leur permît, non de pouvoir nommer et classer toutes les plantes qu'ils rencontreront, mais bien de reconnaître et de grouper tous les végétaux utiles, en les leur présentant dans l'ordre de leur utilité, afin de les mettre plus directement en rapport avec la culture et avec les besoins du cultivateur. Une classification scientifique ne m'a pas paru convenir autant pour l'enseignement de la culture, et surtout pour des élèves qui ont peu de temps à consacrer à des études qui ne sont qu'accessoirement complémentaires à celles qui leur sont indispensables, et qui ont plus besoin de l'explication des faits, que de longues théories, que de science.

Dans l'indication des végétaux qui composent la classification que je suis, je fais l'histoire culturale et industrielle de chacun d'eux, en signalant la quantité et la qualité des produits qu'ils rendent, et en appelant l'attention des élèves sur ceux qui doivent être préférés dans les diverses situations où on se trouve.

Dans cette classification, dont j'expose ici les élémens, les végétaux sont divisés en végétaux ligneux et en plantes herbacées.

VÉGÉTAUX LIGNEUX.

1.° *Arbres fruitiers.*

Les arbres fruitiers, sans être bien nombreux en espèces, présentent une immense quantité de variétés. Les vignes, les poiriers et les pommiers, surtout, en fournissent un nombre interminable. Il est fâcheux que la nomenclature des fruits ne soit pas fixée de manière à être la même sur tous les points de la France; la culture y gagnerait et les industries, qui découlent de la culture de ces végétaux, trouveraient des avantages en ce sens que le cultivateur éclairé sur les meilleures variétés à cultiver, les rechercherait et les propagerait préférablement. Ce qui embrouille la nomenclature des arbres à fruits, c'est qu'une même variété porte un nom différend et quelquefois plusieurs dans la même localité, et à plus forte raison dans les diverses localités où on les trouve.

Nous sommes privés d'un bon travail sur les arbres à fruits à cidre et sur les vignes, travail présentant une nomenclature précise, qui soit généralement consacrée et qui fixe l'opinion des cultivateurs sur le mérite relatif de variétés. Quant aux fruits de table, on est mieux fixé, et tous les cultivateurs sont, pour ainsi dire, d'accord sur leur qualité et sur la préférence à accorder à telle ou telle variété relativement à son usage.

Ire Division. Fruits charnus et succulents dont l'enveloppe est alimentaire et économique.	1.° Fruits à pépins,	à couteau. à cuire. à cidre.
	2.° Fruits à noyaux ou à drupes.	
	3.° Fruits à petits noyaux ou à nucules.	
	4.° Fruits en baies,	des vignobles. des jardins.
	5.° Fruits à semences agglomérées.	
	6.° Fruits à cosse ou à gousse.	

II.e Division.

Fruits secs dont l'intérieur ou la semence est alimentaire et économique.
- 1.º Fruits à enveloppe ligneuse.
- 2.º Fruits à enveloppe cartilagineuse.

2.º *Arbres forestiers et de plantation.*

Dans cette catégorie, je comprends tous les végétaux ligneux qui composent les bois et les forêts, les grandes plantations, les plantations pour produits spéciaux, les abris, les clôtures, les brise-vents et les palissades.

I.re Division. Bois et Forêts.

Arbres à feuilles caduques. } Bois durs. Bois tendres.

Arbres à feuilles persistantes. } Bois résineux.

- 1.º Arbres pour futaies.
- 2.º — pour gaulis ou perchis.
- 3.º — pour taillis.
- 4.º — pour massifs.
- 5.º — pour bosquets.
- 6.º — pour remises.
- 7.º Grands arbustes.
- 8.º Arbustes et arbrisseaux inutiles et nuisibles en forêt.
- 9.º Broussailles.
- 10.º Landes ou Brandes.

II.e Division. — Plantations économiques, générales et spéciales.

En lignes simples ou doubles.

Bois durs. — tendres. — résineux.

- 1.º Arbres pour plantation de routes . . . { principales. / secondaires.
- 2.º Arbres pour plantation de chemins vicinaux.
- 3.º Arbres pour plantation d'avenues et d'allées . . . . . . { de promenade. / de châteaux. / de maison de campagne. / diverses.
- 4.º Arbres pour plantation de bordures et de lisières . . . . . { de canaux. / d'étang. / de mares. / de fossés. / de rigoles.
- 5.º Végétaux ligneux pour formation de . . { Haut-vent. { Arbres estivaux. / Brise-vent. { — toujours verts.
- 6.º Végétaux ligneux pour haies . . . . . { simple clôture. / défensive. / fruitières. / fourragères.
- 7.º Arbres pour plantations fruitières.

En masses.

Quinconciales ou alternes. — Carrées ou opposées. — Irrégulières

- 1.º Plantations spéciales de végétaux économiques et alimentaires . . . . { châtaigneraie. / noyeraie. / d'arbres à fruits à noyaux. / d'arbres à fruits à pépins. / olivettes. / oseraie. / saulaie. / muraie. / corserie. / pinière.
- 2.º Plantation de végétaux fournissant des bois à l'industrie. — Bois durs ou bois tendres.
- 3.º Plantation de végétaux, bois durs et bois tendres alternés.

III.e Division.
Plantations d'ornement.

Pour la décoration des parcs et des jardins servant à composer : les massifs. les bosquets. les parterres. les pelouses. les palissades. les boulaingrains. les charmilles.

PLANTES HERBACÉES.

Les plantes herbacées qui jouent un grand rôle dans l'économie domestique et industrielle, et qui deviennent l'objet de cultures spéciales, agricoles et horticoles, étant en très-grand nombre, il est indispensable d'établir des divisions, qui sont nombreuses il est vrai, mais par lesquelles on puisse trouver réunis tous les végétaux qui fournissent des produits analogues.

I.re Division.
Plantes à semences farineuses pour la nourriture des hommes et des animaux. . . . . .

- 1.re Section. Plantes Panaires. Céréales glutenifères.
- 2.e — — farineuses. Céréales amilacées.
- 3.e — — farineuses à cosses.
- 4.e — — farineuses diverses.

II.e Division.
Plantes potagères ou légumières.

- 1.re Section. Plantes à tubercules amilacés.
- 2.e — — à tubercules charnus.
- 3.e — — à parties souterraines charnues.
- 4.e — — bulbeuses.
- 5.e — — potagères, légumières prop.t dites.
- 6.e — — potagères à herbages.
- 7.e — — potagères pour assaisonnement.
- 8.e — — potag.es à fleurs ou parties florales.
- 9.e — — potagères à fruits.

III.e Division.
Plantes fourragères . . . .

- 1.re Section. Plantes graminées; fourrages graminés.
- 2.e — — à cosses ou légumineuses; fourrages à cosses.
- 3.e — — à racines; fourrages racines.
- 4.e — — diverses fourragères; fourrages divers.

IV.e Division.
Plantes économiques, industrielles et manufacturières . . .

- 1.re Section. Plantes oléagineuses.
- 2.e — — tinctoriales.
- 3.e — — textiles.
- 4.e — — saccharifères.
- 5.e — — amilacées.
- 6.e — — économiques.

V.e Division.
Plantes usuelles.

- 1.re Section. Plantes aromatiques.
- 2.e — — oficinales.
- 3.e — — vénéneuses.

VI.e Division.
Plantes nuisibles dans les cultures.

- 1.re Section. Plantes spontanées.
- 2.e — — adventices.

VII.e Division. — Plantes caractéristiques pour la nature des terrains.
VIII.e Division. — Plantes d'ornement.

Considérations pratiques sur les végétaux. — Effets de la culture sur les végétaux. — Considérations sur les végétaux relativement aux cultures spéciales. — Du choix des végétaux pour composer les assolemens, et des principes qui doivent diriger à cet égard.

Indication des différens produits végétaux resultans de la culture. — Utilité de ces produits relativement à la culture et relativement au mouvement industriel et commercial. — Moyen d'obtenir ces produits. — Des moyens qui peuvent et qui doivent être mis en pratique par le cultivateur pour augmenter et pour améliorer les produits végétaux.

Avantages qui résultent des cultures spéciales, fondés sur l'introduction de telle ou telle plante dans une localité.

Indication des végétaux qui sont cultivés dans le département de Seine et Oise, et de ceux qui pourraient encore y être introduits avec avantage.

Des animaux. — Des animaux considérés en général. — Utilité des animaux pour les différens besoins de la vie. — Utilité des animaux pour la culture. — Des différentes sortes d'animaux qui entrent dans le domaine de l'économie rurale. — Utilité de l'étude des animaux pour la culture. — Des animaux sauvages et des animaux domestiques. — Des animaux utiles et des animaux nuisibles.

De la classification des animaux.

Les animaux considérés sous le rapport de l'économie rurale, ne sont pas nombreux en espèces ; néanmoins, si on voulait étudier les composés du règne animal relativement aux produits qui découlent de certains animaux, et relativement aux désastres que causent beaucoup de ces animaux qui sont réellement nuisibles, on aurait considérablement à s'étendre. L'étude des animaux constitue une vaste branche de l'histoire naturelle nommée *Zoologie*. Il nous est impossible de faire entrer dans un cours de culture, dont la matière déjà étendue nécessite l'emploi d'un grand espace de temps, l'étude de la Zoologie. J'ai dû me borner à ne parler que des animaux précisément utiles, que de ceux qui entrent comme agens indispensables de production en culture. Il est cependant d'autres animaux que le cultivateur ne doit pas ignorer, parce que ce sont de véritables ennemis destructeurs contre lesquels il y a à combattre sans cesse. Ce combat nécessite de l'adresse basée sur l'observation, et non de la force; car dans le pays où nous vivons, nous avons moins à nous défendre personnellement contre ces animaux, que de chercher à nous préserver des ravages qu'ils font à nos récoltes et des pertes infinies auxquelles le cultivateur et l'industriel sont exposés au préjudice de leurs intérêts. Sentant la nécessité de me concentrer dans le cercle des études culturales, je n'étudie les animaux que sous le rapport de l'immédiate application, en m'abstenant de pénétrer dans les détails scientifiques que nécessiterait l'étude de la science spéciale. C'est afin de me circonscrire dans ces limites, que j'ai adopté une classification pratique qui est en rapport avec les besoins de l'enseignement spécial dont je suis chargé.

I.re DIVISION. Mammifères.
- 1.º Animaux domestiques.
  - bêtes chevalines.
  - bêtes bovines.
  - bêtes à laine.
  - bêtes à soies.
  - bêtes à poils.
  - bêtes domestiques.
- 2.º Animaux sauvages
  - 1.º reptiles. . insectivores.
  - 2.º dévastateurs. .
    - alimentaires et économiques.
    - produisant leur fourrure.
    - sans aucun produit.

II.e DIVISION. Oiseaux.
- 1.º Oiseaux domestiques . .
  - de basse-cour.
  - d'ornement.
  - de volières.
- 2.º Oiseaux sauvages.
  - 1.º utiles. . . insectivores.
  - 2.º dévastateurs . .
    - alimentaires.
    - sans aucun produit.
  - 5.º de proie.

III.e DIVISION. Reptiles.
- 1.º Alimentaires.
- 2.º Serviables dans les cultures.

IV.e DIVISION. Poissons.
- 1.º des étangs. . .
- 2.º des rivières. .   } alimentaires. — Economiques.
- 3.º de mer . . . . .

V.e DIVISION.—Mollusques.—Dévastateurs.
- utiles.
- sans utilité.

VI.e DIVISION. — Annélides. . . . .
- nuisibles.
- utiles.

VII.e DIVISION. — Crustacés. — Alimentaires.

VIII.e DIVISION. — Arachnides. . . . . .
- utiles.
- nuisibles.

IX.e DIVISION. Insectes.
- 1.º Insectes domestiques.
  - séricifères.
  - melifères.
  - tinctoriaux.
- 2.º Insectes sauvages. — dévastateurs. . . .
  - utiles.
  - sans aucune utilité.

X.e DIVISION. — Antozoaires, ou vers intestinaux. — nuisibles.

XI.e DIVISION. — Polypes. . . . . économiques.

Considérations pratiques sur les animaux. — Des animaux domestiques. — Effets de la domesticité sur les animaux. — Considérations sur les animaux domestiques et de leur division suivant la classification exposée ci-dessus.

Des différentes sortes d'animaux domestiques dont on fait usage en France et qui se rencontrent dans les exploitations agricoles. — Des animaux qui pourraient être introduits avec succès dans la culture. — Moyens à employer pour parvenir à introduire avec avantage de nouveaux animaux dans une exploitation, et des moyens à employer pour les conserver et les propager.

Des races d'animaux. — Des différentes sortes de races françaises et étrangères. — De la pureté des races. — Moyens d'améliorer les races ou d'entretenir leur pureté. — Des croisemens et des règles qui doivent diriger à cet égard. — Avantage de l'amélioration des races. — Du choix des races pour les diverses contrées de la France.

Etat des animaux en France. — Moyens à employer par les croisemens, les soins et la nourriture pour améliorer les races. — Avantage qui résulterait, pour le pays, si les cultivateurs français s'occupaient plus généralement de l'amélioration des races de nos animaux domestiques.

Indication des différens produits qne l'on obtient des animaux qui se trouvent dans une exploitation agricole. — Utilité de ces produits relativement à la culture, relativement au mouvement industriel et commercial. — Moyens d'obtenir ces produits. — Des moyens qui peuvent et qui doivent être mis en pratique par le cultivateur pour augmenter et pour améliorer les produits végétaux.

Considérations sur le choix des animaux appliqué aux besoins d'une exploitation rurale.

Etat des animaux dans le département de Seine et Oise.

Moyens d'amélioration à introduire dans ce département, relativement aux animaux domestiques.

De l'éducation des animaux domestiques, considérés soit comme bêtes de travail, soit comme bêtes de produit. — De l'habitation des animaux relativement à chaque sorte d'animal.

Du soin d'entretien et de conservation propres à chaque sorte d'animal.

De la nourriture relativement à l'usage des animaux. — Des différentes sortes d'alimens mis en rapport avec la situation de l'animal. — Quantité de nourriture. — Distribution de la nourriture.

Du harnachement des bêtes de travail. — Condition d'un bon harnachement.

De la propagation des animaux domestiques. — Des détails relatifs à la propagation. — Des soins dont les animaux doivent-être environnés relativement à la propagation.

Des oiseaux de basse-cour. — Détails se rattachant à l'éducation de ces animaux.

Des insectes utiles. — Histoire naturelle de ces insectes. — Détails se rattachant à l'éducation de ces animaux.

Des poissons et des crustacés. — Détails pratiques relatifs à ces animaux.

DES DIVERS AUTRES ANIMAUX UTILES EN CULTURE SOUS QUELQUES RAPPORTS PARTICULIERS. — Détails relatifs à ces animaux.

DES ANIMAUX NUISIBLES EN CULTURE. — Dégâts et pertes qu'ils causent. — Moyens de destruction.

DE L'ENTRETIEN DE LA FERTILITÉ DES TERRES. — Des substances fertilisantes.

DES AMENDEMENS. — DES ENGRAIS. — DES STIMULANS. — Définition de chacun de ces agens de fertilisation pris dans les trois règnes de la nature.

De l'effet des amendemens sur le sol et sur les végétaux.

De l'effet des engrais sur le sol et sur les végétaux.

De l'effet des stimulans sur le sol et sur les végétaux.

De la classification et de la nomenclature des substances employées comme amendement, comme engrais et comme stimulant.

Classification des substances.

Il est assez difficile d'établir une ligne de démarcation entre les substances de fertilisation relativement à leur action comme amendement, comme engrais et comme stimulant. Toutes ou presque toutes les substances employées, peuvent agir soit instantanément, soit progressivement, dans les trois sens, c'est-à-dire comme amélioration de la texture du sol, en *amendant;* soit en donnant à la terre des principes qui profitent à l'alimentation des plantes, en *engraissant* le sol; soit en agissant sur les plantes en impressionnant leur organisme, soit en agissant sur le sol pour le mieux prédisposer à fournir aux besoins d'une belle végétation, en *stimulant* la végétation.

Les substances employées, sont tirées des trois règnes de la nature.

Ire CLASSE. Substances animales.
1.º Excrétions solides.
2.º Excrétions liquides.
3.º Matières solides.
4.º Matières liquides.
5.º Matières concrétionnées.

IIe CLASSE. Substances végétales.
1.º Herbes semées pour enfouissement.
2.º Les plantes marines.
3.º Les plantes marécageuses.
4.º Les feuilles.
5.º Les mares et les fruits.
6.º Les débris végétaux.
7.º Parties végétales décomposées.
8.º Matières liquides.

IIIe CLASSE. Substances minérales.
1.º Substances naturelles, { solides. pulvérulentes. liquides. gazeuses. }
2.º Substances artificielles, { solides. pulvérulentes. liquides. gazeuses. }

IVe CLASSE. Substances mixtes.
1.º Fumier naturel des divers animaux.
2.º Fumier artificiel.
3.º Composts.
4.º Substances animalisées.
5.º Substances minéralisées.

CONSIDÉRATIONS PRATIQUES SUR LES SUBSTANCES FERTILISANTES. — Recherches des substances. — Du parti qu'on peut tirer de beaucoup de substances qui sont perdues pour l'agriculture.

Manière de préparer les substances fertilisantes pour qu'elles produisent un bon effet dans les terres.

Des plâtrières. — Des marnières. — Des cendrières, etc.

De l'emploi des substances de fertilisation. — Du choix des substances fertilisantes relativement au sol, à la localité et aux ressources que l'on a, et au genre de culture que l'on suit ou que l'on veut suivre.

2.e PARTIE. — PRATIQUE DE LA CULTURE.

DES DIVERS TRAVAUX DE CULTURE ET DES INSTRUMENS DONT ON SE SERT POUR LES EFFECTUER.

1.º *Travaux de préparation et de disposition pour l'Etablissement des Cultures.*

OPÉRATIONS PRATIQUÉES IMMÉDIATEMENT SUR LE SOL. — Défrichement. — Essartage. — Ecobuage. — Défoncement.

— Labour. — Hersage. — Roulage et Plombage. — Emottage. — Epandaison des matières fertilisantes dans les diverses situations et dans les divers genres de culture.

Manière de pratiquer ces opérations. — Epoque à laquelle elles se font. — Instrumens dont on se sert. — Conditions d'une bonne exécution et principes qui doivent diriger à cet égard.

Etablissement des routes et des chemins. — Avantages des voies de communication faciles. — Manière d'opérer cet établissement. — Epoques auxquelles il convient de faire ce travail.

Etablissement des fossés, des saignées, des pierrées, des rigoles d'écoulement, des mares, des étangs, des puits, des citernes, etc. — Utilité de ces établissemens. — Manière d'opérer. — Epoque à laquelle on opère et instrumens dont on se sert.

Du nivellement des terrains à mettre en culture. — Détails pratiques relatifs à ces nivellemens. — Manière de pratiquer les nivellemens. — Instrumens dont on se sert et époque de l'opération.

Opérations se pratiquant immédiatement sur les végétaux. — De la multiplication naturelle des végétaux. — Semis. — Des porte-graines. — Choix des porte-graines. — Récolte et conservation des graines. — Qualité des semences. — Choix des semences. — Du chaulage, du sulfatatage et des autres sortes d'opérations pratiquées sur les graines au moment du semis. — Epoque du semis. — De la stratification. — De l'exposition du semis. — Profondeur à la quelle les graines doivent être enterrées. — Des différentes sortes de semis et manière d'opérer chacune de ces sortes. — Des différentes semailles. — De la quantité de semence à employer selon le genre de culture, selon la qualité de la semence, l'époque du semis, la localité où on est placé et suivant la nature du terrain sur lequel on opère. — Avantages et inconvéniens de ce mode de multiplication dans certaines circonstances.

De la multiplication artificielle des végétaux. — Marcottage et provignage. — Manière d'opérer. — Théorie de l'opération. — De la mère. — Des marcottes et du sevrage. — Epoque à laquelle cette opération peut être pratiquée. — Avantage de cette multiplication. — Des diffé-

rentes sortes de marcottage et de l'application de cette opération en grand.

Boutures. — Définition. — Théorie de l'opération. —
Manière d'opérer. — Des diverses sortes de boutures. —
Epoque de pratiquer cette multiplication. — Avantages et
inconvéniens de cette multiplication.

Greffes. — Définition. — Des différentes sortes de greffes. — Manière d'opérer chacune de ces greffes et époques
auxquelles elles doivent être faites. — Théorie de la greffe.
— Instrumens dont on se sert. — Avantages et inconvéniens
de la multiplication par greffe. — Application de cette
opération en grand pour obtenir de bonnes pièces de bois
utiles et précieuses pour l'industrie.

Des Multiplications diverses. — Eclats. — OEilletons.
— Stolons. — Drageons. — Rejets. — Cayeux. — Bulbilles.
— Bulbes. — Tubercules. — Définition de chacune de ces
opérations. — Manière d'opérer. — Epoques auxquelles on
opère. — Avantages de chacune de ces voies de multiplication.

Opérations se pratiquant simultanément sur le sol et sur
les végétaux. — Plantations. — Des différentes sortes de
plantations et de leur utilité. — Préparation du terrain et
façon des trous. — Choix des arbres. — Arrachage des arbres.
— Habillage. — Mise en jauge. — Rigolement. — Aligne-
ment. — Terrage. — Tassement. — Epinage. — Plantation
des végétaux ligneux, fruitiers, forestiers, en plants jeunes
de deux et de trois ans, en plants de rigoles, en arbres formés
et en gros arbres. — Plantation des végétaux herbacés. —
Epoque des plantations.

Repiquage. — Différentes sortes de repiquage en agriculture et en horticulture. — Manière d'opérer. — Epoques
auxquelles on opère. — Instrumens dont on se sert.

2.° *Travaux relatifs à l'entretien des cultures.*

Opérations se pratiquant sur les végétaux. — Taille
des arbres. — Définition de l'opération. — Théorie de la
taille.—Avantage de cette opération. — Principes généraux
et fondamentaux de la taille. — Manière d'opérer relativement aux essences, au sol, à la localité où on est placé, à
l'état de la végétation des arbres que l'on a à traiter. —
Epoque de la taille. — Instrumens dont on se sert. — Inconvéniens d'une mauvaise taille.

— manière d'opérer. — Époque à laquelle se fait l'opération. — Instrumens dont on se sert en agriculture et en horticulture.

Irrigation. — Des différentes sortes d'irrigations. — Manière d'opérer. — Avantages et résultats des irrigations.

Curage des fossés et des rigoles.

Curage des pièces d'eau.

Entretien des routes et des chemins.

Des Regarnis.

3.° *De la récolte et de la conservation des produits.*

De la Moisson. — Époque de la moisson. — Direction de la moisson. — Des moissonneurs et soins à donner aux moissonneurs. — De la coupe des céréales, sciage, sappage, fauchage. — Mise en javelle et en bottes. — Rentrée en grange ou mise en meule. — Extraction des grains et nétoyage, battage, criblage, vanage, etc. — Conservation des grains. — Qualité des bons grains et caractères. — Instrumens et machines dont on se sert pour moissonner, pour extraire et pour nétoyer les grains. — Lieux de conservation des grains.

De la récolte des diverses plantes granifères. — Détails pratiques relatifs à cette récolte. — Conservation de ces produits.

De la récolte de fourrages verts et des fourrages secs. — Récolte des foins de prairies naturelles, de prairies artificielles et des diverses plantes fourragères. — Du fauchage. — De la dessication. — De la mise en meule. — Du bottelage. — De la rentrée. — De la conservation des fourrages.

De la récolte des fourrages souterrains ou racines. — De leur préparation. — De leur rentrée. — De leur conservation.

De la récolte des plantes oléagineuses. — Détails pratiques relatifs à cette récolte.

De la récolte des plantes textiles. — Détails pratiques relatifs à cette récolte. — Du rouissage. — De l'extraction et de la préparation de la filasse.

De la récolte de la Bette-rave à sucre et des Pommes de terre à fécules. — Des silots.

De la récolte du Safran, — de la récolte du Tabac, — de la récolte du Houblon, — de la récolte des Cardères, — de la récolte des plantes tinctoriales, — de la récolte des autres produits agricoles ; — détails pratiques relatifs à ces différentes récoltes. — Machines et instrumens dont on se sert.

De la récolte des produits horticoles. — Détails pratiques relatifs à ces produits. — Conservation des produits.

De la récolte des fruits. — Détails pratiques relatifs à ces produits. — Conservation de ces produits. — Du fruitier.

3.ᵉ PARTIE. — CULTURE D'APPLICATION.

1.° *Economie rurale.*

Principes d'économie rurale. — Bases d'une exploitation quelconque, d'une culture quelle qu'elle soit.

Principes fondamentaux de l'économie rurale et relativement de l'économie domestique et de l'économie industrielle. — Des spéculations agricoles ; fondement de ces spéculations.

Division d'un domaine en cultures spéciales. — Distribution raisonnée des cultures de ce domaine quelqu'étendu et quelque circonscrit qu'il soit. — Choix des cultures fondées sur les besoins du pays, sur les ressources des localités, sur la nature des produits à obtenir et sur les capitaux dont on peut faire usage. — Choix des localités relativement aux diverses cultures que l'on se propose d'établir. — Choix des hommes et des animaux. — De la main-d'œuvre. — De l'achat et des ventes.

2.° *Des diverses spécialités culturales. — Pratique de ces spécialités suivant les localités.*

De l'agriculture considérée dans ses détails sous le rapport de la culture, de la production et de l'industrie.

De la Ferme et de ses dépendances. — Choix de la localité pour l'établissement d'une ferme. — De l'usage d'une ferme telle qu'elle est, et des améliorations à faire. — Des bâtimens. — Habitation du maître et des domestiques. — Grange, grenier, sellier, remise, écurie, étable, bergerie, porcherie, clapier, etc. — De la cour, de la basse-cour, du poulaillier, du pigeonnier. — Du jardin. — Du verger. — Clôture. — Entretien des bâtimens, des clôtures, des constructions diverses.

De l'assolement des terres. — Considérations sur les assolemens. — Bases des assolemens. — Principes raisonnés et fondamentaux qui doivent diriger dans le choix d'un assolement. — Différentes sortes d'assolemens. — Choix d'un assolement et considérations qui dirigent ce choix. — Dépenses et produits qui ressortent de tel ou tel assolement.

Des Animaux domestiques, considérés comme agens de production. — Choix des diversés sortes d'animaux et des races, fondé sur la culture locale, sur les besoins de la culture et sur la situation où on est placé. — De l'éducation des animaux domestiques subordonnée au genre de culture et au genre d'industrie culturale qui se rapporte à l'assolement et au développement des cultures qui sont établies dans le domaine.

Des Terres labourées. — De la préparation des terres. — Du choix des végétaux à cultiver subordonné aux conditions de l'économie agricole. — De l'empouillement des terres. — Soins de culture. — Récoltes et produits. — Du parcage.

Des Prairies naturelles. — Préparation du terrain. — Choix des végétaux pour composer ces prairies. — Soins d'entretien des prairies.

Des Paturages cultivés et des pâturages abandonnés.

Des Haras. — Des divers haras. — De leur utilité et de leur disposition.

Des Prairies artificielles. — Préparation du terrain. — Choix des végétaux pour composer cette culture, subordonné aux besoins du mouvement animal de l'exploitation. — Soins de culture relatifs à l'entretien de l'empouillement.

Des Vergers agrestes et des Vergers cultivés. — Etablissement d'un verger. — Entretien des arbres composant ces vergers.

De la Saulaie et de l'Oseraie. — Etablissement de ces cultures. — Entretien. — Produits.

De la Magnanerie et de la Muraie. — Etablissement et entretien. — Détails pratiques à cet égard. — Produits.

Des Ruchers. — Détails pratiques relatifs à l'éducation des abeilles. — Produits.

Des clôtures en haies. — Etablissement. — Choix des essences. — Entretien.

Des fossés, des rigoles et des canaux. — Etablissement et entretien.

De la viticulture. — Du vignoble. — Différentes sortes de vignes. — Etablissement d'un vignoble. — Entretien des vignes. — Maladies des vignes. — De la vendange. — De la qualité des vins, relativement aux localités, aux expositions, au terrain et à la culture.

De la sylviculture. — Des plantations. — En lignes, en lisières, en bordures et en masses. — Etablissement des plantations. — Choix des essences. — Entretien, exploitation, nature et qualité des produits.

Des Bois et Forêts. — De la futaie. — Du gaulis. — Du taillis. — De la culture de ces diverses spécialités. — De l'aménagement. — De l'exploitation. — Des produits qui ressortent de chacune de ces spécialités. — De la conservation des bois.

Des pièces d'eau. — De l'empoissonnement. — Du vivier.

Des Routes et des chemins relativement à l'économie agricole.

De l'horticulture. — Pépinière. — Sortes de pépinières. — Utilité d'une pépinière. — Etablissement. — Entretien. — Produits.

Potager ou marais. — Utilité. — Etablissement. — Entretien. — Produits.

Potager fruitier. — Utilité. — Etablissement. — Entretien. — Produits.

Du jardin oficinal. — Utilité.

Fleuriste. — Détails relatifs à cette spécialité.

Ecole de botanique. — Utilité.

Jardins d'ornement. — Jardins de primeurs.

Serres. — Utilité des serres sous le rapport des cultures économiques.

Promenades publiques. — Jardins publics. — Parcs. — Jardins anglais. — Jardins de fantaisie. — Détails relatifs à ces spécialités.

3.º *Conséquences de la Culture.*

De l'Industrie agricole. — Des diverses industries qui ressortent naturellement et immédiatement de la culture, qui marchent de front avec cette dernière, en faveur de l'intérêt des revenus du cultivateur.

4.º *Des diverses institutions agronomiques.*

Des diverses sociétés générales ou spéciales et de leur influence sur les progrès de la culture.

Des Comices agricoles, de leur utilité et de leur influence sur la prospérité de la culture.

Des Courses de Chevaux, de leur utilité et de leur influence sur l'amélioration de la race chevaline.

Des expositions culturales et industrilles, et des avantages qu'elles offrent.

PRATIQUE
DE L'ENSEIGNEMENT DE LA CULTURE.

Le cours seul, si toutes les leçons étaient faites dans l'amphithéâtre, ne suffirait pas pour l'instruction de ceux qui le suivent; il resterait une lacune pour les élèves-maîtres qui ont été élevés dans les villes et qui ignorent les travaux qui se font dans la campagne ; ceux-ci n'acquerraient que des connaissances bien vagues, et n'auraient sur la culture que des idées trop peu arrêtées, pour savoir donner utilement un conseil, et pour pouvoir faire quelques démonstrations sur le terrain, et dans la classe, pendant une lecture sur la culture, aux enfans qui fréquentent les écoles.

Aussi, l'université, pour obvier autant que possible à ce défaut de première expérience, a utilisé un terrain à l'école normale, dans lequel les élèves peuvent acquérir une certaine pratique qui fortifie les leçons. Une partie du cours est faite dans ce carré, où, devant les élèves, le professeur démontre pratiquement les opérations, celles, surtout, qui resteraient inintelligibles sans ces démonstrations, et celles dont l'exécution est possible dans le terrain consacré à cet usage.

Outre ces leçons, le professeur fait des excursions avec les élèves ; dans ces excursions, désignées sous la dénomination de *promenades culturales*, on s'arrête sur tout ce qui est culture et produits végétaux. La variété des promenades permet la variété des observations qui se lient naturellement aux démonstrations qui se font dans le jardin, et dans les leçons orales. Ces différens moyens d'étude doivent former l'intelligence, fortifier le raisonnement, faire naître et développer des idées qui affermissent le jugement et qui permettent à chaque élève d'avoir des connaissances assez exactes sur la culture.

Je vais exposer l'ordre des promenades afin d'en mieux faire sentir l'utilité, et j'engage messieurs les élèves-maîtres, à se bien pénétrer de nos intentions, et à suivre exacte-

ment, pendant nos explorations, pour diriger leurs observations, l'ordre que nous adoptons dans cette exposition. Je
m'occuperai ensuite du jardin dont le plan est joint à ce
programme, et en faisant sa description, j'indiquerai par
un catalogue les objets qui s'y trouvent en démonstration.
Outre le catalogue de ces objets, je donnerai quelques figures, qui feront connaître l'utilité de divers modèles qui
tiennent une place dans l'école de culture. J'engage encore,
messieurs les élèves-maîtres à se munir de notre travail
pendant les heures de récréation, afin qu'en se promenant
dans le jardin, ils en étudient la composition, ce qu'ils
peuvent facilement faire en se délassant, puisqu'en passant devant chaque objet, placé pour leur instruction, le
catalogue à la main, ils en apprendront de suite l'usage.

DES PROMENADES CULTURALES.

Le professeur, accompagné des élèves, visite tout ce qui
est culture, et en variant ses promenades, il s'arrête sur tout
ce qui mérite de fixer l'attention. Pendant le trajet, les
élèves observent seuls, et on les fait observer ; il se fait, chemin faisant, des explications, et la solution succède aux
questions qui sont successivement faites. On pénètre dans les
fermes pour observer les bâtimens et leurs dispositions, les
bestiaux et leur nature; la manière de faire les engrais, les instrumens et les machines, les récoltes conservées, etc., fixent
l'attention. Là où il y a des industries agricoles, on entre dans
l'atelier de fabrication, et on suit la fabrication. On va sur
les terres pour voir les récoltes sur pied, afin d'en apprécier
l'état, et de reconnaître la nature du sol qui les produit. On
essaye les instrumens, on en étudie le mécanisme et on se
rend compte de leur mérite. On pénètre dans les bois pour
étudier les essences forestières quand elles sont couvertes
de feuilles, et quand elles en sont privées, pour se rendre
compte du mode d'aménagement suivi, et pour examiner les
travaux d'exploitation. On visite les jardins qui peuvent
offrir quelqu'intérêt sous le rapport de la production, et on
observe la manière dont les cultures sont suivies : les élèves
prennent note de tout ce qu'ils voient. A la fin de chaque
promenade, les élèves réunis autour du professeur, adressent
des questions sur ce qu'ils ont vu ; ces questions sont immédiatement traitées ; et pour terminer, le professeur fait le
résumé de tout ce qui a été observé ou de ce qui a dû l'être,

et à la promenade suivante, l'un des élèves est appelé, avant
le résumé du professeur, à faire celui de la promenade précédente. Le résumé des promenades se fait dans l'ordre suivant, et c'est ainsi que messieurs les élèves doivent disposer
le leur.

Ordre des résumés.

LIEUX EXPLORÉS. — Indication. — Distance de l'école. —
Etat des chemins.

SITUATION DES DIFFÉRENTES LOCALITÉS PARCOURUES. — Ces
localités sont basses, moyennes ou élevées, ouvertes ou abri-
tées, aérées ou étouffées, claires ou ombragées, diversement exposées et placées dans une situation sèche ou humide. On tiendra compte du voisinage des eaux, de celui
des montagnes et des bois.

NATURE DU TERRAIN. — Du sol arable et du sous-sol. — Les
terres seront siliceuses, argileuses, calcaires, humeuses ou
humifiées. —Elles pourront être siliceo-argileuses ou argilo-
siliceuses, argilo-calcaires ou calcaro-argileuses, siliceo-cal-
caires ou calcaro-siliceuses, etc., et de couleurs variées, co-
loration due à l'oxide de fer et au degré d'amélioration où
le sol sera arrivé. — Les terres seront sèches ou humides,
riches ou pauvres, fertiles, de médiocre fertilité, ou in-
fertiles. — On cherchera à s'assurer si l'état de fertilité des
terres est dû, ou non, au genre de culture qui est suivi.

OBSERVATIONS AGRICOLES FAITES 1.º SUR LES TERRES LABOU-
RÉES. — Sortes de végétaux cultivés. —Etat de la culture et
état de la végétation pour l'époque.

2.º PRAIRIES NATURELLES. — Plantes qui dominent. — Etat
de la prairie comme culture. — Etat de la végétation. —
Espoir de récoltes.

3.º PATURAGES. — Etat des pâturages. — Dipositions. —
Animaux, et état des animaux qui vivent dessus.

4.º PRAIRIES ARTIFICIELLES. — Composition, état de la culture et de la végétation.

5.º VERGER. — Etat des arbres.

OBSERVATIONS SYLVICOLES : 1.º PLANTATIONS. — Sortes de
plantations. — Essences composant ces plantations. — Avantage ou inconvénient de telle ou telle plantation remarquée.
—Etat des arbres relativement aux soins qu'ils reçoivent, etc.

2.º BOIS. —Sorte de bois. — Essences dominantes. — Etat
de la végétation. — Mode d'aménagement et d'exploitation.

Observations viticoles. — Vignes ; nature des plants. — Mode de taille suivie. — Etat des plants relativement à la culture qu'ils reçoivent, et état de la végétation.

Observations horticoles. — Pépinières. — Genre de pépinières. — Etat de ces pépinières.

Marais. — Des légumes qui y figurent. — Citation des légumes particuliers et indication de l'avantage ou de l'inconvénient de la culture de ces légumes préférablement à d'autres. — Etat des cultures.

Arbres fruitiers. — Etat des arbres selon les soins qu'ils reçoivent. — Sortes d'arbres taillés.

Des instrumens. — Citation des outils et des instrumens employés. — Observations sur ces instrumens. — Dessin des instrumens nouveaux qui présenteront des avantages.

Plantes qui croissent spontanément. — Indication des espèces caractéristiques pour les terrains. — Plantes nuisibles aux cultures.

Etat physique de la population des contrées parcourues. — Industries agricoles. — Produits. — Avantages.

Observations spéciales. — Toutes les observations particulières deviendront le complément du résumé. — On ne manquera pas de citer les beaux arbres, ceux qui seront remarquables par leur rareté ou par leur force.

Il sera facile de faire entrer dans ce cadre tout ce qui a fixé l'attention pendant le cours de chaque promenade. Par ce moyen, outre qu'on ne perd rien de ce qu'on a remarqué chemin faisant, l'instituteur se prédispose à coordonner ses idées, à les enregistrer avec suite ; il se prépare des notes qui lui seront utiles pour l'époque où il fera faire des promenades à ses élèves, et il acquerra aussi l'esprit d'observation, qui est précieux dans toutes les situations de la vie.

DES GRAINES.

Les graines récoltées dans les cultures deviennent aussi un élément d'étude : les graines sont classées dans le lieu où elles sont conservées, ainsi que les plantes le sont dans le jardin, suivant l'ordre du catalogue. — Il sera très-facile aux élèves de s'habituer à reconnaître peu à peu les nombreuses semences dont la forme varie, plus ou moins, suivant les végétaux qui les produisent. J'engage beaucoup MM. les élèves à ne pas négliger d'employer quelques momens à cette étude qui les instruira : ils auront l'occasion d'utiliser un jour les connaissances qu'ils acquerront à cet égard.

DES COLLECTIONS D'INSTRUMENS.

La collection des meilleurs instrumens, outils et machines employés en agriculture, devenant aussi précieuse pour l'étude, tout nous fait espérer que ce besoin bien apprécié pourra être comblé peu à peu. Il sera bien avantageux pour l'intelligence des leçons de culture, que les élèves puissent voir l'instrument dont on leur fait la description. — En attendant que l'école possède des collections de ce genre, nous pouvons jouir de celles que la société royale d'agriculture forme, dans le local de ses séances. L'entrée de ce musée nous est ouverte, et la société de Seine et Oise, qui travaille si utilement pour les progrès, verra, avec plaisir, que ses collections servent à l'instruction des instituteurs, qui doivent répandre dans son département des principes de culture.

DU JARDIN.

Le terrain qui sert aux leçons pratiques, est divisé en quatre compartimens. — Pour l'intelligence des divisions, on pourra avoir recours au plan ci-joint. Pl. 1re.

Je vais examiner successivement chacun de ces compartimens, qui sont autant d'écoles spéciales, en indiquant les objets qui les composent. Cette exposition formera un catalogue que les élèves consulteront au besoin. Chaque plante et chaque objet d'étude, figurant dans le jardin, aura son numéro d'ordre qui correspondra au numéro indiqué sur ce catalogue. Par ce moyen, les élèves se promèneront utilement dans le jardin au milieu duquel ils se trouvent sans cesse, et pourront suivre le cours avec plus de fruit et plus d'intérêt.

Ecole des végétaux ligneux. — Cette école se compose des principaux arbres, des arbustes et des arbrisseaux pouvant vivre dans le climat de la France, et qui font l'objet de cultures spéciales. Le jardin de l'école étant d'une étendue limitée, il ne nous a été possible de comprendre que les végétaux ligneux qui sont les plus répandus, et ceux qui fournissent les produits les plus usités pour l'alimentation, pour l'économie domestique, pour l'économie industrielle et pour les arts.

1.º *Arbres forestiers et de plantation*. (Voir la pl. 1.º — A.)

C'est la réunion des végétaux qui fournissent des bois de chauffage et des bois d'industrie. — Ces arbres se trouvant placés devant le bâtiment principal de l'école, tiennent une place doublement utile ; car en même temps qu'ils offrent des élémens d'étude, ils procurent de l'ombrage. — En indiquant ces végétaux, je dis un mot de leurs propriétés ; je cite surtout ceux dont le bois est utilisé dans l'industrie. Je ne parle pas de l'usage du bois pour le chauffage, car personne n'ignore que tous les bois ont cette propriété, à des degrés différens, il est vrai, suivant leur nature ; mais tous les bois ne sont pas également recherchés par les industriels. Comme bois de chauffage, les bois les plus durs, généralement parlant, sont les meilleurs et les plus chers ; les bois les plus tendres sont les moins bons, en ce sens qu'ils donnent moins de chaleur et qu'ils brûlent plus promptement. Pour l'industrie, il est des bois tendres qui sont souvent, pour des usages spéciaux, quand on ne recherche pas précisément la durée et la solidité, autant et quelquefois plus estimés que les bois durs (*).

Parmi ces végétaux, il en est qui produisent autre chose que des bois. — Les uns donnent des fruits qui ont divers propriétés ; les autres produisent de la fibre textile, des écorces, de la résine, etc.

Quand je dis que les bois sont propres aux industries, je ne signale pas le genre d'industrie qui peut être de lucre ou de luxe : parmi ces industries se trouvent, le charronnage, la menuiserie, la layetterie, le tour, l'ébénisterie, la tabletterie, la marqueterie, la lutherie, la boissellerie, la vaissellerie, la saboterie, la raclerie, la bimbeloterie, la gainerie, la tonnellerie, la sculpture, la vannerie, etc. Ainsi, un bois peut être propre à une ou à plusieurs industries, outre qu'il peut être utilisé dans la charpente civile et maritime.

Quand je dis que les végétaux sont forestiers, j'entends que ce sont les arbres qui peuplent ou qui peuvent peupler nos bois et nos forêts. Les arbres de plantation sont ceux qui sont placés sur le bord des routes, des lisières, des pièces d'eau, etc., et qui doivent fournir des bois que l'on re-

(*) Je me sers du terme *bois tendre* par opposition à celui de *bois dur;* on est dans l'habitude de désigner le bois tendre sous le nom de *bois blanc*, dénomination qui me paraît être moins précise, puisque ces bois sont bien souvent colorés.

cherche. —Les arbres d'ornement sont ceux qui meublent les parcs, les jardins, etc.; en même temps que ces arbres produisent leur effet pour l'ornement, ils peuvent aussi donner des bois dont la qualité n'est pas sans avantage pour divers usages.

Quand j'indique qu'un arbre est économique, je veux dire que ce n'est pas seulement le bois qui est utilisé, mais que d'autres parties de cet arbre le sont aussi. Quelquefois ces arbres peuvent offrir un bois fort précieux pour l'industrie, tel est le noyer ; tandis que le fruit est alimentaire et économique : la noix donne une huile dont l'économie tire un bon parti. Les chênes, qui fournissent des bois de charpente, des bois de service, sont aussi des arbres économiques : l'écorce sert au tannage des cuirs, les glands servent à la nourriture du porc, outre qu'ils sont utilisés dans l'économie domestique, etc. Ces végétaux fournissent des matériaux à l'industrie du corcier, du tanneur, du fabricant de papier, du gemier, du teinturier, du magnanier, du tordeur ou fabricant d'huile, du parfumeur, etc.

Néanmoins, tous les arbres signalés comme arbres forestiers et arbres de plantation, à bois durs, à bois tendres et à bois résineux sont spécialement cultivés pour leurs produits en bois, bien que ces arbres puissent fournir d'autres produits non moins utiles.

BOIS DURS. — *Les végétaux de cette série ont un bois plus ou moins solide.*

1. Chêne commun, Gravelin, *Chêne blanc* ou à *grappes.* — Arbre forestier. — Bois recherché pour la charpente et pour l'industrie. — Arbre économique.
2. Chêne rouvre, Durelin, *Chêne noir* ou *à glands sessiles.* — Arbre forestier. — Bois recherché pour la charpente et pour l'industrie. — Arbre économique.
3. Chêne de Bourgogne. — Arbre forestier précieux pour la charpente et pour l'industrie. — Arbre économique.
4. Chêne angoumois, ou *Tauza.* — Arbre forestier. — Bois propre à l'industrie. — Arbre économique.
5. Chêne pyramidal. — Arbre forestier et d'ornement.
6. Hêtre commun. — Arbre forestier et de plantation. — Bois très-recherché pour quelques industries spéciales. — Fruits économiques.

7. Hêtre pourpre. — Arbre de plantation et d'ornement.
8. Charme commun. — Arbre forestier et de plantation en palissade. — Bois utilisé dans certaines industries.
9. Chataigner. — Arbre forestier. — Bois propre à la charpente et utilisé dans certaines industries. — Fruits économiques et alimentaires.
10. Orme commun. — Arbre forestier et de plantation. — Bois précieux pour l'industrie.
11. Orme tortillard ou *à moyeux*. — Arbre de plantation. — Bois très-précieux pour l'industrie.
12. Orme a larges feuilles. — Arbre forestier et de plantation. — Bois utilisé dans l'industrie.
13. Zelkoua , ou *Planère crénelé*. — Arbre de plantation. — Bois très-dur pouvant rendre de grands services dans l'industrie.
14. Frêne commun. — Arbre de plantation et arbre forestier. — Bois très-précieux pour l'industrie.
15. Frêne monophylle, ou *à feuilles simples*. — Arbre de plantation et d'ornement. — Bois utile pour l'industrie.
16. Merisier des bois, ou *des Oiseaux*. — Arbre forestier et de plantation. — Bois précieux pour l'industrie. — Fruits alimentaires et économiques.
17. Sorbier domestique, *Cormier*. — Arbre forestier. — Bois très-précieux pour l'industrie. — Fruits alimentaires.
18. Sorbier des oiseleurs, *Cochène*. — Arbre d'ornement se trouvant en forêts. — Bois pouvant être utilisé dans l'industrie.
19. Alisier des bois. — Arbre forestier. — Bois précieux pour l'industrie. — Fruits alimentaires.
20. Alisier, Alouchier. — Arbre forestier. — Bois précieux pour l'industrie.
21. Alisier a larges feuilles, *Alisier de Fontainebleau*. — Arbre forestier. — Bois précieux pour l'industrie.
22. Micoucoulier de Provence. — Arbre de plantation. — Bois propre à certaines industries.
23. Micoucoulier a feuilles obliques. — Arbre de plantation. — Bois pouvant rendre service dans l'industrie.
24. Cytise, *faux Ebénier*, *Aubour*. — Arbre d'ornement, et forestier dans certaines situations. — Bois pouvant être avantageusement utilisé dans l'industrie.

25. Noisetier de Constantinople. — Arbre d'ornement et de plantation. — Bois pouvant être utilisé dans l'industrie.
26. Sophora du Japon. — Arbre d'ornement et de plantation. — Bois pouvant être employé avec avantage dans l'industrie.
27. Chicot, Bouduc du Canada. — Arbre d'ornement et de plantation. — Bois pouvant être employé avec avantage dans l'industrie.
28. Acacia, *Robinier, faux Acacia.* — Arbre de plantation et forestier. — Bois très-précieux pour l'industrie. — Arbre économique.
29. Acacia, *Robinier, faux Acacia sans épines.* — Arbre de plantation et forestier très-précieux pour l'industrie. — Arbre économique.
30. Platane d'Orient. — Arbre de plantation. — Bois pouvant être utilisé dans l'industrie.
31. Platane d'Occident. — Arbre de plantation et forestier. — Bois estimé dans l'industrie.
32. Aylante, *Vernis du Japon.* — Arbre de plantation, d'ornement et forestier. — Bois pouvant être utilisé dans l'industrie.
33. Noyer commun. — Arbre de plantation, forestier et fruitier. — Bois très-précieux pour l'industrie. — Fruits alimentaires et économiques.
34. Noyer noir. — Arbre de plantation et d'ornement. — Bois très-précieux pour l'industrie.
35. Févier en arbre, a trois pointes. — Arbre d'ornement et de plantation. — Bois pouvant être utilisé dans l'industrie.
36. Févier en arbre, sans épines. — Arbre de plantation et d'ornement, pouvant être utilisé dans l'industrie.
37. Erable plane. — Arbre de plantation et forestier. — Bois utilisé dans l'industrie.
38. Erable cycomore. — Arbre de plantation et forestier. — Bois utilisé dans l'industrie.
39. Erable a fruits cotonneux. — Arbre d'ornement et de plantation. — Bois pouvant être utilisé dans l'industrie.
40. Erable vert, ou *Erable à feuilles de Frêne.* — Arbre d'ornement et de plantation. — Bois pouvant être utilisé dans l'industrie.

BOIS TENDRES. — Les végétaux de cette série ont un bois plus ou moins tendre.

41. TILLEUL D'EUROPE, ou *sauvage*. — Arbre forestier. — Bois précieux pour l'industrie. — Fleurs oficinales. —

42. TILLEUL DE HOLLANDE. — Arbre de plantation et d'ornement. — Bois précieux pour l'industrie. — Fleurs oficinales.

43. TILLEUL DU CANADA. — Arbre d'ornement.

44. TILLEUL ABGENTÉ. — Arbre d'ornement.

45. PEUPLIER, BLANC DE HOLLANDE. — Arbre de plantation et forestier. — Bois précieux pour l'industrie.

46. PEUPLIER, BLANC DE NEIGE. — Arbre de plantation et forestier. — Bois précieux pour l'industrie.

47. PEUPLIER, TREMBLE. — Arbre forestier. — Bois utilisé dans l'industrie.

48. PEUPLIER DE VIRGINIE, *Peuplier suisse*. — Arbre de plantation. — Bois précieux pour l'industrie.

49. PEUPLIER DU CANADA. — Arbre de plantation. — Bois utilisé dans l'industrie.

50. PEUPLIER NOIR, ou *du pays*. — Arbre de plantation ordinairement dirigé en têtard. — Bois de médiocre qualité. On utilise les ramifications des têtards.

51. PEUPLIER D'ITALIE, *Peuplier pyramidal*. — Arbre de plantation. — Bois tendre utilisé dans l'industrie.

52. PEUPLIER DU LAC ONTARIO. — Arbre de plantation et d'ornement.

53. BOULEAU COMMUN. — Arbre forestier. — Bois utilisé dans l'industrie. — Arbre économique.

54. BOULEAU NOIR, *Bouleau à canot*. — Arbre d'ornement, forestier et de plantation. — Bois pouvant être utilisé dans l'industrie.

55. BOULEAU A PAPIER, *Bouleau saccharifère*. — Arbre d'ornement et de plantation. — Bois pouvant être utilisé dans l'industrie. — Arbre économique.

56. AUNE COMMUN, *Vergne*. — Arbre forestier et de plantation. — Bois très-utilisé dans l'industrie. — Arbre économique.

57. AUNE CORDÉ. — Arbre d'ornement, de plantation et forestier. — Bois pouvant être utilisé avec grand avantage dans l'industrie.

(43)

58. Maronnier d'Inde. — Arbre d'ornement, de plantation et forestier. — Bois utilisé dans l'industrie. —
Fruits économiques.
59. Tulipier. — Arbre d'ornement et de plantation.
Bois pouvant être utilisé dans l'industrie.
60. Ginko, *arbre des Quarante-Ecus.* — Arbre d'ornement. — Bois pouvant être utilisé dans l'industrie.
61. Catalpa. — Arbre d'ornement.

62. Saule blanc,
63. Saule commun ou *Helice.*
} Arbres cultivés en têtard, fournissant des ramifica-tions que l'on utilise dans les exploitations.

*ARBRES RESINEUX. — Les végétaux de cette série ont
un bois résineux qui est plus ou moins solide.*

64. Pin sauvage, ou *d'Ecosse.* — Bois précieux pour la
charpente et pour l'industrie.
65. Pin Laricio, ou *de Corse.* — Bois précieux pour la
charpente et l'industrie.
66. Pin de Bordeaux, ou *Pin maritime.* — Bois utilisé dans
l'industrie. — Arbre économique.
67. Pin du lord Weymouth. — Bois pouvant être avantageusement utilisé dans l'industrie.
68. Sapin de Normandie, ou *des Vosges; Sapin à feuilles d'if.*
— Bois précieux pour l'industrie et pour la charpente.
69. Sapin de Norwège, *Epicea.* — Bois précieux pour la
charpente et pour l'industrie.
70. Sapin d'Amérique, *Epicea blanc, Sapinette blanche.*
Arbre d'ornement. — Bois pouvant être utilisé dans
l'industrie.
71. Meleze d'Europe. — Bois très-précieux pour la charpente et pour l'industrie. — Arbre économique.
72. Cèdre du Liban. — Bois très-précieux pour la charpente et pour l'industrie.
73. If. — Bois très-dur, très-précieux pour l'industrie.
74. Genèvrier de Virginie, *Cèdre de virginie.* — Bois
précieux pour l'industrie.

2.° *Arbres, arbustes et arbrisseaux économiques,* B.

Dans ce groupe, se trouvent les principaux végétaux ligneux qui fournissent des produits variés et que l'on cultive

plus pour l'obtention de ces produits que pour leur bois, qui, dans certaines espèces, pourrait être utilisé.

75. FRÊNE A FEUILLES RONDES, ou *à la manne*, } Arbres desquels découle la manne, substance médicamenteuse.
76. FRÊNE A FLEURS. }

77. LAURIER SASSAFRAS. — Arbre dont le bois et l'écorce sont employés en médecine.

78. MURIER A PAPIER. — Arbre dont la surface corticale sert à la fabrication du papier.

79. CHÊNE LIÈGE. — Arbre dont l'écorce est le liège, subtance si employée.

80. CHÊNE QUERCITRON. — Arbre tinctorial.

81. CHÊNE VELANI ou *Vélanède*. — Arbre tinctorial.

82. CHÊNE A LA NOIX DE GALLE. — Arbre tinctorial.

83. CHÊNE COCCIFÈRE ou *Kermès*. — Arbuste donnant la vie à un insecte nommé kermès, qui est employé dans la teinture.

84. CHÊNE VERT, ou *Yeuse*. — Arbre dont le bois est utilisé dans les contrées méridionales.

85. HOUX. — Arbuste dont le bois est recherché dans l'industrie, et qui fournit divers produits économiques.

86. ERABLE A SUCRE. — Arbre duquel on extrait une liqueur de laquelle on obtient un sucre qui cristalise.

87. FUSAIN D'EUROPE. — Arbuste dont le bois et les fruits sont utilisés.

88. NERPRUN GRAINE D'AVIGNON. — Arbuste tinctorial.

89. NERPRUN PURGATIF. — Arbuste tinctorial.

90. GENET A BALAIS. — Arbuste dont les ramifications servent à faire des balais.

91. GENET D'ESPAGNE. — Arbuste textile.

92. CIRIER DE LA LOUISIANE. — Arbre donnant la cire végétale.

93. TAMARIX DE FRANCE. — Arbuste propre à retenir les terrains mouvans.

94. SUMAC VERNIS. — Arbre produisant un suc propre, nommé vernis.

95. SUMAC DES CORROYEURS. — Arbre économique.

96. SUMAC VÉNÉNEUX. — Arbuste vénéneux.

97. PRUNIER, LAURIER-CERISE. — Arbuste économique. — Vénéneux.

98. LAURIER FRANC. — Arbuste économique.

99. DAPHNÉ, GAROU. — Arbrisseau médicinal.
100. MORELLE , *Douce-amère*. — Arbrisseau médicinal.
101. ROMARIN. — Arbrisseau aromatique.
102. CITRONELLE. — Arbrisseau aromatique.
103. CAPRIER. — Arbrisseau économique.
104. PISTACHIER, LENTISQUE. — Arbuste produisant une ré-
    sine nommée mastic.
105. PISTACHIER, TEREBINTHE. — Arbuste produisant une
    résine nommée terebenthine.
106. SAULE, *osier franc* , ⎫ Arbres produisant l'osier qui sert
107. SAULE, *osier vert* , ⎬ dans la vannerie et dans la
108. SAULE, *osier pourpre.* ⎭ tonnellerie.
109. LIERRE. — Arbuste médicinal.
110. ROSIER DE PROVINS, *rose rouge*. — Feur employée en
    médecine.
111. ROSIER DE DAMAS, ou *de Puteaux*. — Fleur employée
    en médecine et dans la parfumerie.
112. ROSIER CENT-FEUILLES. — Fleur employée en méde-
    cine et dans la parfumerie.

3.° *Arbres fruitiers.*

Dans cette école, se trouvent réunis les arbres dont les
produits en fruits sont l'objet de cultures spéciales. Il nous
manque encore les différentes variétés de vignes qui composent les vignobles du département , et les variétés d'arbres
à fruits à cidre. Jusqu'ici , il ne m'a pas été possible de réunir ces végétaux dont la connaissance devient si nécessaire.
Une collection de ce genre est fort difficile à composer , et
on le comprendra en pensant qu'une seule variété , soit de
vigne , soit d'arbres fruitiers, poiriers ou pommiers, porte
ordinairement plusieurs noms différens dans chaque localité,
et qu'on est exposé à avoir la même variété répétée bien des
fois dans une collection. Avant de pouvoir en offrir une
de ce genre, pour l'étude , il est nécessaire d'étudier comparativement les variétés entre elles , pour les rapporter
à un type , désigné sous une dénomination spéciale, toutes
celles qui ne présenteraient de différence que dans la nomenclature. Cette étude étant faite, le nombre de plants, qui
entreraient dans l'école, se trouvant réduit aux véritables variétés caractéristiques, on n'aura plus besoin que d'un terrain
bien moins étendu. Ce travail étant fait et l'école étant bien
établie, il sera facile de reconnaître les essences, de les classer,

de les décrire, puis d'adopter une nomenclature déterminée
qui se compliquerait de la synonimie, mais qui aurait le
grand avantage de permettre aux cultivateurs de s'entendre.
— J'espère pouvoir cet automne commencer ce travail , et
un terrain , dans le jardin de l'école, doit être consacré à cet
usage.

En parlant de ces sortes de fruits qui sont, sur tous les
points de la France, l'objet d'une culture suivie et d'une
production importante, je dois manifester une opinion dont
l'adoption , puis ensuite l'exécution, offriraient de grands
avantages à la culture et aux cultivateurs. Dans les écoles
normales de France, point central de chaque département,
il se fait un cours de culture. Le professeur en possession
d'un terrain convenable, pourrait se livrer au travail que
j'ai indiqué ci-dessus. Par MM. les préfets, qui invite-
raient les maires, ces derniers, invitant les cultivateurs de
leur commune; par MM. les curés, toujours disposés à tra-
vailler utilement, et par MM. les instituteurs des communes
du département, qui s'empresseraient de s'occuper de ces recherches, le professeur recevrait des greffes qu'il ferait placer
sur des sujets préalablement disposés pour les recevoir , en
apportant le plus grand ordre dans le placement , en tenant
un registre bien exact de ces greffes, et des noms des diverses
localités qu'on ne manquerait pas de lui envoyer. Etudiant
ensuite ces variétés, il fixerait leur nomenclature en adop-
tant le nom le plus général , auquel seraient ajoutés les noms
divers qui composeraient la synonimie. Par ce moyen on com-
poserait dans chaque département une école de ces variétés
bien nommées, dans laquelle les élèves apprendraient à connaître et le nom et les arbres. Eclairés sur ce point, les élèves, devenus maîtres, porteraient ces connaissances dans les
campagnes, ils instruiraient à leur tour leurs élèves, qui
adopteraient de bonne heure une nomenclature qui ne
tarderait pas à se propager et à se fixer préférablement à
celle qui existe et qui est plus embarrassante qu'utile. —
Ce serait un très-bon moyen de faire mieux connaître les
richesses fruitières de notre France et de fournir aux cultivateurs les moyens de cultiver plus sûrement des végétaux qui sont généralement répandus , et dont les produits
rendent de si grands services. — Cette manière de procéder pourrait s'appliquer aux Céréales, dont les variétés nombreuses en Blés, en Avoine, en Orge et en Maïs ne sont pas

encore assez généralement connues et surtout bien connues.

Le manque de terrain ne nous a pas permis de réunir toutes les espèces et les variétés d'arbres à fruits; cependant, nos collections telles qu'elles sont, présentant, de chaque espèce, un assez grand nombre de variétés, surtout celles qui méritent le plus d'être propagées, permettront la comparaison, et fourniront aux élèves des élémens d'études qui leur seront profitables.

Les cultures fruitières laissent beaucoup à désirer; on n'est pas encore persuadé partout, dans les campagnes, qu'il existe de meilleurs fruits que ceux que l'on cultive généralement, et qu'il y aurait tout avantage à remplacer ces fruits petits, de mauvaise nature et de médiocre qualité, par de beaux et bons fruits, qui se vendraient plus chers et mieux, et par cela même qu'ils méritent la préférence.

Pour se persuader de la vérité de cette assertion, on n'a qu'à visiter les marchés là où il y en a, dans le temps des fruits; on s'assurera que des variétés très-inférieures dominent, que les bonnes sont rares, et que la population consomme bien plus de fruits médiocres que de bons.

J'ai marqué d'un astérique les variétés qui, dans chaque espèce fruitière, me paraissent mériter la préférence sur les autres, et conséquemment celles qui devront être généralement recherchées et plantées.

FRUITS A PEPINS.

1. *Poirier.*

Les poires sont d'été, d'automne et d'hiver; les poires d'été passant vite, il est prudent, dans une grande plantation, de ne pas en introduire en quantité : quelques arbres choisis parmi les meilleures variétés suffiront. D'ailleurs, les poires d'été n'ont de mérite bien caractérisé que celui de la précocité.— Les poires d'automne sont pour la plupart d'excellens fruits que l'on apprécie généralement; beaucoup d'entr'elles ont l'inconvénient de passer promptement; néanmoins, dans une plantation, elles occuperont utilement leur place. — Les poires d'hiver se gardent très long-temps, il en est qui, bien conservées, peuvent durer jusqu'au mois de mai suivant l'époque de la récolte. Les arbres qui portent ces fruits occuperont une place d'autant plus utile, qu'ils produiront des ressources bien appréciables pendant l'hiver, outre que leur prix, en cas de vente, sera supérieur à celui des fruits des autres saisons, quand toutefois ces fruits seront d'une bonne qualité.

Les fruits de table, suivant leur qualité, sont considérés comme fruits à couteau et fruits à cuire, bien qu'il y ait des variétés qui puissent être simultanément considérées sous ce double rapport : les poires servent à faire des gelées, des compotes, du raisiné, et des confitures : en les mettant sécher au four on fait les poires tapées.

Les poiriers sont élevés en arbres-tige, demi-tige et en arbres nains ; suivant la situation qu'ils doivent occuper, on les divise en plein vent, quenouille et pyramide simple ou arquée, espalier et contr'espalier en éventail ou en palmette, direction qui est donnée par une taille suivie.

Les variétés des poiriers ne se reproduisant pas de semence, on est obligé pour les perpétuer d'avoir recours à la greffe.

Les sujets ou sauvageons qui peuvent recevoir la greffe du poirier sont :

1. POIRIER SAUVAGE, ou *des Bois*. — Pour former des arbres à tige, et dans certaines localités des arbres demi-tige et des nains.

2. POIRIER FRANC, ou *Egrain*, c'est-à-dire provenant de pépins de fruits d'arbres greffés. — Pour former des arbres tige, demi-tige et des nains, dans des terres fortes, riches et profondes.

3. COIGNASSIER. — Pour former des arbres nains, et pour meubler les terres légères, sèches et peu profondes.

4. AUBÉPINE. — Sujet qui peut recevoir la greffe de certaines variétés de poires, surtout les poires à cuire ; pouvant aussi fournir les moyens d'avoir des poiriers dans un sol d'une qualité très inférieure.

Les variétés à couteau et à cuire qui peuvent être cultivées en plein vent ou que l'on peut soumettre à la taille sont les suivantes :

1. AMIRÉ JOANNET, *Poire St.-Jean*. — Mûrit fin de juin, commencement de juillet. — Fruit petit.

2. MUSCAT PETIT, *Sept-en-Gueule*. — Donne en juillet ; fruit petit.

3. MUSCAT ROBERT, *Poire à la Reine, Poire d'ambre.* — Donne en juillet ; fruit quelquefois gros.

4. MUSCAT FLEURI. — Fruit très-petit ; donne en août.

5. MUSCAT ROYAL. — Donne en septembre ; fruit petit.

6. MUSCAT DE NANCY, *l'Aurate.* — Donne en septembre ; fruit moyen.

7. MUSCAT L'ALLEMAN. — Mûrit tardivement et se conserve long-temps ; fruit gros.

8. GROS SAINT-JEAN MUSQUÉ, *Muscat-Robert.* — Mûrit en juillet ; fruit moyen.

9. MAGDELEINE, *Citron des Carmes.* — Donne en août ; deviennent assez gros.

10. ROUSSELET HATIF, *Perdreaux, Poire de Chypre.* — donne en août ; fruit petit.

11. * ROUSSELET DE REIMS, *Petit Rousselet.* — Donne en août ; fruit petit.

12. * ROUSSELET GROS, *Roi d'été.* — Mûrit en septembre ; fruits assez gros.

13. ROUSSELET D'HIVER. — Fruit petit ; mûrit très-tard ; poire à cuire.

14. ROUSSELINE. — Mûrit en novembre ; fruit petit.

15. * MARTIN-SEC. — Mûrit tardivement ; se garde long-temps ; fruit moyen.

16. BOURDON MUSQUÉ, *Orange d'été.* — Mûrit en juillet ; fruit petit.

17. BLANQUET GROS, *Blanquette.* — Donne en juillet ou août ; fruit petit.

18. BLANQUET ROND. — Donne en juillet ou août ; fruit petit.

19. BLANQUET PETIT, *Poire à la Perle.* — Donne en juillet ; fruit petit.

20. CUISSE-MADAME. — Donne en juillet ; fruit moyen.

21. * CUISSE-MADAME GROSSE, *Épargne, Beau Présent, Saint-Samson.* — Donne en juillet ou août ; fruit assez gros.

22. OGNONET, *Archiduc d'été, Amiré roux.* — Donne en août ; fruit moyen.

23. SAPIN. — Donne en juillet ; fruit petit.

24. DEUX TÊTES. — Donne en août ; fruit moyen.

25. * BELLISSIME D'ÉTÉ, *Poire figue ; Suprême.* — Donne en juillet ; fruit petit.

4

26. **Bellissime d'hiver.** — Mûrit tardivement ; se conserve long-temps ; fruit gros ; à cuire.

27. **D'Ange.** — Donne en août ; fruit petit.

28. * **Salviati.** — Donne en août ; fruit moyen.

29. **Fleur de Guigne,** *Sans Peau.* — Mûrit en août ; fruit moyen.

30. **Saint-Laurent.** — Mûrit en août ; fruit moyen ; fait de bonnes compotes.

31. **Parfum d'aout.** — Mûrit en août ; fruit petit.

32. **Chair a dame.** — Mûrit en août ; fruit moyen.

33. **Fin or d'été.** — Mûrit en août ; fruit moyen.

34. **Fin or de septembre.** — Mûrit en septembre ; fruit assez gros.

35. **Epine rose,** *Poire tulipée, Poire de Malte, Poire de rose, Poire d'eau rose, Merlet.* — Mûrit en août ; fruit gros.

36. **Epine rose d'été,** *Fondante musquée, Bergiarda.* — Mûrit en septembre ; fruit moyen.

37. **Epine d'hiver.** — Mûrit tardivement ; se conserve long-temps ; fruit gros.

38. **Passe peau.**

39. **Orange musquée.** — Mûrit en aout ; fruit moyen.

40. **Orange rouge.** — Murit en aout ; fruit assez gros.

41. **Orange tulipée,** *Poires aux Mouches.* — Mûrit en septembre ; fruit gros.

42. **Orange d'hiver.** — Mûrit tardivement ; se conserve long-temps ; fruit moyen.

43. **Robine,** *Royale d'été.* — Mûrit en août ; fruit petit.

44. **Jaquinole.**

45. **Vermillon d'été.** — Mûrit en septembre ; fruit

46. **Bon chrétien musqué d'été.** — Mûrit en septembre ; fruit moyen.

47. **Bon chrétien d'été,** *Gracioi.* — Mûrit en septembre ; fruit gros.

48. * **Bon chrétien d'Espagne.** — Mûrit en hiver ; fruit gros ; à cuire seulement.

49. * **Bon chrétien d'hiver,** *Poire d'Angoisse.* — Mûrit tardivement ; se conserve long-temps ; fruits gros.

50. * **Bon Chrétien Turc.** — Mûrit en octobre ; fruit gros.

51. * **Bon chrétien d'Auch** *ou* **d'Arc.** — Fruit gros ; mûrit en octobre.

5a. * Bon chrétien de Vernois ou de Vernon. — Fruit gros; mûrit en octobre.

53. Bon chrétien vert.

5{. Bon chrétien de Bruxelles. — Mûrit tard; fruit gros.

55. Bon chrétien spina. — Mûrit tard ; fruit gros.

56. Cassolette, *Muscat vert, Friolet, Léche frian.* — Mûrit en août; fruit petit.

57. Mansuette, *Solitaire.* — Mûrit en sept.; fruit gros.

58. Œuf, *Poire d'œuf.* — Mûrit en sept.; fruit petit.

59. Grise bonne, *Poire de forêt, Crapaudine, Ambrette d'été.* — Mûrit en septembre ; fruit petit.

60. Jargonelle. — Mûrit en septembre; fruit petit.

61. Ah mon dieu, *Maudieu, Poire d'abondance.* — Mûrit en septembre; fruit moyen.

62. Fondante de Brest, *l Inconnue de Cheneau.* — Mûrit en septembre ; fruit moyen.

63. Figue. — Mûrit en septembre; fruit moyen.

64. Gilogile, *Poire à Gobert, Garde écorce.* — Mûrit en septembre; fruit gros.

65. Bergamote d'été, *Milan de la Beuvrière.* — Mûrit en septembre ; fruit gros.

66. Bergamote d'Angleterre, *de Hamden.* — Mûrit en septembre ; fruit gros.

67. Bergamote rouge. — Mûrit en septembre; fruit moyen.

68. Bergamote Suisse. — Mûrit en octobre; fruit moyen.

69. Bergamote cadette, *Poire Cadet.* — Mûrit en octobre ; fruit gros.

70. Bergamote d'automne. — Mûrit en novembre; fruit moyen.

71. Bergamote de Soulers, *Boune de Soulers.* — Mûrit tardivement; se conserve long-temps; fruit moyen.

72. Bergamote de paques, *d'hiver.* — Mûrit tardivement ; se conserve long-temps ; fruit gros.

73. Bergamote de Hollande ; *d'Alençon; Armosille.* — Mûrit en juin ; fruit gros.

74. * Bergamote Sylvange. — Mûrit en octobre; fruit gros.

75. * Bergamote crassane ; *Cressane.* — Mûrit en novembre ; fruit gros.

76. PENDARD ; *poire de Pendard*. — Mûrit en octobre ; fruit assez gros.

77. PAYENCY ; *poire de Périgord*. — Mûrit en octobre ; fruit moyen.

78. * VERTE LONGUE ; *Mouille bouche*. — Mûrit en octobre ; fruit moyen.

79. * VERTE LONGUE PANACHÉE ; *Culotte de Suisse*. — Mûrit en octobre ; fruit moyen.

80. * BEURRÉ GRIS ; *Beurré*. — Mûrit en octobre ; fruit gros.

81. * BEURRÉ D'ANGLETERRE ; *Poire d'Angleterre*. — Mûrit en septembre ; fruit moyen.

82. BEURRÉ D'ANGLETERRE D'HIVER. — Mûrit tardivement ; fruit moyen.

83. * BEURRÉ D'HIVER ; *Bezy de Chaumontel*. — Mûrit tardivement ; se conserve ; fruit gros.

84. * BEURRÉ BEZY DE MONTIGNY. — Mûrit en octobre ; fruit moyen.

85. * BEURRÉ DE LA MOTTE. — Mûrit en octobre ; fruit moyen.

86. * BEURRÉ DE CAISSOY, *Roussette d'Anjou*. — Mûrit en novembre ; fruit petit.

87. * BEURRÉ DE CHASSERY ; *L'Echassery*. — Mûrit tard ; fruit moyen.

88. * BEURRÉ D'AREMBERT. — Mûrit en novembre ; fruit gros.

89. BEURRÉ ALLE.

90. * BEURRÉ D'AMANLIS. — Mûrit en septembre ; fruit gros.

91. * BEURRÉ D'HARDENPONT. — Mûrit en septembre ; fruit gros.

92. * BEURRÉ BLANC, *Doyenné, Saint-Michel, Bonne ente*. — Mûrit en octobre ; fruit gros.

93. * BEURRÉ DOYENNÉ *gris*. — Mûrit en septembre ; fruit moyen.

94. BEURRÉ DOYENNÉ D'ÉTÉ.

95. * BEURRÉ MAGNIFIQUE. — Mûrit en octobre ; fruit gros.

96. BEURRÉ D'ARC. — Mûrit en octobre ; fruit gros.

97. * BEURRÉ RANS. — Mûrit en octobre ; fruit gros.

98. VALLÉE FRANCHE. — Mûrit en août ; fruit assez gros.

99. VALLÉE BATARDE. — Mûrit en août ; fruit moyen.

100. L'AMIRAL ; *poire d'Amiral*. — Mûrit en octobre ; fruit moyen.

101. TRÈS-LONGUE.
102. FRANGIPANE. — Mûrit en novembre; fruit moyen.
103. ROUSSETTE DE BRETAGNE. — Mûrit en octobre; fruit moyen.
104. LANSAC; *Dauphine; Satin.* — Mûrit en novembre; fruit moyen.
105. PASTORALE; *Musette d'automne.* — Mûrit en novembre; fruit gros.
106. * MESSIRE-JEAN. — Mûrit en octobre; fruit moyen.
107. * MESSIRE-JEAN DORÉ. — Mûrit en oct.; fruit moyen.
108. * SUCRÉ VERT; *Sucrain vert.* — Mûrit en octobre; fruit moyen.
109. * FRAXCRÉAL; *Grosmicet.* — Mûrit en octobre; fruit gros, bon à cuire.
110. * BELLE DE BRUXELLE. — Mûrit en octob.; fruit gros.
111. * DUCHESSE D'ANGOULÊME. — Mûrit en octobre; fruit gros.
112. MERVEILLE D'HIVER; *petit Oin.* — Mûrit en novembre; fruit moyen.
113. AUTRE MERVEILLE D'HIVER.
114. LOUISE-BONNE. — Mûrit en novembre; fruit gros.
115. MARTIN-SIRE; *Rouville, poire de Bunville, poire de Hocrenaille.* — Mûrit en janvier; fruit gros.
116. SAINT-LEZIN, *poire de Curé.* — Mûrit en novembre; fruit gros.
117. MARQUISE. — Mûrit tard; fruit gros.
118. AMBRETTE. — Mûrit tard; fruit moyen.
119. * VIRGOULEUSE. — Mûrit tard; fruit gros.
120. * SAINT-GERMAIN; *l'Inconnue la Farre.* — Mûrit tard, se conserve long-temps; fruit gros.
121. SAINT-GERMAIN PANACHÉ. — Mûrit tard, se conserve long-temps; fruit gros.
122. SAINT-GERMAIN PETIT. — Mûrit tard, se conserve long-temps; fruit moyen.
123. CHAPTAL. — Mûrit tard; fruit gros.
124. ROYALE D'HIVER. — Mûrit tard; fruit gros.
125. ANGÉLIQUE DE BORDEAUX; *Saint-Martial.* — Mûrit tard; fruit gros.
126. ANGÉLIQUE DE ROME. — Mûrit tard; fruit moyen.
127. TRÉSOR; *Amour.* — Mûrit tard; fruit gros, bon à cuire.

128. * TONNEAU. — Mûrit très tard, se conserve long-temps ; fruit gros, bon à cuire.

129. * LIVRE. — Mûrit très-tard, se conserve long-temps ; fruit gros, bon à cuire.

130. * CATILLAC. — Mûrit tard, se conserve long-temps ; fruit gros, bon à cuire.

131. CHARLES X.

132. CHAT BRULÉ ; *Pucelle de Saintonge*. — Mûrit très-tard, se conserve long-temps ; fruit moyen, bon à cuire.

133. TARQUIN. — Mûrit tard, se conserve long-temps ; fruit moyen.

134. SARRAZIN. — Mûrit tard, se conserve très-long-temps ; fruit moyen.

135. D'HORTICULTURE.

136. MELON.

137. AUNATE. — Mûrit fin de juillet ; fruit petit.

138. NAPOLÉON ; *poire Médaille*. — Mûrit tard ; fruit gros.

139. SAGERET. — Mûrit tard ; fruit gros.

140. * FORTUNÉ. — Fruit mûrissant tard et se conservant long-temps ; fruit gros.

141. * COLMAR ; *Poire Manne*. — Mûrit tard ; fruit très gr.

142. * PASSE-COLMAR. — Mûrit tard ; fruit très-gros.

143. SIEULE. — Mûrit en novembre ; fruit moyen.

144. FINO D'ÉTÉ.

2. *Pommier.*

Les pommes sont d'été, d'automne et d'hiver. Les pommes d'été, en petit nombre, sont généralement de médiocre qualité ; elles n'ont que le mérite de la précocité. Les pommes d'automne sont plus nombreuses et meilleures. Les pommes d'hiver l'emportent, par la qualité, sur les autres ; elles sont assez nombreuses en variétés, et elles doivent être préférablement cultivées en grand, parce qu'elles offrent de précieuses ressources dans les ménages pendant la saison d'hiver : il y a des variétés qui se gardent fort long-temps, quand on emploie de bons moyens pour les conserver. Il en est des pommes comme des poires, qui sont, les unes bonnes à cuire, les autres bonnes à manger crues, et d'autres qui sont également bonnes de l'une ou de l'autre manière. Avec les pommes on fait d'excellentes gelées, de bonnes marmelades et des confitures.

Les pommiers sont élevés en arbres tiges, demi-tiges et nains. Suivant la situation, on les dirige en plein-vent, contre-espalier, vase et buisson. Les trois dernières formes résultent d'une taille suivie.

Les variétés de pommiers ne se reproduisent pas de semences ; on est obligé, pour la fixation des variétés, d'avoir recours à la greffe.

Les sujets, ou sauvageons qui peuvent recevoir la greffe du pommier, sont :

1. POMMIER SAUVAGE OU DE BOIS, pour les arbres plein-vent, dans les terrains médiocres.

2. POMMIER FRANC OU ÉGRAIN, provenant de semis de pépins d'arbres greffés, pour former des arbres de verger et de plantation.

3. POMMIER DOUCIN, pour former des arbres de moyenne stature qui se mettent plutôt à fruit.

4. POMMIER PARADIS, pour former des arbres nains, destinés à garnir les plates-bandes des jardins potagers.

Les variétés à couteau et à cuire pouvant être cultivées en plein-vent, ou pouvant être soumises à la taille, sont les suivantes :

1. MAGDELEINE ; *Passe-Pomme, grosse pomme Magdeleine*. — Fruit moyen ; mûrit en août.

2. PASSE-POMME BLANCHE ; *Coussinette*. — Fruit petit, mûrit en août.

3. PASSE-POMME ROUGE ; *Calville d'été*. — Fruit moyen, mûrit en août.

4. PASSE-POMME D'AUTOMNE ; *Pomme générale ; Pomme d'outre-passe*. — Fruit moyen, mûrit en octobre.

5. POMME DE BALTIMORE. — Fruit gros.

6. POMME D'AMÉRIQUE. — Fruit gros.

7. * CALVILLE BLANC D'HIVER ; *Bonnet carré*. — Fruit gros, mûrit en novembre.

8. CALVILLE ROUGE D'AUTOMNE. — Fruit gros, mûrit en octobre.

9. * CALVILLE ROUGE D'HIVER. — Fruit gros, mûrit en octobre.

10. CALVILLE BATARD. — Fruit moyen, mûrit en nov.

11. CŒUR DE BŒUF. — Fruit moyen, mûrit en décembre ; pour compotes.

12. * Reinette jaune hative. — Fruit moyen, mûrit en octobre.

13. * Reinette rouge des Carmes; *Reinette ousse.* — Fruit gros, se conserve l'hiver.

14. Reinette tendre; *Reinette blanche d'Espagne.* — Fruit gros, médiocre : mûrit en Espagne.

15. Reinette blanche. — Fruit moyen, se conserve long-temps.

16. * Reinette d'Espagne. — Fruit gros, excellent; se conserve long-temps.

17. * Reinette franche. — Fruit moyen; se conserve très long-temps.

18. * Reinette d'Angleterre; *Pomme d'or.* — Fruit moyen, mûrit en novembre.

19. * Reinette d'Angleterre grosse. — Fruit gros, mûrit en hiver.

20. * Reinette de Bretagne. — Fruit moyen, mûrit en novembre.

21. Reinette noire. — Fruit moyen; se conserve long-temps.

22. * Reinette dorée; *Jaune tardive; Rousse.* — Fruit moyen, bon, se conserve long-temps.

23. * Reinette de Caux. — Fruit moyen, très-bon, se conserve long-temps.

24. * Reinette rouge. — Fruit gros, se conserve assez long-temps.

25. * Reinette du Canada. — Fruit gros, très-bon, se conserve très long-temps.

26. * Reinette du Canada, grise. — Fruit gros, très-bon, se conserve fort long-temps.

27. * Reinette grise; *Haute-Bonté.* — Fruit moyen, se conserve long-temps.

28. * Reinette de Granville. — Fruit moyen, se conserve très long-temps.

29. * Reinette grise. — Fruit moyen, se conserve très long-temps.

30. Reinette non-pareille. — Fruit moyen, se conserve long-temps.

31. * Reinette princesse noble. — Fruit moyen, se conserve assez long-temps.

32. Reinette étoilée, *à bois rayé.*

33. Reinette de Hollande.

34. Reinette d'automne.

35. Reinette Hervy.

36. * Court-Pendu, ou *Capendu*. — Fruit petit, se conserve fort long-temps.

37. * Rambour d'hiver. — Fruit gros, mûrit en hiver, bon à cuire.

38. * Rambour d'automne. — Fruit moyen, mûrit en septembre.

39. Rambour d'été ; *Rambour franc ; Rambour rayé ; Pomme Notre-Dame*. — Fruit assez gros, se conserve long-temps, bon à cuir.

40. * Api petit ; *Api ordinaire ; Pommier à long bois*. Fruit petit, se conserve très long-temps.

41. * Api gros ; *Pomme rose*. — Fruit moyen, se conserve long-temps.

42. Api noir. — Fruit petit, se conserve long-temps.

43. * Postophe d'hiver ; *Postdoff*. — Fruit gros, excellent ; mûrit en novembre et décembre.

44. Chataigner. — Fruit moyen, mûrit en hiver et se conserve assez long-temps.

45. Faros petit. — Fruit moyen, assez bon, se conserve long-temps.

46. Faros gros. — Fruit gros, se conserve long-temps.

47. Francatu. — Fruit moyen, se conserve long-temps.

48. Figue, *sans pépins ; Pomme lanterne*. Fruit moyen, plutôt curieux que bon.

49. * Fenouillet gris ; *Anis*. — Fruit petit, se conserve long-temps.

50. * Fenouillet jaune ; *Drap d'or*. — Fruit moyen, mûrit en novembre.

51. * Fenouillet rouge, *Bardin, Azerolly, Cour perdu de la Quintinie*. — Fruit moyen ; se conserve très long-temps

52. OEuf.

53. * de Pigeon, *cœur de pigeon, pigeonnet, pomme de Jérusalem*. — Fruit moyen, se conserve long-temps ; bon à cuire.

54. * Pigeonnet. — Fruit moyen ; mûrit en octobre.

55. Museau de lièvre. — Fruit gros ; mûrit en novembre.

56. de Glace, *rouge des Chartreux*. — Fruit gros ; mûrit en hiver.

57.   De Glace blanche, *transparente*. — Fruit gros ;
      mûrit en hiver.
58.   De Fer. — Fruit moyen, se conserve très-long-temps ;
      considéré comme fruit à cidre.
59.   La Gamache. — Fruit moyen ; mûrit en hiver.
60.   Violette *des quatre goûts*. — Fruit moyen ; se con-
      serve fort long-temps.
61.   Poire. — Fruit moyen ; mûrit pendant l'hiver.
62.   Legeasse. — Fruit moyen , mûrit en novembre.
63.   Louis xviii.
64.   Belle-Fille.
65.   Doux d'Angers. — Fruit moyen ; se conserve long-
      temps.
66.   Sucrin.
67.   De Bonot. — Fruit petit ; se conserve fort long-temps.
68.   Rosard de Hollande.
69.   D'Eve. — Fruit fort gros ; se conserve tard.
70.   D'Adam.
71.   Roi de Rome.
72.   Rodisland. — Fruit très-gros ; murit en novembre ;
      passe vîte.

3. *Coignassier.*

Cette espèce fruitière contient peu de variétés ; ce fruit
n'est bon que cuit ; ses pépins sont utilisés en médecine ,
ainsi que l'est la gelée faite avec la pulpe du fruit.

   1. Coignassier ordinaire.
   2. Coignassier du Portugal. — Fruit plus gros que le
      coing ordinaire.

4. *Goyavier ; Poirier des Indes.*

Le Goyavier, originaire de l'Inde, donne des fruits nommés goyaves, qui ressemblent à une poire. Cet arbre ne
réussit pas dans le climat de Paris.

5. *Oranger.*

Les Orangers nécessitant, pour réussir en pleine terre,
un climat plus doux que ne l'est le nôtre, il nous est impossible de lui faire prendre place dans le jardin d'étude de
l'Ecole. Les orangers sont divisés en *Orangers proprement
dits, Bigaradiers, Limoniers* ou *Citronniers, Cédratiers,
Limettiers, Lumiers, Pampelmouses.*

(59)

6. *Grenadier.*

Le Grenadier est un arbre des contrées méridionales de la France ; son fruit, nommé grenade, n'est pas sans qualité. Sans espérer de pouvoir le cultiver avec succès, on peut cependant en voir réussir et fructifier, en le plaçant le long d'un mur méridionalement exposé, ainsi que nous l'avons fait dans notre collection.

Dans cette série d'arbres fruitiers, le Sorbier, le Cormier et l'Alisier des bois tiennent leur place ; mais ayant été signalés précédemment parmi les arbres fruitiers, en les considérant comme tels, je les rappelle seulement ici. Ces arbres ne sont jamais cultivés comme arbres fruitiers, mais bien comme arbres forestiers, car c'est plutôt leur bois que leur fruit que l'on recherche.

FRUITS A NUCULES OU A PETITS NOYAUX.

7. *Néflier.*

Le Néflier est un arbre fruitier d'une importance secondaire, qui présente peu de variétés. — Les nèfles ne sont bonnes à manger que quand elles sont blettes ; on les récolte avant maturité et on les laisse bletir sur la paille. — Il se greffe sur le néflier sauvage, qui est un arbrisseau de nos bois, et le plus souvent sur l'Épine blanche ou Aubépine.

8. *Azerolier.*

L'Azerolier est un arbre assez répandu dans les jardins, et qui est autant cultivé comme arbre d'ornement que comme arbre fruitier. Les fruits nommés azeroliers ne sont pas sans quelques qualités. On les mange cuits ou plutôt confits et en gelée. Cet arbre se multiplie de semence ou de greffe sur l'Aubépine.

9. *Rosier.*

Les Rosiers ne peuvent pas être considérés comme arbres fruitiers à proprement dire ; cependant comme il en est, les rosiers sauvages ou Églantiers surtout, qui donnent du fruit que l'on utilise, nous devons leur faire prendre place dans cette école.

Le fruit d'un rosier sauvage utilisé, dans les pharmacies est appelé *Cynnorrhodon;* et par extension on donne le même nom au fruit de tous les rosiers.

Avec la substance pulpeuse de ce fruit, séparée des semences osseuses qu'il contient et des soies qui environnent les semences, on prépare des confitures et des conserves agréables, qui sont employées en médecine. — Les allemands font avec la même pulpe, une sauce acidulce.

1. ROSIER DE CHIEN, ou *Eglantier sauvage*. — Fruit utilisé dans les pharmacies.

2. ROSE VELUE ou *à fruits hérissés*. — Fruit qui se mange comme prune dans quelques pays, et avec lequel on prépare de bonnes confitures.

FRUITS A NOYAUX.

10. *Prunier*.

Les Pruniers sont des arbres fruitiers de première importance; leurs fruits rendent de grands services dans tous les états où ils sont employés. — Les prunes bien mures, pendant une partie de l'été et de l'automne, sont très recherchées. Séchées, elles deviennent d'excellens pruneaux, qui procurent un aliment sain pour l'hiver et même pour toute l'année. Cuites, diversement préparées et conservées, elles sont fort estimées.

Parmi les différentes sortes de prunes, il en est qui sont préférées pour être mangées crues, quelques-unes sont meilleures cuites, et il en est avec lesquelles on fait d'excellens pruneaux, il y a des variétés qui satisfont à ces trois conditions.

Le prunier est élevé le plus souvent en arbre tige, et quelquefois demi-tige et nain; on le dirige ordinairement en plein vent, car la nature buissonneuse de cet arbre fait qu'il ne se trouve pas toujours bien dè la serpette. On peut cependant le diriger en espalier et en buisson, mais alors les produits ne sont pas assez abondans pour qu'on lui fasse prendre dans un jardin, le long d'un mur, une place qui serait utilisée plus avantageusement par ues poiriers.

Quelques variétés de pruniers se reproduisent exactement de noyeau, mais c'est le plus petit nombre; aussi, pour la multiplication de ces arbres, est on obligé d'avoir recours à la greffe.

Les sujets ou sauvageons qui peuvent recevoir la greffe du prunier sont :

1. LE PRUNIER DE NOYEAU. — Sujet franc et vigoureux.

2. L'AMANDIER. — Sujet pour les sols profonds.

(61)

3. Le Prunier sauvage, qui émet des rejets de pied que l'on utilise comme sujets dans les pépinières ; avantageux pour les terres d'une qualité inférieure.

Les variétés de prunes comme fruits de table ou pour cuire et pour pruneaux, sont les suivantes :

1. JAUNE HATIVE ; *de Catalogne, de St.-Bernabé*. —Fruit petit, jaune ; mûrit en juillet.

2. * SURPASSE MONSIEUR. — Fruit violet, gros ; mûrit fin d'août.

3. * MONSIEUR, GROS ORDINAIRE. —Fruit violet, gros ; mûrit en août.

4. MONSIEUR HATIF. — Fruit violet, moyen ; mûrit en juillet.

5. MONSIEUR TARDIF ; *Altesse*. —Fruit violet, moyen ; mûrit en septembre.

6. MAGDELEINE ; *Grosse noire hâtive ; Noire de Montreuil*. — Fruit violet foncé, gros ; mûrit en juillet.

7. PRÉCOCE DE TOURS ; *Prune noire hâtive*.—Fruit violet foncé, petit ; mûrit en juillet.

8. * ROYALE DE TOURS.—Fruit violet clair, gros ; murit en août.

9. DAMAS SUCRÉ.

10. DAMAS DE PROVENCE HATIF. — Fruit moyen, violet foncé ; mûrit en juillet.

11. DAMAS GROS DE TOURS. — Fruit violet, moyen ; mûrit en juillet.

12. DAMAS ROUGE.—Fruit moyen, rouge ; mûrit en août.

13. DAMAS MUSQUÉ ; *de Malte ; de Chypre*.—Fruit petit, violet foncé ; mûrit en août.

14. DAMAS VIOLET.—Fruit moyen, violet ; mûrit en août.

15. DAMAS DRONET.—Fruit moyen, vert jaunâtre ; mûrit en août.

16. DAMAS D'ITALIE. — Fruit moyen, violet clair ; mûrit en août.

17. DAMAS NOIR TARDIF.—Fruit petit, violet foncé ; mûrit en août.

LANC.—Fruit petit, vert ; mûrit en

NC. — Fruit assez gros, vert ; mûrit

(62)

20. **Damas de septembre**; *Prune de vacance.*—Fruit petit, vert; mûrit fin de septembre.

21. * **Perdrigon hatif.** — Fruit petit, violet clair; mûrit en juillet.

22. **Perdrigon gros violet**; *Prune violette.*

23. * **Perdrigon violet.**— Fruit gros, violet rouge; mûrit en août.

24. **Diaprée violette.**— Fruit moyen, violet; mûrit en juillet.

25. **Diaprée blanche.**— Fruit petit, vert clair; mûrit en août.

26. **Diaprée rouge**; *Rochecarbon.*—Fruit moyen, rouge cerise; mûrit en septembre.

27. **Prune-Pêche.**—Fruit très-gros, rouge violacé; mûrit en septembre.

28. **Arricotée**; *Prune-abricot.* —Fruit gros, blanc jaunâtre, coloré rose; mûrit en septembre.

29. **Roinette.**

30. **Royale.** — Fruit gros, violet clair; mûrit en août.

31. * **Mirabelle.** — Fruit petit, jaune; mûrit en août, — excellent pour cuire.

32. * **Mirabelle de Metz**, *abricotée.* — Excellent pour cuire.

33. * **Mirabelle drap d'or**, *double Mirabelle.* — Fruit petit, jaune; mûrit en août.—Excellent pour cuire.

34. **Impériale blanche.** — Fruit gros, blanche; mûrit en août.

35. **Impériale violette**, *Prune œuf.* — Fruit moyen, violet-clair; mûrit en août.

36. * **Reine Claude grosse**, *Abricot vert, verte jaune.* — Fruit gros, vert, mûrit en août.

37. * **Reine Claude petite.** — Fruit moyen, vert, mûrit en août.

38. * **Reine Claude violette.** — Fruit gros, violet; mûrit en septembre.

39. **Dauphine.** — Fruit moyen, vert; mûrit en août.

40. **Dame Aubert**; *grosse luisante.* — Fruit gros, jaunâtre; mûrit en septembre; bon cuit.

41. **Dame Aubert violette.** — Fruit gros, violet; mûrit en septembre.

42. **Rognon d'Ane.** — Fruit gros, violet; mûrit en août.

43. **Moyeu de Bourgogne.** — Fruit gros, jaune; mûrit en septembre.
44. **Sainte-Catherine.** — Fruit gros, vert-jaunâtre; mûrit en septembre; excellent pour pruneaux.
45. **Impératrice blanche.** — Fruit moyen, jaune; mûrit en septembre.
46. **Impératrice violette,** *prune d'Altesse.* — Fruit moyen, violet; mûrit en octobre.
47. **Quetsche.** — Fruit gros, violet; mûrit en septembre; excellent pour pruneaux.
48. **D'Agen.** — Fruit moyen, bleu-noir; excellent pour pruneaux.
49. **Ile verte.** — Fruit moyen, mûrit au commencement de septembre; bon cuit.
50. **De Jérusalem.** — Fruit gros, violet; mûrit en fin d'août.
51. **Brignole.** — Fruit moyen, jaune pâle, coloré rougeâtre; mûrit en août; excellent pour pruneaux.
52. **De Briançon.** — Fruit assez gros, tenant de la prune et de l'abricot, qui fournit l'huile de Mormales.
53. **Petite Bricette.** — Fruit petit, vert; mûrit tard et dure long-temps.
54. **Saint-Martin.** — Fruit moyen, violet, très-tardif; mûrit en octobre.

11. *Cerisier.*

Les cerises sont des fruits de table et des fruits avec lesquels on fait des confitures et des conserves.

Ils sont divisés en Guignier, Bigareautier, Cerisier et Griottier.

On les élève en arbre tige, demi-tige et nain. — On les dirige le plus souvent en plein vent et aussi en quenouilles, en espaliers et contre-espaliers. Les arbres en espaliers ou contre-espaliers, ne donnant pas assez de fruit pour mériter d'occuper une place qui peut être utilisée plus avantageusement par d'autres arbres à fruits, on les conduit dans les plate-bandes des jardins, en quenouilles, qui sont d'ailleurs très-fécondes.

Les cerisiers ne reproduisant pas leurs variétés par le semis, on doit avoir recours à la greffe pour les fixer.

Les sujets ou sauvageons qui sont propres à recevoir la greffe du cerisier, sont :

1. Merisier des Oiseaux, — pour fournir des arbres plein-vent dans un sol riche.

2. Cerisier de Ooyau, — pour former des arbres plein-vent dans un bon sol.

3. Cerisier de pied ou sauvages, — pour former des demi-tiges et des nains partout, et surtout dans des terrains d'une qualité inférieure.

4. Sainte-Lucie, — pour former des arbres plein-vent, des demi-tiges et des nains, partout et surtout dans des terrains d'une qualité inférieure.

Les variétés à cultiver soit en plein-vent, soit en arbres soumis à la taille, sont :

1.re *Race.* — *Guigniers.*

1. A gros fruits blancs, *grosse Guigne ambrée; grosse Merise blanche. Guigne blanche* — Fruit moyen, blanc; mûrit en juin.

2. * A fruits noirs, *Guignes noires.* —Fruit gros, beau noir; mûrit en juin.

3. A petit fruit noir, *petite Guigne noire.* —Fruit plus petit, brun; mûrit en juin.

4. * Noire luisante, *guignes à gros fruit noir luisant.* — Fruit gros, brun; mûrit en juin.

5. Rouge. — Fruit gros, rouge; mûrit en juillet.

2.e *Race.* — *Bigarreautiers.*

6. * A gros fruit blanc. — Fruit gros, rouge pâle; mûrit en juillet.

7. A petit fruit blanc hatif, *bigarreau hatif.* — Fruit moyen, rouge pâle; mûrit en juillet.

8. * A gros fruits rouges. — Fruits gros, rouge vif; mûrit en août.

9. * Commune, *Belle de Rougmont.* — Fruit gros, rouge tendre vif; mûrit en juillet.

10. * Gros Coeuret. — Fruit gros, coloré rouge cramoisi; mûrit en août.

3.e *Race.* — *Cerisiers.*

11. * Royal hatif, *Khery-Dull; Magdull; Cerises d'Angleterre.* —Fruit gros, rouge-brun; mûrit en juin.

12. Commun hatif. — Fruit moyen, rouge vif; mûrit en juin.

3.e Race. — Cerisiers.

11. * ROYAL HATIF, *Khery-Duk, Mayduk, Cerise d'Angleterre.* — Fruit gros, rouge-brun; mûrit en juin.

12. COMMUN HATIF. — Fruit moyen, rouge vif, mûrit en juin.

13. * DE MONTMORENCY, *Gobet.* — Fruit moyen, rouge foncé; mûrit en juin.

14. * A GROS FRUIT, *Gros-Gobet, Gobet à courte queue, Cerise de Kent, de Villènes, Coulard.* — Fruit très-gros, rouge vif; mûrit en juillet.

15. A FRUIT ROUGE PALE, *de Villènes.* — Fruit gros, rouge-clair; mûrit en juin.

16. * ROYAL TARDIF, *Khery-Duk tardif.* — Fruit gros, rouge; mûrit en juillet.

17. * BELLE DE CHATENAY, *grosse Cerise commune.* — Fruit gros, rouge vif; mûrit en juillet.

18. LA MAGDELEINE, *ou Tardive.* — Fruit gros; mûrit en juillet.

19. * CERISE DE LA REINE HORTENSE. — Fruit gros, rouge-clair, excellent; mûrit en juillet.

20. * BELLE DE CHOISY. — Fruit gros, rougeâtre; mûrit en juillet.

4.e Race. — Griottiers.

21. * CERISE DU NORD. — Fruit gros, violet-noir; mûrit tard en septembre; préféré pour confire à l'eau-de-vie.

22. CERISE LEMERCIER. — Fruit gros, rouge-marbré; mûrit tardivement.

12. Pêcher.

Le Pêcher est un arbre qui tient utilement sa place dans les jardins; ses fruits sont fort estimés. Les pêches sont des fruits de table et se préparent de diverses manières en conserves.

Cet arbre est accessible aux influences des variations atmosphèriques; aussi pour obtenir les résultats qu'on peut attendre de sa culture, doit-on le placer dans une situation abritée.

On l'élève comme arbre tige, demi-tige et nain. — On le dirige en plein-vent, en espalier et en contre-espalier éventail ou palmette , ces derniers soumis à une taille régulière qui exige beaucoup de raisonnement.

Quelques variétés se reproduisent de noyau , mais dans tous les cas, pour fixer plus sûrement les variétés, on doit avoir recours à la greffe. Il est à remarquer que les semis du pêcher donnent assez généralement de bons fruits.

Les pêchers sont divisés en plusieurs races caractétisées par la forme du fruit : — 1.° Pêche à peau velue, chair fondante se séparant facilement de la peau et du noyau ; — 2.° Pêche à peau velue, chair ferme adhérente au noyau ; — 3.° Pêche à peau lisse et violette, chair fondante quittant le noyau ; — 4.° Pêche à peau lisse, chair adhérente au noyau.

Les sujets ou sauvageons pouvant recevoir la greffe du pêcher, sont :

1.   AMANDIER, — pour former des arbres plein-vent et des nains dans des terrains profonds.

2.   PRUNIER, — pour former des arbres plein-vent et surtout des nains dans des sols d'une qualité inférieure.

3.   PÊCHER DE NOYAU, — pour former des arbres plein-vent et des nains dans des terrains d'une bonne qualité.

Les variétés pouvant être cultivées comme arbre en plein-vent, ou comme arbre taillé, sont :

1.   PETITE-MIGNONE, *double de Troyes*. — Fruit moyen ; mûrit en août.

2. * GROSSE-MIGNONE, *veloutée de Merlet*. — Fruit gros ; mûrit en août.

3. * POURPRÉE HATIVE, *Vineuse*. — Fruit moyen , rouge ; mûrit en août.

4. * VINEUSE DE FROMENTIN. — Fruit très-gros, coloré ; vif mûrit en août.

5. * BELLES-BEAUGE. — Fruit gros, rouge intense ; mûrit en septembre.

6. * GALANDE, NOIRE DE MONTREUIL, *Belle-Garde*. — Fruit gros, rouge ; mûrit fin d'août.

7.   MAGDELEINE BLANCHE. — Fruit gros, blanc jaunâtre ; mûrit en août.

8.   MAGDELEINE DE PAVIE, *Pavie blanc, Pêche-Pomme*. — Fruit gros, blanc ; mûrit en septembre.

9.   ALBERGE JAUNE, *Rosanmont, Pêche jaune*. — Fruit moyen, rouge ; mûrit à la fin d'août.

10. * Violette hative. — Fruit moyen, coloré; mûrit en septembre.

11. Violette tardive, *marbrée, panachée*. — Fruit gros, marbré de rouge; mûrit en septembre, tard.

12. * Chevreuse hative, *belle Chevreuse*. — Fruit gros, coloré; mûrit en août.

13. * Bourdine, *Narbonne, belle de Tillemont*. — Fruit gros, coloré; mûrit en septembre.

14. * Grosse violette hative, *Violette de Courson*. — Fruit gros, coloré; mûrit en août.

15. Pavie jaune. — Fruit gros, pâle; mûrit au commencement d'octobre.

16. Pavie tardif. — Fruit mûrissant tard.

17. * Royale. — Fruit gros, un peu coloré; mûrit à la fin de septembre.

18. * Téton de Vénus. — Fruit gros, vert; mûrit en octob.

19. * Belle de Vitry, *Admirable tardive*. — Fruit gros, coloré; mûrit à la fin de septembre.

20. De Malte. — Fruit moyen, coloré; mûrit en août.

21. Gros Brugnon. — Fruit gros, lisse, coloré; mûrit en août.

22. * Petit Brugnon. — Fruit moyen, lisse, coloré; mûrit en août.

13. *Abricotier.*

Les Abricotiers donnent des fruits de table fort estimés et avec lesquels on fait des confitures et des conserves de diverses natures.

Cet arbre redoute l'effet des variations atmosphériques, ce qui fait qu'on doit le placer dans des lieux abrités.

Toutes les variétés d'abricots ne se reproduisent pas de noyau; il en est cependant quelques-unes qui se reproduisent; pour obtenir sûrement certaines variétés, on doit avoir recours à la greffe.

L'abricotier s'élève en arbre tige, demi-tige et nain. — On le dirige en plein-vent, espalier et contre-espalier; ces derniers soumis à une taille régulière.

Les sujets ou sauvageons pouvant recevoir la greffe de l'abricotier, sont :

1. Amandier, — pour former des arbres plein-vent et des nains dans les terres profondes.

2. PRUNIER, — pour former des arbres plein-vent et des nains dans les terres de qualité inférieure.

3. ABRICOTIER DE NOYAU, — pour former des arbres plein-vent et des nains dans les terres de bonne qualité.

4. PÊCHER DE NOYAU.

Les variétés pouvant être abandonnées en plein-vent et soumises à la taille, sont :

1. PRÉCOCE, *Abricotin.* — Fruit petit, pâle ; mûrit en juill.
2. ANGOUMOIS. — Fruit petit, coloré ; mûrit en juillet.
3. COMMUN. — Fruit moyen, peu coloré ; mûrit en juill.
4. GROS MUSCH. — Fruit moyen ; mûrit fin de juillet et en août.
5. ROYAL. — Fruit gros ; mûrit fin d'août.
6. ALBERGE. — Fruit petit, jaune-foncé ; mûrit en août.
7. DE PROVENCE. — Fruit petit, coloré ; mûrit en juillet.
8. DE NANCY. — Fruit gros, coloré ; mûrit en août.
9. VIOLET ou *Noir.* — Fruit médiocre et petit.
10. PÊCHE. — Fruit gros ; mûrit en août.
11. POURRET. — Fruit gros ; mûrit en août.
12. CARRO. — Fruit gros ; mûrit fin d'août.

14. *Cornouiller.*

Cet arbuste n'est pas généralement cultivé dans les jardins comme arbre fruitier ; cependant ses fruits, nommés cornouilles, étant bien mûrs, ne sont pas sans qualité.

15. *Olivier.*

L'Olivier, est un arbre fruitier de première importance pour certaines localités des contrées méridionales de l'Europe où la température, se soutenant à un degré assez élevé, permet le succès de la culture de cet arbre intéressant. C'est de la pulpe de l'olive que l'on extrait la meilleure huile, et ce fruit, préparé d'une certaine façon, confit, devient un mets qui est recherché. — Dans la localité où nous sommes placés, la culture de cet arbre n'est pas possible ; néanmoins, pour le faire connaître aux élèves, nous avons dû en placer un pied dans l'Ecole.

16. *Jujubier.*

Le Jujubier, qui donne un fruit nommé jujube, est aussi un arbre des contrées méridionales de la France que nous ne saurions cultiver ici avec avantage. Ce fruit est d'un usage fréquent en médecine. Nous en avons fait figurer un dans notre École.

17. *Dattier.*

Le Dattier, qui donne le fruit nommé datte, est un palmier qui ne réussit que dans les contrées méridionales. — Ces fruits, très-sucrés, sont répandus dans le commerce.

FRUITS EN BAIES.

18. *Vigne.*

La Vigne est un arbrisseau fruitier de première importance par ses fruits qui sont de table, que l'on confit, que l'on conserve de diverses manières, et qui font l'objet d'une culture spéciale, le *vignoble*. — Nous distinguerons les vignes en vignes de jardins ou de treilles et en vignes de vignobles. Nous ne nous occuperons ici que des vignes de treilles, parce que nous ne sommes pas en mesure de présenter en démonstration les différentes variétés qui composent les vignobles. Nous y arriverons sans doute bientôt.

La vigne ne saurait être multipliée de semence avec avantage, car il faudrait attendre trop long-temps pour obtenir des fruits sur un pied obtenu de graine. Elle se multiplie de marcottes, couchages ou provins, et de boutures ou crossettes. On a aussi quelquefois recours à la greffe.

La vigne, dans les jardins, se dirige en espalier, en contre-espalier, en cordons simples ou doubles, en treille, et dans les plates-bandes, en ceps.

Les variétés recherchées dans les jardins, sont :

1. * RAISIN PRÉCOCE DE LA MAGDELEINE, *Morillon hâtif.* — Fruit noir, le plus précoce ; donne en août.
2. * CHASSELAS DE FONTAINEBLEAU. — Blanc, doré, gros, excellent.
3. * CHASSELAS NOIR. — Fruit noir, gros, très-bon.
4. * CHASSELAS VIOLET. — Fruit violet, gros, bon.
5. CHASSELAS ROSE. — Fruit violet, gros, bon.
6. CHASSELAS PETIT HATIF. — Fruit petit, vert, coloré, bon.
7. * CHASSELAS DORÉ, *Bar-sur-Aube, Raisin de Champagne.* — Gros fruit, très-bon.
8. CHASSELAS MUSQUÉ. — Moyen, vert, sucré, plus tardif que les autres chasselas.

9.   VERDAL. — Fruit gros, vert, très-sucré, excellent.
10. * MUSCAT BLANC, ou *de Frontignan*. — Fruit gros, grains serrés, vert, croquant, très-bon.
11. * MUSCAT ROUGE. — Fruit gros, coloré, rouge, très-bon.
12. MUSCAT VIOLET. — Fruit gros, violet, bon.
13. MUSCAT NOIR. — Fruit, gros, noir, bon.
14. MUSCAT D'ALEXANDRIE, *Passe - Longue musqué*. — Fruit gros, grains ovales, jaune, musqué.
15. CORNICHON BLANC. — Fruit gros, grains longs, blanc, mûrit assez rarement bien.
16. CORNICHON VIOLET. — Fruit semblable au précédent pour la forme, couleur violette, mûrit très-rarem.
17. CORINTHE BLANC. — Fruit petit, grain jaune, rond, sans pépin.
18. CORINTHE VIOLET. — Fruit semblable au précédent, grain violet.
19. CASSIS. — Fruit moyen, grains ronds, violet-foncé, ayant la saveur du cassis, médiocre, mais curieux.
20. VERJUS BLANC, *Bourdelas, Bourdeluis*. — Fruit gros, grains ovales, jaune-vert, mûrissant difficilement.
21. VERJUS NOIR. — Semblable au précédent, grains noirs.
22. RAISIN SAINT-PIERRE.

Groseillers.

Les Groseillers sont des arbrisseaux dont les fruits sont appréciés comme fruits de table ou comme fruits propres à faire des confitures, des gelées, etc.

Ils sont divisés en *Groseiller à grappes* ou *ordinaires*, *Groseiller épineux* ou *à Maquereau*, et *Groseiller noir* ou *Cassis*.

Ces arbres se multiplient facilement de boutures et d'éclats de pieds.

19. *Groseiller à grappe* ou *ordinaires*.

1. GROSEILLER *rouge*; — 2. *blanc*; — 3. *couleur de chair*; — 4. *hybride, Gondouin* ou *à gros fruits*; — bons fruits pour confitures et pour sirop.

20. *Groseiller Épineux* ou *à Maquereau*.
Divisés, 1.° en fruits lisses.

1. GROSEILLER *grosse verte ronde*; — 2. *grosse verte*

longue; — 3. *grosse ambrée;* — 4. *grosse jaune;* — 5. *rouge ordinaire;* — 6. *grosse rouge.*

2.º En fruits hérissés.

7. *Ambrée;* — 8. *couleur de chair longue;* — 9. *couleur de chair ronde;* — 10. *grosse jaune;* — 11. *grosse rouge;* — 12. *rouge ordinaire.*

21. *Epine-Vinette, Vinettier.*

L'Épine-vinette, arbrisseau épineux le plus ordinairement cultivé en haie ou dans les jardins d'ornement, produit un fruit avec lequel on fait des confitures de très-bonne qualité. — On distingue les variétés à fruits rouges, à fruits blancs, à fruits violets et à gros fruits. — Se multiplie de semences, par éclats de pieds et par rejets.

FRUITS A SEMENCES AGGLOMÉRÉES.

22. *Framboisier.*

Le Framboisier donne des fruits qui sont recherchés par leur parfum, pour la table, pour les confitures et les sirops. — Il se multiplie très-facilement par éclats de pieds et par rejets.

1. FRAMBOISIER *commun à fruits rouges;* — 2. *Commun à fruits blancs;* — 3. *à gros fruits rouges;* — 4. *à gros fruits blancs;* — 5. *à gros fruits couleur de chair;* — 6. *des Quatre-Saisons.*

23. *La Ronce.*

On distingue : 1. *la Ronce frutescente* ou *des Haies;* — 2. *la Ronce des Bois.*

Ces arbrisseaux se trouvent à l'état sauvage : le premier, dans toutes les haies, le second, dans les bois. Ces fruits sont d'une assez mince qualité; ils peuvent tout au plus satisfaire aux besoins de la soif que le voyageur éprouve pendant les chaleurs de l'été.

24. *Mûrier.*

Le Mûrier, qui donne un fruit nommé mûre, n'est pas sans avantage; le plus ordinairement on place cet arbre dans les cours et les basses-cours. Ce fruit, comestible, sert surtout pour faire un sirop qui est employé en médecine. Placé comme il l'est souvent dans les basses-cours, cet arbre procure un ombrage salutaire à la volaille, qui mange les fruits tombés, surtout ceux du mûrier blanc, que l'on recherche pour l'éducation des vers à soie; le long d'un mur, et taillé, ses fruits deviennent beaucoup plus gros.

Les mûriers se multiplient de graines, de boutures, de marcottes et de greffe sur le mûrier blanc.

On distingue : 1. *Le Mûrier noir.* — Fruit gros, préférablement recherché. — 2. *Le Mûrier rouge.* — 3. *Le Mûrier blanc.*

25. *Figuier.*

Le Figuier donne un excellent fruit de table et à confire. Cet arbre redoute les hivers de nos climats; aussi, pour le conserver, doit-on le couvrir pendant l'hiver, soit avec de la paille ou de la fougère, soit en l'enterrant, et encore doit-il être placé dans les lieux les plus méridionaux et les plus abrités.

Il se multiplie très-facilement de couchage ou marcottes et de boutures.

1. * FIGUE BLANCHE RONDE. — Excellente, et la plus répandue.
2. * BLANCHE LONGUE. — Fruit assez gros, donnant moins abondamment que le précédent.
3. JAUNE ANGÉLIQUE, *Violette.* — Fruit médiocre, jaune ponctué de vert, coloré rouge en dedans; produit beaucoup.
4. * VIOLETTE. — Fruit gros, violet en dehors et en dedans; bon étant bien mûr.
5. POIRE, *de Bordeaux.* — Fruit long, rouge coloré en dedans.

26. *Arbousier.*

L'Arbousier, aussi nommé vulgairement fraisier en arbre, donne des fruits appelés *arbouse,* imitant assez bien la fraise, qui sont succulens et assez agréables. — L'arbousier qui se multiplie de semence, est originaire des contrées méridionales de l'Europe et redoute les grands froids. Bien qu'on voie dans plusieurs de nos jardins d'assez beaux arbousiers, on ne doit pas s'attendre à conserver cet arbre partout, accessible comme il l'est à l'effet de nos hivers rigoureux, qui le font périr en totalité ou en partie.

FRUITS EN GOUSSE.

Nous n'aurions dans cette section que le *Caroubier,* arbre

(73)

des contrées méridionales de l'Europe, dont le fruit nommé *Caroube*, est recherché par les méridionaux. — Notre état climatérique ne permet pas sa réussite dans nos contrées. Il se multiplie de semence.

FRUITS A ENVELOPPE LIGNEUSE.

27. *Noyer.*

Le Noyer est un arbre fruitier par excellence. Les noix qui rendent de si grands services dans les familles, fournissent aussi une huile fort estimée. Nous avons déjà parlé de cette essence qui occupe sa place parmi les arbres de plantation à cause de la qualité de son bois.

Il se multiplie de semence, et pour obtenir sûrement les variétés désirées, on a recours à la greffe, rarement en fente, plus souvent en écusson, quelquefois et préférablement en siflet ou en flûte. — Les noix bien pleines et à enveloppe tendre sont les plus estimées.

28. *Amandier.*

L'Amandier est recherché pour ses fruits, qui sont d'un usage fréquent comme aliment et qui fournissent une huile d'une excellente qualité.

Il se multiplie de semence et, pour perpétuer les variétés, de greffe en écusson. — Les amandes à coque tendre doivent avoir une certaine préférence.

Cet arbre s'élève toujours en plein-vent ; il redoute les situations trop exposées aux froids printaniers, et il ne fructifie pas régulièrement dans nos contrées ; fleurissant de bonne heure, les gelées détruisent la fleur.

Cet arbre est au contraire très-fécond dans le midi.

29. *Noisetier-Coudrier.*

Le Noisetier est un arbre très-rustique qui se multiplie de semence, de couchage et d'éclats de pieds ; ses fruits, les noisettes, sont fort recherchés.

1.   NOISETTE DES BOIS. — Fruit petit, rond.
2.   NOISETTE FRANCHE, *à fruit ovale et à pellicule colorée gris.* — Fruit gros, rond.
3.   NOISETTE FRANCHE, *à fruit ovale et à pellicule colorée rouge.* — Fruit gros, rond.
4.   AVELINE. — Fruit rond, gros.

(74)

30. *Pistachier.*

Cet arbre fruitier n'est pas très-répandu dans nos contrées ; il donne le fruit nommé *Pistache*, qui est employé par les confiseurs. Cet arbre est *dioïque* (1), la femelle ne peut rapporter des fruits féconds sans le concours du mâle, qui doit être placé auprès. — On doit mettre le pistachier le long d'un mur au midi.

Il se multiplie de semence et de couchage ou marcotte.

31. *Pin Pignon.*

Arbre résineux répandu dans nos contrées, et surtout dans le midi de la France, donnant, de ses cônes, des graines huileuses qui sont renfermées dans une enveloppe très-dure. Les confiseurs recherchent ces fruits nommés *Pignons*, et on extrait de l'amande une bonne huile.

Se multiplie de semence.

32. *Pin Cembro, Pin des Alpes, Alviez.*

Cet arbre résineux qui n'est pas très-répandu, préfère les localités septentrionales ; il croît sur les montagnes alpines d'où on tire les fruits qui fournissent une amande douce qui se rapproche de celles du Pin Pignon ; ces graines se nomment Alviez.

FRUITS A ENVELOPPE CARTILAGINEUSE.

33. *Châtaignier-Maronnier.*

C'est le Châtaignier à gros fruits que l'on perpétue par la greffe en flûte ou en écusson, présentant beaucoup de variétés, mais qui ne se reproduisent pas de semences.

34. *Maronnier à longs épis.*

Arbrisseau dont les fruits, qui sont semblables au maron d'Inde, mais plus petits, se mangent comme la châtaigne.

Se multiplie de couchage et d'éclats de pied.

Il n'est cultivé que comme arbre d'ornement dans nos jardins, où il tient agréablement sa place.

Ici se trouveraient le *Hêtre*, qui est un arbre forestier dont j'ai déjà parlé et dont on tire du fruit, nommé *Fatne*, une huile d'une très-bonne qualité, et les *Chênes à glands doux*, dont les fruits se mangent comme la châtaigne. J'ai déjà parlé de ces arbres.

(1) Les végétaux dioïques sont ceux dont les sexes sont séparés sur deux pieds, dont l'un mâle et l'autre femelle.

ÉCOLE DES PLANTES HERBACÉES
ÉCONOMIQUES.

L'école des plantes économiques contient les plantes agricoles et les plantes horticoles qui sont indispensables à connaître, en ce sens qu'elles sont l'objet de cultures suivies, et qu'elles remplissent de nombreux besoins. Les espèces et les variétés les plus utiles, celles qui méritent le plus d'être propagées se trouvent dans cette école. Le terrain qui est consacré à cette spécialité ne nous a pas permis de comprendre tous les végétaux cultivés; néanmoins le plus grand nombre y figure, et surtout ceux qui méritent d'être préférablement répandus.

La classification que nous avons adoptée pour le rangement des plantes est absolument celle qui est indiquée dans le programme, et conséquemment celle que les élèves suivent.

Ire DIVISION. — *Plantes à semences farineuses pour la nourriture des hommes et des animaux.*

Ire SECTION. — Plantes panaires. — Céréales glutenifères.

Dans cette section se trouvent rangées les céréales dont la farine contient du *gluten*, substance végéto-animale, qui les fait préférer pour la panification et pour l'alimentation.

1. *Blé* ou *Froment.*

Le Blé est la plante de première nécessité, qui est l'objet d'une grande culture. Les blés les plus estimés sont ceux qui fournissent la meilleure farine, celle avec laquelle on fait le meilleur pain. Les blés sont nombreux en variétés, et toutes les variétés ne sont pas également bonnes. Je vais successivement indiquer les différentes sortes de blés, et dans chacune de ces sortes figureront les principales variétés qui sont ou les plus généralement cultivées, ou qui offrent quelqu'intérêt. Les variétés qui se trouvent dans l'école suffiront pour préparer l'élève à reconnaître tous les blés qu'il rencontrera : il en est quelques-uns qui diffèrent souvent beaucoup de ceux que l'on voit ordinairement. On pourra en outre, à l'aide des divisions suivies, rapporter à leur série respective, toutes les variétés qui se rencontreront.

Ire *Série.* — LES BLÉS ÉPEAUTRES. — Ces blés sont barbus et imberbes; l'épi est long et les épilets sont distants de manière à laisser voir l'axe non-seulement sur les deux côtés dénudés, mais encore sur les côtés garnis entre les épilets. L'axe est fragile, lors de la maturité des grains. Les grains sont difficiles à extraire de leur enveloppe ; ils sont jaunes, assez luisans, faiblement triangulaires, ovales allongés, terminés en pointe surtout sur un des côtés ; le sillon longitudinal est peu profond, très-dilaté à l'ouverture : cassure opaque plutôt vitreuse que farineuse. — Ces blés sont peu cultivés ici à cause de la difficile extraction des grains ; on les rencontre plus souvent en Suisse, en Allemagne et dans d'autres parties du Nord. Ils ont l'avantage de venir dans de mauvais sols et sur les montagnes. Il y en a d'hiver et de printemps. Je n'ai mis en démonstration que quelques-unes des principales variétés qui se voient d'ailleurs peu dans nos contrées, parce que d'autres blés leur sont justement préférés. La farine d'épeautre est de très-bonne qualité, et ces blés ont ce grand avantage, précisément à cause de leur extraction difficile, de se conserver long-temps.

1. **Blanc imberbe.** 3. **Blanc barbu.**
2. **Roux imberbe.** 4. **Roux barbu.**
5. **Violet barbu.**

2.ᵉ *Série*. — Les Blés Monocoques. — *Ingrain, Engrain, Froment locular, Petite-Epeautre*. Ces blés sont peu nombreux en variétés ; ils sont distinctifs de tous les autres fromens par leur paille plus grèle, leurs feuilles d'un vert gai, larges et courtes ; les épis courts, très-aplatis et très-réguliers, n'ayant qu'un rang de grains ; les épilets étroits, très-rapprochés les uns des autres ; l'axe est visible sur les deux côtés dénudés et les grains sont rares, ovales, petits, triangulaires, aplatis, pointus aux deux extrémités ; couleur jaune-clair, le sillon est à peine sensible. — La cassure du grain est plutôt farineuse que vitreuse. Le grain ressemble assez bien, pour la forme, au riz, ce qui lui a fait sans doute improprement donner le nom de *Riz sec de la Chine*. On rencontre assez rarement ce blé en France ; il est plus cultivé dans le nord de l'Europe et dans les pays montagneux. Il réussit parfaitement dans des terres de qualité très-inférieure, même dans les terres à seigle, sur le sommet des montagnes ; il est d'hiver et de printemps ; sa paille peut servir à faire des tissus ; elle sert aussi pour les couvertures en chaume, etc. Le grain s'extrait difficile-

ment de son enveloppe. On fait avec ce froment, qui rend
peu, un bon pain et un bon et beau gruau ; néanmoins, les
fromens ordinaires, dans les bonnes terres, sont préférables.

1. MONOCOQUE COMMUN, *grand Monocoque.*

3.e *Série.* — LES BLÉS AMIDONIERS, *Blé de Jérusalem.* —
Ces blés sont barbus et rarement imberbes ; ils sont dressés
à chaume résistant et presque plein ; les feuilles sont larges
et grandes ; les épis sont comprimés, composés d'épilets
très-rapprochés et régulièrement placés sur les deux côtés
de l'axe, dénudant cet axe de manière à le rendre très-
visible sur les deux autres côtés. Les grains restant enveloppés, l'extraction n'en est pas facile ; ils sont opaques,
ovales, triangulaires, pointus aux deux extrémités, présentant un sillon bien marqué, peu profond mais très-
évasé. La cassure du grain est cornée, peu ou pas farineuse. Ces blés sont peu répandus en France, ils le sont
plus dans quelques contrées du nord, particulièrement dans
les contrées montagneuses de la Suisse et ailleurs. Ils sont
rustiques, réussissent dans les mauvaises terres et sur les
montagnes ; ils sont d'hiver et de printemps. C'est de ces
blés que l'on tire le meilleur et le plus bel Amidon : la
farine est de fort bonne qualité.

1. PRESQU'IMBERBE.	5. PUBESCENT, *à gros épis.*
2. COMMUN, *à gros épis.*	6. PUBESCENT, *brun.*
3. A GROS ÉPIS.	7. VIOLET.
4. PUBESCENT.	8. VIOLET, *à épis rameux.*

4.e *Série.* — LES BLÉS COMPRIMÉS. — Ces blés sont barbus ;
ils sont haut ; le chaume est gros, droit et roide, dépourvu
de feuilles au sommet, ayant des nœuds saillans. Les feuilles
sont larges, les épis sont comprimés, dressés ; les barbes sont
droites, rapprochées et serrées contre l'épi. Les épilets sont
rangés régulièrement sur deux côtés de l'axe, appliqués les
uns sur les autres, s'élargissant à la base, se rétrécissant au
sommet, et cachant l'axe, qui est très-visible sur ses deux
autres côtés. Les grains sortent facilement de leur enveloppe ; ils sont ovales, plus ou moins renflés, pointus aux
extrémités surtout d'un côté ; présentant un sillon bien
marqué, ouvert. Le grain est clair et plus ou moins coloré ;
sa cassure est vitreuse, plus ou moins farineuse. Ces blés
sont cultivés dans quelques parties de la France et avec

avantage; ils rendent beaucoup, sont très-rustiques et préfèrent les terres fortes.

1. Blanc.   2. Blanc anglais.
3. Roux et glabre.

5.ᵉ *Série*. — Les Blés aplatis. — Ces blés sont barbus, hauts, à paille forte, s'amoindrissant auprès de l'épi; feuilles larges et à épis longs, gros et penchés; les épilets sont relativement assez distans les uns des autres, laissant entr'eux apercevoir l'axe qui se voit facilement sur les deux côtés dénudés; les grains sont courts, ovales, arrondis, obtus d'un côté et un peu pointus de l'autre; le côté opposé au sillon est bombé : le sillon est caractérisé. Les grains sont assez durs et la cassure est farineuse. Ces blés ne se rencontrent pas ordinairement, bien qu'on les trouve cependant dans quelques parties de la France. Ils mériteraient d'être plus répandus. Ils sont d'hiver, rustiques et réussissent dans les terres fortes; on les voit aussi bien réussir dans les sols siliceo-argileux : ils rendent beaucoup.

1. Du Mont-d'Or.   2. Des Hautes-Alpes, *Tozelle*, ou *gros Blés*.
3. Du Nord, *perdant ses barbes*.

6.ᵉ *Série*. — Les Blés renflés. — Ce sont en général de gros blés à paille haute, grosse et forte, quelquefois pleine, à feuilles larges, à gros épis barbus, longs, épais, carrés, compactes, penchés par leur propre poids, laissant difficilement voir leur axe; les épilets sont courts, rapprochés, élargis; les barbes sont longues et divergentes; les grains sont jaunes, opaques, arrondis, obtus aux extrémités, plus ronds que longs, renflés, à sillon peu profond et à cassure farineuse. Ces blés rendent beaucoup en farine et contiennent moins de gluten que les blés communs. Ce sont pour la plupart des blés d'hiver; mais il en est qui réussissent bien, semés au printemps. La paille forte, les épis pourvus de longues barbes et la nature de la farine de ces blés, font justement préférer les blés communs.

1. D'abondance, *de Miracle* 3. Nonette, *géant de Saint-*
   ou de *Smyrne*.   *Hélène*.
2. Gros turquet, à 4 rangs. 4. Grand du Mont-d'Or.

5. Cendré.

6. Pétanielle rouge.

7. Bleu conique.

8. Pétanielle noire.

9. Noir d'Heydelberg.

7.ᵉ Série. — Les Blés Hordéiformes, ou *Blés durs.* — Ces blés sont d'une moyenne hauteur ; les épis sont droits, à longues barbes dressées ; les épilets sont rapprochés dressés à écailles pointues, laissant très-difficilement voir l'axe de quelque côté qu'on le regarde. Les grains sont ovales, obtus, mais plus pointus à l'une des extrémités, un peu bossus ; sillon peu profond mais marqué ; grains jaune-clair transparents, très-durs, à cassure demi-transparente vitreuse. On cultive peu ces blés, qui sont caractérisés par la solidité du grain ; ils donnent en général moins de farine que les autres, mais une farine d'une très-bonne qualité pour la panification et pour l'alimentation : la farine m'a paru être un peu moins blanche que celle d'autres fromens. Les uns sont d'hiver, les autres de printemps ; ils se contentent d'une terre moins forte que celle qui convient à nos blés ordinaires, et ils paraissent être moins difficiles sur le terrain que ces derniers.

1. Barbu de Sicile.

2. d'Égypte.

3. Tangerock violet.

4. du Nagpour.

8.ᵉ Série. — Les Blés communs. — Sous la dénomination de blés communs on comprend une grande quantité de variétés de blés barbus et imberbes qui ont, pour la plupart, beaucoup d'affinités entr'eux. Ces blés sont, en général, ceux qui sont cultivés le plus en grand partout, et reconnus comme étant les plus productifs et les meilleurs pour la qualité du grain et de la paille. Je les ai divisés en plusieurs groupes qui prennent rang dans l'ordre numérique de ce catalogue, et conséquemment de l'école. En général, les blés communs ont des épis médiocrement fournis, comparativement aux blés renflés ; ils sont aussi moins hauts et la paille est moins forte et moins dure. Les épilets sont plus ou moins distants, dressés laissant voir l'axe plus ou moins bien sur les côtés garnis, et le laissant surtout voir facilement sur les côtés dénudés. Les écailles enveloppant les grains sont glabres ou velues, et la couleur de ces écailles est ou très-blanche, ou rousse, ou brune, plus ou moins foncée. Les grains sont plus ou moins gros, selon les variétés ovales, jaunes, plus ou moins clairs, quelquefois lustrés, opaques, applatis sur le côté du sillon, le sillon marqué sans être profond ; d'une dureté moyenne, pesants, à cassure opaque vitreuse et plus ou moins farineuse.

Ier *Groupe.* — LES BLÉS COMMUNS COMPACTES BARBUS. — Blés peu élevés, à épis courts, carrés, à barbes dressées ou divergentes, à épilets tassés.

1. COMPACTE HÉRISSON.   2. COMPACTE A GRAINS DORÉS.

2.e *Groupe.* — LES BLÉS COMMUNS, A ÉCAILLES GLABRES. — Ce groupe comprend tous les Blés communs barbus.

1. DE PHILADELPHIE.   8. MOURET ORDINAIRE.
2. DE LA ROCHE, *près Poi-*   9. DE CARACCAS, ROBUSTE.
   tiers.   10. DE SICILE.
3. TRÉMOIS.   11. DU CAUCASE BLANC.
4. D'HUBERHAC.   12. DE TOSCANE, *pour la*
5. DE LA TRINITÉ.   *paille à chapeau.*
6. DE MARS BLANC.   13. DU PIÉMONT.
7. MOURET DU VIGNÉ.   14. DE LA CHINE.
15. BRUN D'HEIDELBERG.

3.e *Groupe.* — LES BLÉS COMMUNS BARBUS A ÉCAILLES PUBESCENTES. — Les blés de ce groupe ne diffèrent que par la pubescence des écailles qui enveloppent les grains.

1. BLANC VELU.   5. BLANC VELOUTÉ.
2. ROUGE VELU.   6. A LONGUE PAILLE, à LONGS
3. TRÉMOIS NAIN.   ÉPIS.
4. TRÉMOIS VELU, *à longs*   7. TOUZELLE ROUGE, *Sai-*
   épis.   *sette de Tarascon.*
8. ROUX ET VELOUTÉ.

4.e *Groupe.* — LES BLÉS COMMUNS, COMPACTES IMBERBES. — Ces blés sont de moyenne stature ; ils ont la paille dressée et roide ; les épis courts, carrés, et les épilets très-rapprochés.

1. DU CHILI.   2. DE SICILE, *Carré d'Afri-*
                         que.

5.e *Groupe.* — LES BLÉS SEMIS COMPACTES IMBERBES, A ÉCAILLES GLABES. — Ces blés ont les épis assez longs, dressés à épilets rapprochés, laissant à peine voir l'axe, dans quelque sens qu'on cherche à le voir ; ils sont d'une excellente qualité pour le grain et pour la paille, rendent beaucoup et méritent d'être cultivés préférablement.

1. DE LA BESSARABIE.
2. A GRAINS BLANCS D'HEI-
   DELBERG.
3. DE LA SARTHE.
4. DU BENGALE A ÉPIS CARRÉS.
5. D'ANGERS.
6. BLANC ZÉE.
7. A ÉPIS PRESQUE LACHES.
8. FROMENT ÉLEVÉ.
9. DE TALAVERA.
10. PICTET.
11. TOUZELLE DE DESVAUX.
12. D'ALLEMAGNE.
13. DE HONGRIE.
14. CARRÉ ROUGE.

6.° *Groupe.* — LES BLÉS SEMI-COMPACTES IMBERBES, A ÉCAILLES PUBESCENTES. — Ces blés ont les écailles velues, les épis dressés et les épilets tassés; ils sont d'une très-bonne qualité.

1. DE CRÈTE.
2. GRAND VELU.
3. BRUN ET VELOUTÉ D'HEI-
   DELBERG.
4. ROUX ET VELOUTÉ D'HEI-
   DELBERG.
5. BLANC VELOUTÉ.
6. LAPOSTOLET.
7. ANGLAIS VELU.
8. ANGLAIS GLACÉ.
9. DE HAIE TARDIF.
10. DE HAIE DE DÉVAUX.

7.° *Groupe.* — LES BLÉS COMMUNS IMBERBES. — Ces Blés qui sont d'une excellente qualité pour le grain et pour la paille, se rencontrent dans toutes les parties de la France.

1. DE RÉVEL D'HIVER.
2. DE FELLEMBERG.
3. BLEU DE DESVAUX.
4. DE MARS ORDINAIRE.
5. DE MARS BLANC.
6. TRÉMOIS, DESVAUX.
7. RICHELLE DE NAPLES.
8. COMMUN D'HIVER.
9. TOUZELLE BLANCHE, DE-
   VAUX.
10. GLACÉ ANGLAIS.
11. DE RÉVEL.
12. ROUGE DE MARS.
13. LAMMAS, *Touzelle rouge.*
14. PETIT TRÉMOIS.
15. ROUX.

9.° *Série.* — LES BLÉS SÉCALIFORMES OU POLONAIS, *Blés russes, Seigle de Pologne, Seigle de Russie.* — Ces Blés sont peu nombreux en variétés; ils ont des caractères qui les font facilement reconnaître des autres blés. Ils sont bar-bus ou imberbes; ils réussissent d'hiver et de printemps, et ne sont pas difficiles sur le terrain; ils prospèrent dans des terres d'une qualité inférieure. Ils rendent faiblement en général, ce qui fait qu'ils sont peu cultivés. La paille est assez forte; les feuilles sont larges et d'une moyenne longueur; les épis sont dressés ou penchés; l'axe n'est pas facilement visible, à cause des épilets qui sont dressés et écartés, et des écailles, enveloppant les grains, qui sont tellement longues et larges, que ce seul caractère suffit pour faire reconnaître ces blés. Les grains ressemblent à ceux du seigle; ils sont allongés, pointus, fermes, semi-diaphanes, à sillon profond, à cassure opaque, plutôt vitreuse que farineuse.

1. ORDINAIRE.   2. COMPACTE, OU EN ÉVENTAIL.

2. *Seigle.*

Le Seigle est la céréale par excellence pour les terres pauvres; il y a beaucoup de contrées de la France où on ne peut cultiver que cette plante, dont le grain devient la nourriture principale des habitans qui le consomment pur ou qui le mélangent avec du froment; ce mélange des grains avant la mouture, et surtout lors de l'ensemencement, prend le nom de *méteil*. Le pain de seigle se conserve long-temps frais; il est savoureux et sain. La farine est employée en médecine; elle sert aussi à faire le pain-d'épices. On fait un fréquent usage de la paille qui est très-forte et résistante.

1. COMMUN D'HIVER.   3. COMMUN DE MARS.
2. DES MONTAGNES.   4. DE LA SAINT-JEAN.

II.ᵉ SECTION. — Céréales amilacées.

Dans cette section se trouvent groupées toutes les céréales dont la farine est essentiellement amilacée: le gluten y est rare.

3. *Orge.*

L'Orge est cultivée pour la nourriture des bestiaux et des volailles. On mêle quelquefois de la farine d'orge, qui fait un assez mauvais pain, avec la farine de froment. Le grain et la farine sont excellens pour engraisser les porcs et la volaille.—Le grain sert à la fabrication de la bierre et on en obtient de l'alcool, dont on fait usage en France et surtout dans le nord de l'Europe. ——L'orge mondée et l'orge perlée qui servent en médecine, résultent d'une préparation spéciale que l'on fait subir aux grains. ——L'orge en vert, et particulièrement l'*Escourgeon d'hiver*, est une excellente nourriture pour les animaux et surtout pour les chevaux. La paille sert à faire la litière et est utilisée pour les couvertures en chaume. Les orges sont à deux ou à six rangs, on nomme les premières *distiques* et les secondes *hexastiques*. ——Il y a des orges d'hiver et des orges de printemps.—Ordinairement

(83)

le grain de l'orge est enveloppé d'une pellicule pailleuse ;
mais il y a deux variétés dont les grains sont privés de cette
enveloppe : ces variétés fournissent une farine qui est plus
estimée que celle des orges à grains enveloppés. L'orge
demande une terre bien préparée et non fumée l'année
de sa culture ; elle réussit mal dans les sols purement siliceux
et trop secs, et ne réussit pas mieux dans les sols humides.

Orges distiques.
1. COMMUNE DU PRINTEMPS.
2. DE NORWÈGE, *idem.*
3. NUE, CÉLESTE, *idem.*
4. EVENTAIL OU RIZ, *idem.*
Orges hexastiques.
5. DE PRINTEMPS.
6. D'HIVER.
7. NOIRE D'HIVER.
8. CARRÉE, *Escourgeon d'hiv.*
9. CARRÉE, *Escourgeon de printemps.*
10. NUE OU CÉLESTE.
11. NUE CROCHUE ou *Mondée.*

4. *Avoine.*

L'Avoine est cultivée spécialement pour la nourriture
des animaux, et surtout pour celle des chevaux et de la
volaille. La farine d'avoine est bise, a une saveur légèrement amère et fait un pain grossier. L'avoine dépouillée de
sa pellicule pailleuse et concassée est le gruau dont on fait
usage en médecine ; grillée, l'avoine remplace le café pour
quelques pauvres habitans de la campagne. La paille d'a-
voine est un excellent fourrage ; elle fournit aussi une bonne
litière aux animaux. Les menues pailles, ou les écailles
enveloppant les grains, nommées *bales*, servent, dans les
ménages, à remplir des paillasses, surtout pour les enfans.
L'avoine est une céréale de mars ; il y en a cependant qui
réussit d'hiver, surtout quand cette saison n'est pas trop
froide ni trop humide, et dans des terres qui ne sont pas
trop mouillées. L'avoine demande une terre bien préparée
et riche, elle prospère sur les défriches de prairies naturelles, de luzerne, etc. ; elle réussit très-mal dans les terres
purement siliceuses et purement calcaires.

1. NOIRE OU BRUNE COMMUNE.
2. BLANCHE COMMUNE.
3. ROUSSE COMMUNE.
4. POTATE.
5. DE BRETAGNE.
6. DE PHILADELPHIE.
7. DE GEORGIE.
8. NOIRE DE BRIE.
9. D'HIVER.
10. JEANNETTE.
11. ROUGE DE TOSCANE.
12. TRISPERME.
13. NUE GROSSE.
14. NUE PETITE.
15. UNILATÉRALE, ou *de Hongrie.*

5. *Riz.*

Le Riz est une céréale qui rend de grands services; elle fournit un grain avec lequel on ne peut pas faire de pain, mais qui, crevé et cuit, devient très-alimentaire. Le riz ne peut se cultiver que dans des contrées chaudes et dans des endroits où on peut entretenir une certaine quantité d'eau stagnante pendant le temps de la durée de la végétation de la plante ; les lieux où se cultive le riz se nomment *Rizière*. Les rizières sont malsaines, et les habitans qui avoisinent ces localités, sont exposés à des maladies continuelles ; plusieurs même y trouvent la mort. Dans le Piémont, la Toscane, l'Égypte, etc., on cultive le riz en grand. On distingue plusieurs variétés de riz. La paille de riz sert à faire des tissus qui se vendent fort cher pour la fabrication des chapeaux. — Le grain fournit par la distillation, une liqueur forte qui est connue sous le nom de *Rac*. — Un pied figure dans l'école pour faire connaître la plante aux élèves.

6. *Maïs*, *Blé de Turquie.*

Le Maïs est une céréale qui rend de grands services dans les contrées méridionales de la France et de l'Europe, et qui est cultivée en grand en Amérique, sa patrie. Les grains donnent à la mouture une farine que l'on ne saurait panifier sans ajouter une certaine quantité, moitié environ, de farine de froment; alors on obtient un pain savoureux qui se tient long-temps frais, mais qui est toujours assez compacte. Cette farine prend différens noms, selon les localités. Les grains servent à engraisser les animaux et surtout les porcs et la volaille. Les feuilles et les jeunes tiges produisent un fourrage vert d'une excellente qualité. Les écailles qui enveloppent les épis femelles servent à remplir des paillasses, et les feuilles servent au même usage. Les feuilles réduites en pâte, fournissent une matière propre à la fabrication d'un très-bon papier. — Le maïs ne réussit bien que dans les contrées chaudes. Dans le midi et dans le centre de la France, il prospère ; dans quelques parties de l'est ou de l'ouest il réussit assez bien ; dans le nord le grain ne mûrit pas; et dans le climat où nous sommes, il ne réussit pas bien tous les ans, surtout quand la température reste long-temps froide au printemps, et que le temps se refroidit de bonne heure au commencement de l'automne. On le sème ici fin d'avril, commencement de mai ; plus tôt on aurait à craindre les gelées blanches qui sont désastreuses pour la petite plante, quand elle sort de terre. — Semer en ligne ou en poquets. — Biner, buter et récolter quand la plante sèche. Egrener quand les épis sont bien secs. — Choisir, surtout pour cette contrée, les variétés dont l'axe de l'épi est étroit et peut se dessécher facilement. — Demande une terre riche, mais légère.

1. Gros jaune.
2. Gros rouge.
3. Quarantain.
4. De Bourgogne.
5. Blanc Lelieur.
6. Gros blanc, *à épis coniques.*
7. A poulet.

7. *Millet.*

Le Millet est une céréale d'une importance secondaire ; dans quelques contrées méridionales, ses graines sont alimentaires ; ici elles servent à nourrir les jeunes volailles et les oiseaux, et pour cette seule utilité, la culture du millet est très-productive pour celui qui la fait. On sème fin d'avril, en terre douce et substantielle, à la volée ou en ligne. On récolte à la fin de septembre ou au commencement d'octobre.

1. Commun ou Paniculé.
2. Paniculé noir.
3. D'Italie, *Millet des Oiseaux.*

8. *Alpiste, Graine de Canarie.*

Cette céréale n'est guère cultivée que pour la nourriture des oiseaux et de jeunes volailles ; cependant les grains pulvérisés fournissent une farine que les tisserands préfèrent pour la fabrication de la colle dont ces industriels font usage. — Semer en avril, en terre douce, à la volée ; récolter en septembre.

9. *Sorgho.*

Les Sorghos sont cultivés avec avantage dans quelques parties de la France, particulièrement dans la Charente, etc. Les grains servent à nourrir les volailles ; les panicules ou ramifications portant la graine, après avoir été égrenées, sont employées à faire des balais qui se vendent assez chers. — On utilise les feuilles pour la nourriture les bestiaux et pour faire de la litière. — Les chaumes, qui sont hauts et forts, servent pour brûler. Les sorghos semés épais et fauchés avant que les tiges n'aient acquis trop de consistance, fournissent un fourrage vert que les animaux mangent avec avidité. — Semer en avril, en ligne, dans une terre substantielle, meuble et bien préparée ; biner, et récolter en octobre. — Dans le climat où nous sommes placés, les sorghos ne mûrissent pas bien tous les ans.

1. BLANC OU A BALAIS.   2. NOIR OU COMMUN.

III.ᵉ SECTION. — Plantes farineuses à cosses.

Dans cette section se trouvent réunies toutes les plantes qui fournissent les légumes secs donnant une farine qui n'est pas propre à la panification, surtout à cause de sa saveur. — Parmi ces plantes, il en est qui rendent des produits en vert que l'on recherche.

10. *Haricot.*

Les Haricots sont nombreux en variétés ; ils dégénèrent facilement quand on cultive à côté les unes des autres plusieurs variétés qui se fécondent mutuellement. Ils servent spécialement à la nourriture de l'homme ; on les mange en sec, en vert ou tendre et en haricots écossés. Pour les haricots secs on préfère ceux qui sont farineux, moelleux et qui cuisent bien ; en haricots écossés, ceux qui restent longtemps tendres même étant gros et qui n'ont pas de filamens ou de fibres endurcies ; et pour les haricots écossés, ceux qui cuisent bien et qui sont réellement tendres. On préfère pour les premiers et les derniers les blancs. La farine de haricot sert à faire le savon. Cette plante demande une terre sèche, substantielle et chaude ; dans les terres humides la semence pourrit ; dans les terres maigres, elle ne rapporte rien. Les haricots sont nains ou à rames. Les meilleures variétés sont les suivantes :

Haricots nains.

1. SOISSON NAIN, *blanc.*
2. HATIF DE HOLLANDE, *blanc.*
3. FLAGEOLET, *blanc.*
4. PRINCESSE, ST.-ESPRIT, A L'AIGLE, *blanc, marqué de rouge à l'ombilic.*
5. DEUX A LA TOUFFE, *gros pied, blanc.*
6. ROND BLANC D'AMÉRIQ.
7. SUISSE, *coloré.*
8. DE BAGNOLET, *coloré.*
9. D'ORLÉANS, *rouge.*
10. JAUNE DU CANADA.
11. JAUNE DE LA CHINE.

A Rames.

12. SOISSON, *blanc.*
13. PRUDHOMME, PREDOMME, PRODOMMET, *blanc.*
14. PRAGUE OU POIS ROUGE.
15. D'ESPAGNE BLANC OU A BOUQUETS.
16. D'ESPAGNE COLORÉ.

11. *Dolique du Japon.*

Les Doliques mûrissent difficilement dans notre climat ; c'est un légume du midi. Cette plante ne figure dans l'école que pour la faire connaître aux élèves. La culture du dolique ne diffère en rien de celle du haricot.

12. *Lentille.*

Les Lentilles sont des plantes assez difficiles sur le sol et sur l'état atmosphérique, produisant peu, manquant souvent, c'est ce qui fait que ce légume, qui se consomme pendant l'hiver, est toujours cher. — Terre sèche, chaude, légère et substantielle. Se sème en mai, se récolte en août.

1. ORDINAIRE, *grosse lentille, lentille blonde.*

2. A LA REINE, *petite lentille.*

13. *Pois.*

Les Pois sont des légumes fort estimés, en vert ou écossés et en sec ; en vert on préfère les Mange-tout ou les Sans-parchemins, et en sec on préfère les verts pour purée. On connaît beaucoup de variétés qui sont, les unes naines et les autres à rames. On doit avoir des pois écossés pendant toute l'année dans un jardin. Semer en lignes ou en poquets, en terre substantielle et douce. Le pois est bien moins difficile que le haricot et moins fautif.

Nains.

1. HATIF, *nain hatif.*

2. DE BRETAGNE, *nain de Bretagne.*

3. GROS NAIN SUCRÉ.

4. PETIT NAIN VERT.

5. EN ÉVENTAIL, *charge beaucoup, sans parchemin.*

A rames.

6. MICHAUX DE HOLLANDE.

7. MICHAUX, *petit Pois de Paris.*

8. DE RUELLE.

9. SANS PARCHEMIN, *nain hat.*

10. SANS PARCHEMIN, *nain ordinaire.*

11. TURC OU COURONNÉ.

12. DE CLAMAR, *carré fin.*

13. DE MARLY.

14. DOMINÉ.

15. HATIF A LA MOELLE.

16. GROS VERT NORMAND.

17. A FLEUR ROUGE, *sans parchemin, Pois chocolat.*

14. *Pois chiche.*

Ce Pois diffère des précédens dans toutes ses parties ; le

feuillage, la cosse et le grain ne se ressemblent réellement pas. Pendant le courant de la végétation, il transude de la surface de ses feuilles des gouttelettes d'un suc qui est très-acide. Les gousses sont visiculeuses et ne contiennent qu'un ou rarement deux grains, ayant la forme d'une tête de bélier munie de ses cornes. Ce Pois est excellent pour faire des purées ; il rend peu, c'est pourquoi on le cultive assez rarement ici, mais il est cultivé en grand dans quelques parties du midi. Demande une terre douce, substantielle et chaude. Semer en avril, maturité en septembre.

15. *Fève.*

Les Fèves sont des légumes très-nourrissans qui se consomment en vert et en sec ; on préfère, pour légume sec, les vertes. Les fèves doivent, comme les pois, fournir pendant toute la saison, des produits en vert, outre la quantité que l'on réserve pour l'hiver. On sème en poquets ou en lignes, dans de bonnes terres substantielles et bien préparées.

1. DE MARAIS.   3. A LONGUES COSSES.
2. DE WINDSOR.   4. JULIENNE.
5. VERTE.

IV.ᵉ SECTION. — Plantes farineuses diverses.

Nous n'avons qu'une plante dans cette section.

16. *Sarrasin, Blé noir, Bucail.*

Le Sarrasin est une plante à semence farineuse, pour la nourriture des hommes et des animaux ; bien que sa farine ne soit pas propre à la panification, on en fait cependant des galettes dont se nourrissent les habitans de plusieurs contrées de la France. Ces galettes faites en forme de pain sont très compactes, à peine œillées et noires. On engraisse avec cette farine les porcs et la volaille : les grains servent aussi à nourrir les volailles de basse-cour. Les abeilles vont au gagnage sur les fleurs de sarrasin qui fournissent un butin abondant à ces insectes. On le coupe en vert pour fourrage, que l'on donne particulièrement aux moutons. Le sarrasin est un excellent engrais végétal, et qui, enfoui, rend plus à la terre qu'il ne lui prend, car cette plante absorbe peu dans le sol. Il a une végétation rapide, il réussit dans les plus mauvaises terres, particulièrement dans les sols arides, siliceux ; il craint les gelées. Semer à la volée en avril ou plus tard, même sur chaume après un seigle. Il ne faut pas attendre la maturité complète des graines pour faire la récolte, parce qu'on serait exposé à en perdre beaucoup, puisque la plante remonte à fleur long-temps.

1. COMMUN.   2. DE TARTARIE.

II.ᵉ DIVIS. — *Plantes légumières ou potagères.*

Dans cette division se trouvent comprises toutes les plantes spécialement horticoles; celles qui remplissent les jardins potagers et les marais, et qui fournissent aux besoins de la nourriture des hommes.

I.ʳᵉ SECTION. — Plantes à tubercules amilacés.

Comprenant les plantes dont les parties souterraines contiennent une notable quantité de fécule.

17. *Pomme-de-terre, Solanée Parmentière.*

La Pomme-de-terre est cultivée en grand maintenant sur presque tous les points de la France. Cette plante rend surtout de grands services pour l'alimentation, tellement qu'il n'y a plus de famine à craindre en continuant sa culture qui est très-facile. On extrait de la pomme-de-terre une excellente fécule, un sirop nommé *dextrine*, un sucre incristallisable, et on obtient, par la distillation, de l'*alcoola*. Avec les tubercules on nourrit les bestiaux, soit en les leur donnant crus, soit en les leur faisant cuire. Le nombre des variétés de pommes-de-terre est maintenant très-considérable par les nombreux semis qui ont été faits ; et selon l'usage que l'on en veut faire, on peut choisir des variétés qui remplissent le mieux l'objet de cet usage. — Ici je ne veux m'occuper que des variétés jardinières, de celles qu'on cultive préférablement pour la nourriture des hommes ; subséquemment je parlerai de celles qui sont destinées à rendre d'autres services. Il y a des pommes-de-terre hatives et des pommes-de-terre tardives. — Les premières se consomment de bonne heure et fournissent au besoin de la première saison. En général, les tubercules sont meilleures dans les terrains siliceux que dans toute autre terre. Le moyen de multiplication ordinaire consiste à planter les tubercules, soit entiers, soit divisés : il suffit même d'un œil, pourvu d'une petite portion de la masse tuberculeuse, pour planter. On peut aussi multiplier de semences, en semant en avril les graines, qui sont renfermées dans des baies sphériques, vertes, mûres en septembre ; par ce moyen on obtient de nouvelles variétés qui sont plus ou moins bonnes, et qui participent plus ou moins de la nature de celles qui ont fourni les graines. Ce mode de multiplication ne convient que lorsqu'on veut obtenir de nouvelles variétés : il n'est pas applicable en grand. Ce n'est que la troisième année que les pommes-de-terre provenant de semis sont arrivées à une grosseur caractéristique. Elles se multiplient aussi de boutures avec la plus grande facilité. Elles sont rondes, oblongues ou longues ; elles sont rouges, jaunes ou violettes, et elles sont œillées ou lisses. Généralement toutes les pommes-de-terre connues se rapportent à l'une ou à l'autre de ces formes. Elles sont coureuses ou ramassées en touffes, s'enfonçant plus ou moins profondément dans le sol suivant les variétés, mais elles ne s'enfoncent jamais beaucoup. — La pomme-de-terre est appelée *solanée Parmentière*, parce qu'elle appartient à la famille des solanées, et que Parmentier, célèbre chimiste, est celui qui, en 1780, a tant fait pour la propagation de cette précieuse plante que personne n'était disposé à manger : tout au plus si on se décidait à en donner aux animaux.

1. LA SAUVAGE DU CHILI.
2. LA STOLONIFÈRE DU MEXIQUE.
3. CORNICHON JAUNE, *Hollande jaune*, *Parmentière*.
4. CORNICHON ROUGE, *Vitelotte, Hollande rouge.*
5. PREMIER ROGNON.
6. MILLE YEUX, *rouge.*
7. MILLE YEUX, *jaune.*
8. DESCROIZILLE.
9. CORNICHON VIOLET DE LILLE.
10. LA CHAVE, SHAW.
11. FINE HATIVE.
12. TRUFFE D'AOUT.
13. NAINE HATIVE.
14. L'OEIL VIOLET DE LILLE.
15. VIOLETTE.

18. *Patate.*

La Patate ne se rencontre encore que dans quelques jardins où cette plante fournit un légume souterrain, sucré et farineux, très-alimentaire. Elle n'est pas généralement cultivée et ne rend pas tous les services qu'on pourrait en attendre, à cause de la difficulté de conserver ses racines tuberculeuses qui pourrissent très-promptement et tellement qu'on peut à peine s'en réserver pour la multiplication : on est obligé de les consommer de suite. Cette plante se multiplie de boutures qui reprennent avec la plus grande facilité, qui se font au printemps, et que l'on plante aussitôt leur reprise assurée, sur couches, recouvertes de châssis ou de cloches. On peut encore, pour procéder en grand, faire des trous, dans des planches, de 0,50 cent. dans tous les sens, que l'on remplit de fumier, et par dessus on met une certaine épaisseur de terre meuble et substantielle, de manière à former des buttes au centre desquelles on place une bouture enracinée, recouverte d'une cloche.

1. Rouge.   2. Jaune.   3. Grosse blanche.

19. *Oxalis comestible ou crénelé.*

Cette plante qui a les feuilles et les tiges acides, fournit des turbercules qui ont la grosseur d'une noix et plus. Ces tubercules sont oblongs et sont d'une belle couleur jaune et œillés; ils ressemblent assez bien à une petite pomme de terre mille yeux. Cette plante n'est cultivée que dans quelques jardins d'amateurs; elle produit réellement peu, et l'objet de sa culture est la production de tubercules qui ont une saveur qui se rapproche de celle de la pomme de terre avec plus de moelleux et un peu d'acidité. On plante les tubercules en avril. Quand les gelées arrivent, on couvre les touffes d'une bonne épaisseur de feuilles, et c'est alors que les tubercules grossissent : on récolte dans le courant d'octobre et plutôt en novembre.

20. *Terre noix.*

Cette plante croît naturellement à l'état sauvage dans les sols calcaires, parmi les céréales; elle envahit quelquefois les champs de manière à couvrir la surface du terrain et à devenir une plante nuisible. La racine supporte des tubercules ronds, féculents, qui ont la grosseur d'une noix. — Non cultivée.

21. *Gesse tubéreuse, marcasson, gland de terre.*

Cette plante croît spontanément dans les terres argileuses, et en si grande quantité quelquefois, qu'elle peut être considérée comme une plante nuisible. Les racines, qui vont à une grande profondeur, sont garnies de tubercules féculents et saccharins de la grosseur d'une petite noix. — Non cultivée.

22. *Souchet comestible, Amande de terre.*

Cette plante qui aime les terres douces et substantielles, est cultivée en grand dans le midi de l'Europe, et surtout en Espagne; on la cultive aussi dans quelques contrées de l'Allemagne, et dans quelques parties de la France. Les racines de cette plante se couvrent de tubercules ovales de la grosseur d'un haricot, qui sont féculens, oléagineux et légèrement saccharins. Ces tubercules sont alimentaires, fournissent de l'huile et servent à faire une sorte d'orgeat. On les plante en avril, en poquets distants de 5o cent. environ les uns des autres, trois à quatre tubercules dans chaque, peu enterrés. On récolte en octobre.

II.ᵉ Section. — Plantes à tubercules charnus.

Une seule plante compose la section; ses produits souterrains sont des tubercules qui ne sont pas féculents comme le sont ceux de la pomme de terre.

23. *Topinambour.*

Cette plante se plaît partout, même dans les plus mauvais sols, et surtout dans les terres calcaires, où aucun autre végétal n'offrirait le même avantage, réussite fort appréciable, car ces terrains rapporteraient peu. Quand cette plante a été placée dans un lieu, il est difficile de la détruire. Le topinambour, par les tubercules qu'il fournit, est alimentaire pour l'homme, mais c'est surtout pour les animaux qu'il est cultivé en grand, et particulièrement pour les moutons. On obtient, des tubercules, par la distillation, de l'alcool, et, spécialement traités, un sirop et un sucre non cristalisé. Dans un jardin, on place cette plante dans des coins perdus, pour ainsi dire. Les tubercules peuvent rester en terre sans souffrir des gelées. On plante en mars et on récolte en automne au fur et à mesure des besoins. Il n'est pas nécessaire de replanter, car il reste dans le sol une suffisante quantité de racines et de portions de tubercules qui fournissent l'année suivante une bonne récolte.

III.ᵉ Section. — Plantes à parties souterraines charnues.

Nous réunissons dans cette section toutes les plantes dont les produits charnus, succulents, plus ou moins volumineux, sont souterrains.

24. *Carotte.*

La Carotte est un légume sain, nourrissant et fort recherché. Outre que les hommes en font grand usage, les animaux en sont avides. Les terres grasses, humides, profondes et bien préparées, sont celles dans lesquelles on peut obtenir de belles carottes. On sème en mars ou avril, et on arrache en octobre pour les rentrer avant l'hiver.

1. COURTE HATIVE DE HOLLANDE.
2. DE FLANDRE.
3. LONGUE DE CROISSY.
4. ROUGE.

25. *Betterave.*

Cette plante a acquis une grande importance par le sucre qu'elle fournit, sucre qui n'est pas moins bon que le sucre de Canne. Déjà, depuis long-temps, on en faisait usage comme légume, et l'agriculture en tirait bon parti pour la nourriture des bestiaux. Dans les jardins on sème en mars et on arrache en octobre pour conserver et consommer pendant l'hiver. Un terrain profond, substantiel et humide, les terres argileuses sont les préférables. Je parlerai subséquemment de cette plante.

1. JAUNE LONGUE DES JARDINS.
2. JAUNE RONDE.
3. ROUGE LONGUE DES JARDINS.
4. ROUGE RONDE.

26. *Chou-navet, Chou Turneps, Chou de Laponie.*

Ce Chou, à parties souterraines charnues, est un excellent produit pour l'hiver et pour le printemps; il mérite d'être répandu dans les maisons où on fait une grande consommation de légumes. Il ne pomme pas ; un véritable navet fort gros est son produit : ce produit a la saveur du chou et du navet. Il préfère les terres franches et fortes, profondes et bien divisées; on sème en mars et avril pour obtenir des produits hatifs, et en mai, juin et même juillet, pour obtenir des produits tardifs. Quand le plan est assez fort on repique, ce qui arrive un mois environ après le semis. On peut commencer à consommer en août, septembre et octobre ; quand arrive l'hiver, arracher et mettre à l'abri. On peut laisser la plante pendant l'hiver sur pied en la couvrant d'un peu de feuilles pour pouvoir arracher pendant le froid. Le semis en place et en ligne avec éclairci se pratique aussi.

1. CHOU-NAVET ORDINAIRE.
2. CHOU-NAVET HATIF.

27. *Chou Rutabaga, Navet de Suède.*

Ce Chou a beaucoup de rapport avec le précédent et lui est préférable comme légume ; il devient plus gros. La culture est la même que celle du chou-navet.

28. *Chou-rave, Chou de Siam.*

Je range ce Chou dans cette section, parce qu'il se rapporte aux deux précédens pour la culture et qu'il leur ressemble d'ailleurs assez, si ce n'est que celui-ci fournit ses produits sur la surface du sol. C'est le collet de la plante qui se développe d'une manière remarquable et qui fournit une masse charnue aplatie qui a la saveur à très-peu près de celle des deux légumes précédens. Quant à la culture, elle est la même que celle des deux autres, si ce n'est que le repiquage est indispensable, pour obtenir de beaux produits. Le chou-rave est assez rustique, il redoute peu l'hiver ; cependant il est prudent de se prémunir contre les rigueurs de cette saison, en les rentrant.

1. CHOU-RAVE HATIF. 2. CHOU-RAVE BLANC.
3. CHOU-RAVE VIOLET.

29. *Navet.*

Les Navets sont d'excellens légumes dont on fait grand usage ; on les cultive aussi en grand comme fourrage, pour la nourriture des bestiaux. C'est dans les terrains légers, siliceo-argileux qu'ils acquèrent la meilleure qualité pour consommer dans les ménages. On sème à la volée après avoir préparé le terrain, depuis la fin de juin jusque dans le courant d'août, afin d'en avoir dans tout le courant de l'été, de l'automne et de l'hiver ; le dernier semis procure des navets d'hiver que l'on conserve dans une cave ou que l'on enfouit dans un trou assez profond afin que la gelée ne puisse pas les atteindre. Je fais figurer ici les meilleures variétés jardinières ; j'indiquerai dans la section des fourrages-racines celles qui sont à préférer pour les bestiaux.

1. DE FRENEUSE. 5. ROSE DU PALATINAT.
2. DE MEAUX. 6. DE CLAIRE-FONTAINE.
3. LE PETIT BERLIN *Teltau.* 7. BLANC PLAT NATIF.
4. DES SABLONS. 8. JAUNE D'ECOSSE.

30. *Panais*.

On ne fait dans les jardins qu'une petite quantité de Panais ; cette plante est employée surtout pour donner de la saveur à certains mets. On sème le panais en mars ou avril. On arrache d'automne, en octobre, et on conserve les panais, ainsi que je l'ai dit pour les carottes. Cette plante tient aussi sa place dans la grande culture.

1. PANAIS LONG.   2. PANAIS ROND.

31. *Scorsonère d'Espagne, Salsifis noir*.

Cette plante est un des bons légumes que l'on ne néglige jamais de faire dans un potager ; la terre franche, argileuse, profonde, lui convient préférablement. On sème en mars ou avril, et on consomme les racines, qui sont tendres et succulentes, en hiver, et surtout au printemps. Quoique les scorsonères montent à fleurs et grainent, on peut néanmoins faire usage des racines pendant deux ans ; elles ne deviennent pas dûres et fibreuses comme celles du salsifis. On a même de l'avantage à ne consommer les scorsonères que la seconde année, parce qu'ils sont plus gros.

32. *Salsifis*.

Les Salsifis sont aussi d'excellens légumes, ils demandent la même culture que les scorsonères ; seulement ils doivent être consommés dans l'hiver et pendant le printemps qui suit l'époque du semis, après ce temps, la plante montant de bonne heure, on ne peut plus en faire usage, les racines sont alors trop fibreuses et dures.

33. *Chervis ou Girolles*.

Cette plante était autrefois plus cultivée qu'elle ne l'est aujourd'hui, quoiqu'on en trouve cependant encore dans quelques jardins ; ce sont ses racines qui sont les produits que l'on recherche ; elles sont sucrées, aromatisées. Semer en terre douce et substantielle, au printemps, en mars ou avril, ou en automne, en septembre. Pendant tout l'hiver et le printemps on consomme les racines que l'on arrache au fur et à mesure des besoins. On peut aussi multiplier cette plante par éclats de pieds ou par boutures de racines que l'on repique.

34. *Céleri tubereux, Céleri rave.*

Ce Céleri est cultivé avec grand avantage dans quelques
parties de la France, et fournit des racines rondes très-
volumineuses, qui sont d'une excellente qualité : il dé-
génère facilement. Il aime les terres franches, substantielles
et douces. Se sème en février, sur couche, pour en avoir de
bonne heure, ou dans une plate-bande où on prend le plant
quand il est assez fort pour le repiquer en place. On peut
commencer à manger le céleri en septembre et continuer
pendant tout l'hiver jusqu'au printemps. On doit rentrer les
racines pendant l'hiver, parce qu'elles redoutent le froid.

35. *Raifort.*

Le Raifort est une plante vivace dont les racines grosses,
longues et tendres, ayant une saveur excessivement forte,
sont en grand usage dans quelques localités : ces racines sont
considérées comme assaisonnement et remplacent la moutarde. Cette plante se multiplie de boutures de racine ou
par éclats de pied au printemps ; les terres fortes et humides
sont préférables pour sa réussite ; deux années après la plantation on obtient des racines qui ont quelquefois la grosseur
du poignet.

36. *Radis, Rave.*

Il y a plusieurs sortes de radis qui sont tous alimentaires ;
on distingue les raves des radis par un moindre développement en grosseur et par plus de longueur. Les petites raves
et les petits radis qui demandent une terre douce, meuble
et substantielle, se consomment pendant tout le courant de
l'année ; pour fournir aux besoins de cette consommation, on
a le soin de faire des semis successifs, d'abord sur couche,
ensuite en pleine terre. Pour obtenir des radis et des raves
toujours tendres, il faut avoir le soin de semer peu à la
fois et de répéter souvent ces semis : on peut commencer
dès février sur couche et en mars en pleine terre. Viennent ensuite les gros radix et les grosses raves qui demandent
une terre plus forte pour devenir plus beaux, et que l'on
sème à des époques différentes et même à trois époques
pour certaines variétés : la première époque, au printemps,
en avril ; la seconde en juin, et la troisième en juillet pour
les produits qui se consomment en hiver.

1. Petit ordinaire.   2. Jaune.

3. Gros Blanc d'Augsbourg.
4. Gros violet.
5. Gros noir.
6. Petite rave.
7. Rave tortillée du Mans.

IVe Section. — Plantes bulbeuses.

Comprenant toutes les plantes à produits souterrains, nommés bulbes ou ognons, plus ou moins développés.

37. *Ognon.*

Cette plante, qui est d'un usage général, est cultivée en grand dans les jardins comme légume de première importance ; elle redoute l'humidité et préfère les terrains secs et légers : l'ognon vient très-gros et très-bon dans les sols graveleux. On sème en mars, on récolte en août, quand les feuilles changent de couleur et se dessèchent ; on rentre les ognons dans un lieu très-sain et très-sec, pour les conserver pendant l'hiver. On choisit au printemps, en avril, les plus petits ognons qui sont en bon état de conservation, pour les repiquer ; ce sont ces petits ognons, nommés *grelots*, que l'on consomme en attendant qu'on puisse faire usage des autres. Quant à l'ognon blanc, on le sème en août ou en septembre, et on le repique en octobre ou au printemps suivant, en mars, pour commencer à l'utiliser en mai : ce sont les premiers ognons que l'on consomme après les grelots.

1. Rouge.
2. Rouge pale.
3. Jaune ou blond.
4. Blanc.
5. Poire.

38. *Ognon patate, ou souterrain.*

Cet ognon ne donne pas de graines ; il se multiplie de bulbes qui viennent en quantité réunis à chaque pied. Au printemps, en mars ou en avril, on plante de petits ognons ; ils grossissent, et autour d'eux il s'en développe une certaine quantité de nouveaux qui grossissent aussi. Les pampes étant sèches, on arrache et on conserve ces ognons ainsi qu'on le fait des autres, auxquels ils ressemblent tout-à-fait.

39. *Ognon rocambole, ognon bulbifère, ognon d'Egypte.*

Cet ognon se multiplie de bulbilles qui croissent à l'extrémité de la tige en place de graine. Ces bulbilles ne deviennent jamais grosses, mais ils produisent des ognons d'une excellente qualité, qui servent au même usage que les autres. On plante ces petits ognons en mars ; on les récolte en août ou

7

en septembre, et on les conserve ainsi qu'on le fait pour les autres. On consomme les plus gros et on réserve les plus petits pour la plantation. On obtient encore de cette espèce quelques ognons souterrains qui doublent le produit.

40. *Echalotte.*

L'Echalotte demande une bonne terre douce et substantielle. On plante en février ou en mars de petites échalottes qui ont été conservées pendant l'hiver; il se forme plusieurs cayeux qui grossissent et qui donnent le produit que l'on recherche. On peut consommer dès le mois de juin et on arrache en juillet, pour garder dans un lieu très-sec. Comme il est difficile de bien conserver toutes les échalottes en hiver, on peut les laisser en place pendant cette saison, en ayant l'attention de couvrir de feuilles ou de litière la surface du terrain pendant les froids; on récolte au fur et à mesure des besoins. Au printemps on arrache et on replante.

1. ORDINAIRE.   2. GROSSE.

41. *Ail.*

L'Ail se plante au printemps, comme l'échalotte, par la division de l'ognon principal en gousses; chacune des gousses devient l'ognon reproducteur autour duquel se groupent de nouvelles gousses qui reconstituent un ognon-mère semblable à celui qui a été divisé. — On arrache en juillet pour conserver dans un lieu sec.

1. ORDINAIRE.   2. GROS.

42. *Poireau* ou *Porrau.*

Ce légume est fort utilisé. La plante demande une terre douce, meuble, substantielle et fraîche. — Semer en mars pour la première saison, et en juillet pour consommer au printemps suivant. Le plant, étant assez fort, se repique. Il est prudent, aux approches de l'hiver, d'en conserver une certaine quantité dans une cave ou dans tout autre lieu abrité.

43. *Ciboule.*

Ce légume est d'une médiocre importance; il sert aux assaisonnemens. — Semer en février et en mars, dans une terre douce et substantielle; consommer dans le courant de l'été. — Il y a une variété de ciboule qui est franchement vivace, que l'on multiplie par éclats de pieds.

1. ORDINAIRE.   2. VIVACE.

44. *Ciboulette. — Civette. — Appétit.*

Plante vivace cultivée comme légume d'assaisonnement ; préfère les terres fortes et fraîches ; se multiplie par éclats de pieds. — Se met ordinairement en bordure.

V.ᵉ SECTION. — Plantes potagères ou légumières proprement dites.

Nous comprenons dans cette section toutes les plantes qui sont généralement désignées sous le nom de légumes et qui peuvent être considérées comme les légumes principaux et indispensables pour l'alimentation. Beaucoup de ces légumes *pomment*, c'est-à-dire que toute la partie centrale de la plante, les feuilles et le rudiment de la tige se ramassent en une masse plus ou moins volumineuse suivant la plante : la pomme une fois formée, si on attendait trop long-temps, ne tarderait pas à changer de nature, elle s'épanouirait du centre par le fait du dévoppement de la tige. On aide cette formation par la culture : la plante abandonnée à elle-même ne pommerait pas, c'est-à-dire qu'elle se développerait immédiatement en tige.

45. *Chou.*

Les Choux rendent de grands services pour l'alimentation non seulement dans tous les petits ménages, mais encore, et surtout, dans les maisons où il y a un certain nombre de personnes à nourrir. Ils aiment les terres fortes et demandent pour devenir beaux, beaucoup d'eau. On les sème suivant les variétés à diverses époques, afin d'en avoir pendant tout le courant de l'année. Pendant l'hiver, le chou peut se consommer en choucroute qui est une nourriture saine et alimentaire : la choucroute n'est autre chose que le chou haché menu, mis en salaison et bien tassé dans un tonneau ou dans des vases spéciaux. Quelques variétés de choux sont agricoles et cultivés comme plantes fourragères fournissant un excellent fourrage vert. On sème à diverses époques les différentes variétés de choux, et on doit rechercher celles qui réussissent le mieux pour chaque saison ; le plant étant assez fort on le repique en place. — On sème et on repique des choux d'automne pour le printemps. — Suivant leur nature on les divise : 1.º en *choux pommés* ou *cabus* ; 2.º en *choux pommés*, *bullés* ou *frisés* ; et 3.º en *choux verts non pommés*. Le produit des choux est une pomme centrale, véritable *bouton*.

1.º *Choux pommés ou cabus*, se consommant de printems, d'été et d'automne.

1. D'YORCK.   2. CŒUR DE BŒUF.

3. PAIN DE SUCRE.   *de Bonneuil.*
4. CONIQUE ou *de la Pomé-*   6. D'ALSACE ou *Quintal.*
   ranie.   7. GROS ROUGE.
5. DE St.-DENIS ou *Blanc*   8. PETIT ROUGE.

2.º *Choux pommés, cloqués ou frisés,* se consommant d'hiver ou de printemps.

9. GROS DE MILAN.   11. MILAN NAIN.
10. PANCALIER DE TOURAINE. 12. MILAN DES VERTUS.
        13. DE BRUXELLES ou *à Rosettes.*

3.º *Choux verts, non pommés,* résistant bien au froid, et se consommant d'hiver et de printemps.

14. A GROSSES CÔTES.   15. A BORDS FRANGÉS.

46. *Laitue.*

Les Laitues sont nombreuses en variétés; elles fournissent pour une grande partie de l'année un légume qui se consomme cru ou cuit. La laitue préfère les terres substantielles et légères : elle demande des arrosemens pendant l'été. Il est prudent de régler la quantité sur les besoins de la consommation, afin de ne pas excéder ces besoins, sans cela, montant promptement elle serait perdue : il est préférable de répéter plus fréquemment les semis, puis les repiquages; après le semis, les plants étant assez forts, on les repique en place. On sème et on repique des laitues d'automne pour le printemps suivant. — Les laitues sont divisées en *laitues pommées,* 1.º *de printemps,* 2.º *d'été,* 3.º *d'hiver,* 4.º et en *laitues non pommées à couper.* Le produit de la laitue est une pomme centrale, véritable *bouton.*

1.º *Les laitues d'hiver.* — Supportent facilement les rigueurs de la saison, se sèment d'automne et se consomment au printemps.

1. DE PASSION.   2. MORINE.   3. PETITE CRÊPE.

2.º *Les laitues de printemps.* — Se sèment au printemps pour consommer dans tout le courant de cette saison.

4. GOTTE ou *Gau.*   5. CORDON ROUGE.   6. DAUPHINE.

3.º *Les laitues d'été.* — Se sèment pendant tout le courant de l'été pour être consommées pendant cette saison et pendant l'automne.

7. JAUNE D'ÉTÉ, *blonde pa-*   8. DE VERSAILLES.
   resseuse.   9. BLONDE DE BERLIN.

10. TURQUE.
11. GRISE.
12. MÉTÉRELLE.
13. GROSSE PARESSEUSE.
14. PALATINE ROUSSE.

15. SAUGUINE ou *flagellée*.
16. BATAVIA BLONDE.
17. BATAVIA BRUNE, *laitue-chou*.

4.° *Les Laitues à couper*. — Se sèment au printemps ; on utilise les feuilles que l'on coupe successivement sans attaquer le collet de la plante.

18. CRÊPE.
19. GOTTE.

20. LAITUE-ÉPINARD.
21. LAITUE-CHICORÉE.

47. *Romaine ou Chicon*.

Ce qui a été dit pour la laitue s'applique à la romaine ; nous ne nous répèterons pas, nous ajouterons seulement que pour faire blanchir cette salade et pour faciliter la constitution de la pomme, on doit la lier avec de la paille ou du jonc dès que l'on voit que le cœur se ramasse en pomme ; cette pomme, qui est le produit recherché, est un *bouton*.

1. VERTE MARAICHÈRE.
2. GRISE MARAICHÈRE.
3. GROSSE BLONDE MARAICHÈRE.

4. BLONDE ou *Alphange*.
5. ROUGE D'HIVER ou *rousse*.
6. PANACHÉE ou *sanguine*.

48. *Chicorée*.

Ce légume comme les précédens se consomme cru en salade, ou cuit. Il y a plusieurs variétés qui pomment plus ou moins franchement et dont la pomme devient plus ou moins blanche. La chicorée est surtout un légume d'automne et d'hiver ; cependant on peut en avoir, par des semis faits en temps convenables, à la fin du printemps et dans tout le courant de l'été. Pour obtenir ces résultats on peut semer sur couche depuis janvier et février, et en pleine terre depuis la fin de mars jusqu'à la fin de juillet ; on repique en place le plant au fur et à mesure qu'il est bon. Le repiquage pour les chicorées d'hiver peut durer jusqu'en septembre. On doit lier la chicorée pour la faire blanchir ; et quand les froids prennent, il faut la rentrer ou retourner chaque pied sur place, sens dessus dessous, dans la planche où la plante se trouve, ou la couvrir de feuilles ou de litière. Le produit de cette plante est une pomme centrale, plate, véritable *bouton*.

1. FINE DE MEAUX.
2. D'ITALIE ou *d'été*.
3. CORNE DE CERF, *Rouennaise*.

49. *Scarole*, *Escarole*, *Scariole*.

Tout ce qui a été dit pour la chicorée s'étend à la scarole.

1. GRANDE DE HOLLANDE.　　2. BLONDE.　　3. RONDE.

50. *Chicorée sauvage*.

Cette plante ne se consomme qu'en salade, surtout quand elle est jeune et tendre ou à l'état de *barbe-de-capucin*. Elle se sème en rayon dans tout le courant de l'année, excepté l'hiver, si ce n'est sur couche, et tous les quinze jours, pour en avoir toujours de nouvelles et de tendre. Pour faire la barbe-de-capucin, semer en avril ou en mai, arracher en novembre et, dans une cave, mettre les plants couchés horizontalement, la tête en dehors, par lits, en séparant chaque lit d'une couche de sable ou de terreau; la laisser sur place, et couper les feuilles blanchies, au fur et à mesure des besoins. On peut encore, en arrachant le plant, le lier par bottes et mettre ces dernières dans des couches de terreau. Lorsque le plant à pousses blanches et grêles est assez avancé, arracher ces bottes pour les utiliser.

1. ORDINAIRE.　　　　2. PANACHÉE.

51. *Céleri*.

Ce légume se mange cuit ou en salade. On peut en avoir pendant une grande partie de l'année. Pour les premières saisons on sème en pleine terre depuis avril jusqu'en juillet. Le plant étant assez fort, le repiquer dans une terre douce, meuble et substantielle. On doit le faire blanchir en liant les feuilles en paquet et en les environnant de la base au sommet, de paille ou de feuilles. On peut encore le buter en mettant, après l'avoir lié, autour de tous les pieds de la planche une épaisseur de terre telle qu'ils soient tout-à-fait couverts, si ce n'est le sommet.

1. A COUPER, *Céleri creux*.　3. ROSE PLEIN.

2. BLANC PLEIN.　　　　4. TURC ou *de Prusse*.

5. GROS VIOLET DE TOURS.

52. *Mache ou Doucette*.

Plante pour salade d'hiver et de printemps. Semer en terre meuble depuis août jusqu'en octobre.

1. COMMUNE.　　　　2. RONDE.

3. D'ITALIE ou *Régence*.

(103)

53. *Raiponce*.

Cette plante fournit un légume, salade, en racine et en feuilles, d'une bonne qualité ; semer en terre légère en juillet, pour être consommée au printemps suivant.

54. *Cardon*.

C'est la côte des feuilles que l'on consomme cuite. On sème en mai, en poquets, à un mètre en tous sens, deux à trois grains dans chaque poquet ; les graines levées, ne laisser qu'un plant ; les pieds étant assez forts, les lier et les entourer de paille ou les enterrer pour les faire blanchir. Aux approches de l'hiver, rentrer les pieds dans une cave ou dans un cellier.

1. De Tours, ou *épineux*.   2. Cardon d'Espagne, *Sans épines*.

55. *Chou marin, Crambé maritime*.

Cette plante vivace, encore rarement cultivée en France, commune dans les potagers de l'Angleterre, produit un très-bon légume : ce sont les pousses nouvelles du printemps que l'on recherche et qui se récoltent comme les asperges. — Elle demande une terre argileuse, fraiche, substantielle et profonde ; se multiplie de boutures de racines ou plutôt de graines que l'on sème en rayon, en mars ou en avril. C'est au printemps de la seconde année que l'on commence à récolter ; à la troisième année, il y a abondance de production, sans interruption ensuite pour tous les ans. On doit faire blanchir les pousses que l'on récolte, et à cet effet, en février ou en mars, on bute chaque pied en amassant autour un monticule de terre. La pousse, privée d'air et de lumière, blanchit, et on la récolte dès qu'elle a atteint 18 à 20 centimètres : on la coupe à quelques millimètres au dessus du collet. — Les produits de cette plante sont des *bourgeons* qu'il importe de ne pas laisser trop développer pour les avoir tendres.

56. *Asperge*.

L'Asperge est un des principaux légumes. C'est une plante vivace qui se multiplie de semence, et qui préfère les terrains secs, légers et siliceux. On sème les graines aussitôt maturité ; on laisse les plants deux ans en place. Après cette époque, on fait des fosses au fond desquelles on place les plants, nommés *griffes,* à 5o centimètres les unes des autres. Il faut rechausser l'aspergerie, c'est-à-dire que tous les ans ou tous les deux ans, on remet une petite couche de terre nouvelle sur la planche creuse, et tous les deux ans, on doit, avant la terre, mettre une petite épaisseur de fumier. On ne commence à récolter que la troisième année après la plantation. On peut encore semer en rigole et en place, mais alors les asperges ne deviennent jamais grosses et l'aspergerie ne dure pas long-temps; tandis que, par le premier moyen, en entretenant convenablement, une aspergerie peut durer de 12 à 20 ans. On fait la récolte avec un couteau disposé à cet effet, en ayant le soin de ne pas attaquer le collet. — Le produit de cette plante est un bouton souterrain nommé *turion.*

1. Commune.   2. De Hollande.

VI.ᵉ Section. — Plantes potagères à herbages.

Par plantes à herbages, nous entendons les plantes qui fournissent des produits en feuilles : ces végétaux sont très-faciles à cultiver.

57. *Pourpier.*

Plante annuelle, préférant les terres légères ; se semant en avril. On peut en semer tous les mois pour en avoir pendant l'été et en automne. Les semis peuvent se continuer jusqu'en juillet. Légume bon à cuire et en salade.

1. Vert ou *Commun.*   2. Doré.

58. *Bette, Poirée.*

Les feuilles de la poirée ordinaire se font cuire avec l'oseille, pour atténuer l'acidité de cette dernière. La poirée à carde est estimée, parce que la pétiole et la côte de la feuille nommés *carde* fournissent un bon légume à cuire. — Cette plante demande une terre meuble, substantielle et fraîche. Semer la première en rayons, depuis mai jusqu'en août; la seconde, semer clair, aussi en rayon, en mars, pour donner l'hiver, et en juillet, pour produire au printemps suivant; dans les grandes gelées, couvrir les plantes d'un peu de fumier ou de litière.

1. Ordinaire.   2. Blanche a cardes.

59. *Epinards.*

Fort bon légume ; on sème en rayon, dans une terre substantielle et légère, depuis mars jusqu'en octobre. — Pour récolter des graines, on laisse monter une planche, en arrachant les pieds *mâles*, aussitôt après la floraison, afin de ne laisser que les pieds *femelles* qui produisent les semences que l'on récolte aussitôt la maturité.

1. ORDINAIRE.　　　　　2. A LARGES FEUILLES.

60. *Bonne-Dame, Belle-Dame, Arroche des jardins.*

Plante ayant du rapport avec l'épinard, se traitant semblablement.

1. BLONDE.　　　　　2. ROUGE.

61. *Tétragone.*

Plante qui peut être considérée comme Épinards d'été à cause de sa similitude de qualité avec cette dernière. Produit beaucoup pendant l'été, époque à laquelle les épinards montent promptement. — Ce sont les feuilles de la jeune pousse que l'on récolte. — Semer en rayon, fin d'avril, en terre légère et substantielle.

62. *Oseille.*

Plante vivace, se multipliant par éclats de pieds d'automne et de printemps. On doit diviser les touffes quand elles deviennent trop fortes, ce qui arrive la troisième ou la quatrième année. Ce renouvellement de la plante est favorable à une plus abondante production en feuilles. — L'oseille de Belleville, très-estimée, se sème en rayon, au printemps ou à l'automne.

1. DE BELLEVILLE.　　　3. CRÉPUE, ou *à feuilles cloquées.*
2. VIERGE.　　　　　　　4. ROUGE HAVIVE.

VII.ᵉ SECTION. — Plantes potagères pour assaisonnement.

Dans cette section se trouvent les plantes qui ne sont pas, à proprement dire, alimentaires, mais qui sont employées pour donner du goût aux alimens. — La culture des végétaux de cette section est très-simple. — Les feuilles ou les jeunes ramifications sont les produits de ces plantes.

63. *Persil.*

Cette plante aime les terres argileuses, meubles et substantielles; se sème depuis mars jusqu'en août, et à l'automne, le long d'un mur au midi, pour en avoir au printemps. La graine reste un mois sans germer.

1. ORDINAIRE.　　　　　2. A LARGES FEUILLES.

64. *Cerfeuil*.

Se sème en rayon, depuis mars jusqu'en septembre, tous les 15 jours, peu à la fois, parce qu'il monte promptement. — Terre meuble et fraîche.

65. *Cresson alénois*.

Cette plante se traite comme le cerfeuil.

1. ORDINAIRE.   2. A LARGES FEUILLES.

66. *Cresson de terre, Cresson vivace*.

Plante vivace demandant une terre franche, humide et meuble. Se sème en rayons, en mars ou en avril. Elle a une saveur très-énergique.

67. *Cresson de fontaine*.

Plante vivace, se multipliant de graines et de boutures. — Se plaît dans les lieux submergés. — Excellent en salade et souvent employé en médecine.

68. *Corne de cerf, Plantain corne de cerf*.

Feuilles employées en assaisonnement dans la salade ; on sème à la volée, en terre très-légère ; arroser fréquemment pour que le produit soit toujours tendre.

69. *Pimprenelle*.

Plante vivace, dont les feuilles sont employées en fourniture de salade ; les terres argileuses, substantielles, meubles et fraîches lui conviennent. Se sème en rayon, au printemps et à l'automne.

70. *Estragon*.

Plante vivace dont on emploie les jeunes pousses en fourniture de salade ; se multiplie par éclats de pieds, d'automne et de printemps. Préfère les terres argileuses fraîches.

71. *Perce-Pierre, Passe-Pierre, Criste marine, Crête marine, Fenouil marin, Herbe St.-Pierre, Bacile*.

Plante vivace que l'on sème aussitôt la maturité des graines, en terre légère ; doit être garantie contre la gelée par une couverture en paille ou en feuille. — Ses feuilles se font confire au vinaigre.

VIII.ᵉ Section. — Plantes potagères à fleurs ou à parties florales.

Dans cette section se trouvent des légumes de première importance qui nécessitent des soins de culture assez multipliés ; ce sont les fleurs, avant leur épanouissement, qui fournissent les produits que l'on recherche.

72. *Artichaut.*

L'Artichaut est une plante vivace qui demande un sol argileux, profond et frais; il se multiplie par œilletons que l'on éclate du pied-mère au printemps, en avril. Craint les froids, et pour cela doit être buté aux approches de l'hiver et couvert de feuilles pendant les gelées. — Se mange cru en poivrade, ou cuit. Pour la poivrade, on prend préférablement les ailerons ou les petits artichauts, qui poussent sur les côtés de la tige : l'artichaut principal ou du sommet, qui vient le plus gros, est réservé pour cuire. — L'artichaut est un véritable bouton à fleur; en en laissant un sur pied, on ne tardera pas à le voir s'épanouir en fleurs. Le fond de l'artichaut est le *réceptacle* supportant *le foin* composé de *l'ovaire* qui est à la base, des organes sexuels les *étamines* et le *pistil* qui sont cachés dans les soies du foin; ces soies forment les *aigrettes* surmontant chaque fruit. Les *feuilles*, dont on mange la base, sont les *écailles* enveloppant l'appareil floral; elles composent *l'involucre*, qui, dans les fleurs composées ainsi que le sont celles de l'artichaut, remplace le *calice* ou est un *calice commun*. Dans un artichaut il se trouve réunies dans l'involucre et sur le réceptacle communs, une quantité de fleurs.

1. Gros vert *ou de Laon.*   2. Camus de Bretagne.
3. Violet.

73. *Chou-fleur.*

Le Chou-fleur est un des meilleurs légumes dont la culture nécessite de grands soins; il demande une terre douce, substantielle, riche et humide; il a besoin de copieux arrosemens. Par une bonne culture on peut avoir des chou-fleurs une partie de l'année. — On en sème d'automne pour le printemps; d'hiver et de printemps pour l'été, et d'été pour l'automne, soit, suivant l'époque, sur couche ou en pleine terre. Le plant assez fort est repiqué à 50 centimètres en tous sens. — Le produit de ce légume est la réunion de tous les boutons et des pédoncules qui composent l'appareil floral de la plante : avant la floraison toutes ces parties sont rapprochées en tête. Pour conserver ces têtes tendres et blanches, lorsque le chou-fleur se montre et se forme on replie sur elles-mêmes les quelques feuilles qui l'environnent, en cassant la côte de ces feuilles. Si on tardait à récolter, le produit deviendrait dûr et ne serait plus mangeable : la fleur ne tarderait pas à s'épanouir.

   1. Tendre.   2. Demi-dur.   3. Dur.

74. *Chou-Brocoli.*

Ce légume ressemble beaucoup au choufleur, mais sa pomme est plus arrondie. C'est encore toutes les parties de l'appareil floral qui constituent la production. Même terrain que pour le chou-fleur, quoiqu'il réussisse cependant dans des terres moins riches et plus consistantes. Se sème en mai, juin et juillet, suivant les variétés. Se repique en place à la distance de 6o à 7o centimètres. On conserve ces plantes pendant l'hiver, qui donnent leurs produits au printemps, en les couvrant de feuilles ou de litière ; on peut encore coucher chaque pied dans une petite fosse pratiquée à côté, où on le laisse pendant l'hiver pour ne le redresser qu'au printemps.

   1. Blanc.   2. Violet.

75. *Capucine.*

Les fleurs de cette plante se mettent sur la salade, l'ornent et lui donnent un goût agréable; elles ont une saveur énergique. Les boutons à fleurs et les jeunes fruits se mettent confire au vinaigre. La capucine se sème au printemps, le long d'un treillage; on peut encore soutenir ses ramifications avec des rames.

IX.ᵉ Section. — Plantes potagères à fruits.

Dans cette section se trouvent groupées toutes les plantes herbacées dont les fruits sont alimentaires : ces produits sont recherchés.

76. *Ananas.*

L'Ananas devrait se trouver dans cette section comme plante herbacée fruitière produisant un fruit si recherché et si estimé. La culture de cette plante, qui se multiplie d'œilletons ou de couronne, ne peut se suivre en France que dans des serres, c'est ce qui fait que l'ananas est toujours fort cher. Les fruits de cette plante se consomment crus et confits au sucre. — On cultive plusieurs variétés d'ananas qui sont plus ou moins recherchées, suivant la qualité de leurs fruits.

77. *Melon.*

Le Melon est une plante qui ne réussit ici que sur couches, sous châssis ou sous cloches. Dans les localités plus méridionales que celles dans lesquelles nous nous trouvons, sa culture se simplifie, puisque cette plante peut être cultivée en pleine terre. — On sème à différentes époques pour avoir des produits jusqu'en septembre ; passé ce temps les fruits ne sont plus estimés. Par une culture ordinaire on commence à récolter en juillet, et par une culture forcée on obtient des melons à la fin d'avril ou en mai. On appelle *oreilles* les deux feuilles seminales qui paraissent lors de la germination : ce sont les *cotylédons;* on ne doit pas les supprimer. On appelle *pincer les melons,* quand le plant a 4 feuilles au plus, et qu'avec l'ongle on supprime l'extrémité de la pousse afin de faire sortir des ramifications de la base. Par *tailler* les melons, on veut dire supprimer les ramifications confuses pour ne laisser que celles qui doivent former le pied, et réduire l'étendue des ramifications pour concentrer la sève au profit de l'accroissement du fruit. On appelle *fausses fleurs,* toutes les fleurs mâles qui fécondent les femelles. On appelle *mailles,* toutes les fleurs femelles chargées de leur ovaire qui est le melon à l'état rudimentaire. On dit que le melon est *frappé* quand il change de couleur et qu'il exhale de l'odeur ; c'est alors qu'on doit le couper et le conserver dans un lieu frais, où il achève de mûrir : un jour ou deux après il est bon à manger. Les graines de melon germent très-vieilles ; elles ont la propriété de conserver leurs facultés germinatives très-long-temps. Le melon se partage en plusieurs races.

I.ʳᵉ Race. — *Melons communs* ou *Brodés.*

Ils sont ronds ou à peu près, à surface brodée ou galeuse ; n'ayant pas de côtes bien marquées. Chaire abondante et très-épaisse, sucrée, juteuse, sans parfum bien caractérisé.

1. Maraicher.   2. De Honfleur.
        3. De Coulommiers

(110)

II.ᵉ RACE. — *Melons Cantaloups.*

Ils sont ronds, plus ou moins déprimés, à surface plus ou moins mamelonnée. La chair est moins épaisse que dans les fruits de la race précédente, mais elle est sucrée, juteuse et parfumée.

1. PRESCOTT FOND BLANC.
2. PRESCOTT FOND NOIR.
3. GROS NOIR DE HOLLANDE.
4. BOULE DE SIAM.
5. ORANGE.

III.ᵉ RACE. — *Melons unis.*

Ils sont ronds et à surface unie. La chair est abondante, juteuse, sucrée et ayant un certain parfum moins prononcé que celui des cantaloups. — Graines longues.

1. DE MALTE, *Chair rouge.* 2. DE MALTE, *Chair blanche.*

78. *Pastèque* ou *Melon d'eau.*

Melon à surface lisse verte ou peu marbrée, ne changeant jamais de couleur, même quand il est mûr. Ayant une chair épaisse, couleur aurore, rouge ou blanche, sucrée et juteuse, sans parfum : se cultive sur couche dans notre climat. On le garde jusque pendant l'hiver étant récolté.

79. *Potiron.*

Plante prenant un grand développement; fruits plus ou moins gros, jaunes, verts ou panachés à surface lisse ou verruqueuse. Se sème en fin d'avril sur fumier remplissant un trou pratiqué dans le sol, relevé en butte et recouvert de quelques centimètres de terre. Récolter en août ou en septembre. Conserver en lieu sec et abrité de la gelée. — Bon cuit, en soupe ou en purée.

1. GROS JAUNE.
2. GROS VERT.
3. VERT D'ESPAGNE.
4. GIRAUMON TURBAN, *Cul de singe.*

80. *Courge.*

Même culture que celle du potiron. — Les fruits sont plus ou moins volumineux, de diverses formes et de diverses couleurs. — Bons cuits.

1. ROUGE DE BARBARIE.
2. BONNET D'ÉLECTEUR, ou *Artichaut de Jérusalem.*
3. D'ITALIE, *Coucourzelle.*
4. A LA MOELLE, *de Valparaiso.*
5. PLEINE.

(111)

81. *Concombre.*

Plante dont les fruits, toujours plus longs que ronds, sont de couleur variée. Ils se mangent cuits, ou crus confits au vinaigre. — Même culture ou à peu près que celle du potiron, ou plutôt que celle du melon.

1. Blanc long.
2. Gros blanc, *de Bonneuil.*
3. Cornichon.
4. Serpent.

82. *Fraisier.*

Plante vivace se multipliant de semences, par éclats de pieds, par filets ou coulans nommés *Stolons;* et demandant une terre substantielle, bien préparée et fraîche. Les fraises sont des fruits excellens et estimés, on en fait des confitures et de la gelée. Les fraisiers donnent en plein en juin, mais il est des variétés qui produisent jusqu'aux gelées. Les fraisiers sont partagés en plusieurs races qui sont caractérisées par le feuillage, par la fleur et par le fruit.

Ire Race. — *Fraisiers communs.*

Feuillage d'un vert gai, de moyenne grandeur; fleurs petites, portées sur des pédoncules assez longs, se ramifiant; fruits ronds, oblongs, de moyenne grosseur, rouge vif, parfumé et juteux.

1. Des Bois.
* 2. De Montreuil.
* 3. Des Alpes, ou *des quatre Saisons.*
* 4. De Gaillon, *sans coulans, des quatre Saisons.*

IIe Race. — *Fraisiers étoilés* ou *Craquelins.*

Feuilles petites, vert foncé; pédoncule grêle; fleurs petites ayant le calice rabattu sur le fruit et formant étoile; fruits petits ronds.

1. De Bargemont.
2. De Champagne, *Vineuse.*
3. A petites feuilles.

IIIe Race. — *Fraisiers capronniers.*

Feuilles vert-clair, grandes velues; pédoncule gros, dressé, ramifié; fleurs moyennes nombreuses; fruits gros, arrondis, rouge intense, ayant une saveur spéciale.

* 1. Commun.
* 2. Royal.

IV.ᵉ Race. — *Fraisiers écarlates.*

Feuilles grandes, vert intense ; fleurs moyennes à pédoncules courts et faibles ; fruits moyens, couleur vive : calice rabattu sur le fruit.

1. De Virginie.   2. Roseberry.

V.ᵉ Race. — *Fraisiers ananas.*

Feuilles larges, vert intense ; fleurs grandes nombreuses, à pédoncules assez courts ; fruits gros, oblongs, rouge-clair, à surface luisante, juteux, sucrés, gros, et ayant une saveur spéciale.

1. Ananas.

VI.ᵉ Race. — *Fraisiers Chiliens.*

Feuilles larges, longues, vert intense ; fleurs grandes, portées sur des pédoncules, dressés ; fruits arrondis, colorés, rouge vif, gros, saveur spéciale : les fruits se redressent lors de leur maturité.

1. Du Chili.   2. Superbe Wilmot.

83. *Aubergine Melongène.*

Cette plante qui ne réussit bien que dans les contrées plus méridionales que n'est la nôtre, a un fruit qui est assez gros, rond ou long, de couleur violette. Se mange cuit.

84. *Tomate, Pomme d'amour.*

Cette plante dont les fruits servent à faire des sauces acidulées (on fait des conserves de tomates pour l'hiver), se sème en avril sur couches et se repique dans une platte-bande méridionalement exposée. Ses ramifications longues et faibles doivent être soutenues. Pour faire bien mûrir les fruits quand ils commencent à se colorer, on doit retirer les feuilles qui les couvrent.

1. Grosse rouge.   2. Pyriforme.

85. *Piment, Poivre long.*

Les fruits de cette plante ont une saveur très énergique et peuvent dans les ménages remplacer le poivre. Semer sur couche en avril, repiquer le plant sur couche ou dans un lieu chaud et dans une terre très meuble et très-substantielle.

(113)

86. *Maïs.*

A l'époque où les épis femelles du maïs sont encore en herbe, ces épis peuvent être confits au vinaigre et remplacer les cornichons; c'est une des variétés hatives que l'on préfère pour cet usage : le *maïs quarantain* peut être employé avec avantage (1).

87. *Gombaud Ketmie, comestible.*

Les fruits de cette plante sont abondans en mucilage ; en en fesant bouillir quelques uns dans du bouillon ou dans du lait, ces substances s'épaississent et deviennent plus nourrissantes : les Créoles les utilisent de cette façon. Cette plante ne réussit bien que dans les contrées méridionales ; ici on doit la semer en avril sur couche et l'élever dans le même lieu.

88. *Coqueret, comestible.*

Plante annuelle, originaire de l'Amérique méridionale, donnant un petit fruit jaune acidulé, aromatisé, enveloppé dans le calice qui est en forme de vessie : ce fruit n'est pas sans qualité. Semer sur couche en avril, repiquer dans un lieu chaud, en terre meuble et substantielle.

89. *Macre, Châtaigne d'eau.*

Cette plante annuelle qui croit en France dans les étangs et les marais, produit un fruit épineux, rempli d'une substance farineuse, alimentaire; il se mange cru ou cuit à l'eau ou sous la cendre. On pourrait, si non cultiver cette plante, du moins la propager dans les mares et les étangs, qu'elle peuplerait avec avantage par ses fruits qui sont nourrissans. Pour la multiplier, on se contentera de jeter de ces châtaignes dans les lieux où on veut en avoir. On devra saisir le moment opportun de la récolte, car les fruits mûrs tombent promptement au fond de l'eau.

90. *Champignon.*

En parlant des plantes alimentaires pour l'homme, je crois utile de dire quelque chose des champignons, parmi lesquels se trouve le champignon des couches, cultivé dans

---

(1) Le maïs est *monoïque*, ce qui signifie que les deux sexes sont sur le même pied, mais séparés, dans des fleurs différentes, dont l'une mâle n'ayant que des étamines, et l'autre femelle n'ayant que des pistils.

les jardins. Généralement parlant, ses plantes sont vénéneuses. Si dans le nombre on trouve quelques espèces comestibles, il y en a beaucoup qui sont de véritables poisons. On ne saurait apporter trop d'attention dans l'usage de ces végétaux, et pour éviter les malheurs qui arrivent fréquemment, il est prudent de ne pas en manger, quand surtout on ne distingue pas facilement les bons des mauvais qui se ressemblent quelquefois : même les bons champignons sont indigestes. Les champignons considérés sous le rapport des produits qu'ils fournissent et que nos élèves ont besoin de connaître, peuvent être divisés : 1.º en *champignons comestibles* ou *alimentaires*, en *champignons économiques*, en *champignons vénéneux* et en *champignons nuisibles* dans les cultures.

Les champignons alimentaires croissent à l'état sauvage ; il n'y a que l'*Agaric des couches* qui soit cultivé sur des couches faites exprès et nommées *meules* à champignons. Pour la multiplication de ces plantes on se sert *de blanc* de champignon, qui est une substance filamenteuse, blanche, se trouvant dans les anciennes couches, parmi le fumier, et que l'on peut conserver pendant plusieurs années dans un lieu sec, pour l'utiliser au besoin. Quand le fumier de la meule a jeté son feu, on prend des petits paquets de ce blanc que l'on introduit superficiellement, en soulevant légèrement par place le fumier de la meule : cette opération se nomme *larder* la couche ; par dessus on met une petite épaisseur de terre substantielle et légère, qui recouvre de 4 à 6 centimètres la meule, opération qui se nomme *gobeter* la meule : les champignons ne tardent pas à paraître. C'est ordinairement dans les caves, dans les souterrains ou les carrières que se font les meules.

Les champignons alimentaires les plus recherchés sont l'*Agaric comestible* ou *des couches* ; l'*Agaric champêtre*, qui est le même que le précédent, mais croissant à l'état sauvage ; *la Truffe*, champignon souterrain croissant aussi à l'état sauvage dans beaucoup de localités de la France, et particulièrement dans la Dordogne ; *la Morille*, petite et grosse, grise ou jaune, venant aussi à l'état sauvage. Dans beaucoup de localités on mange les *Clavaires*, qui se présentent en touffes ramifiées, et le *Bolet*, appelé *Ceps* ou *Girole*, gros champignon épais, qui est assez commun sur la lisière des bois.

Les champignons vénéneux sont beaucoup plus nombreux, et il en est beaucoup parmi eux qui sont très-dangereux. Sans les indiquer, je me bornerai à dire ici que tous ceux qui croîtront dans les lieux ombragés, couverts, humides, qui exhaleront une odeur plus ou moins désagréable, laissant transuder un suc laiteux quand on les casse, ou changeant de couleur quand l'intérieur est exposé au contact de l'air, devront être considérés comme suspects.

Les champignons économiques sont peu nombreux. Le *Bolet amadouvier* est celui qui est le plus en usage ; on s'en sert, préparé d'une certaine façon, pour faire l'amadou, et la chirurgie, qui en fait usage, le désigne ordinairement sous le nom d'*Agaric de chêne*.

Plusieurs maladies des céréales sont dues, suivant divers auteurs, à des champignons qui ravagent ces plantes. Ces maladies sont :

L'*Ergot*, qui se trouve souvent en très-grande quantité sur le seigle, rarement sur le froment, et qui se reconnaît par des grains saillans sur l'épi, longs, gros et bruns, qui ont la consistance de la corne ; cette substance est dangereuse.

La *Carie*, se rencontrant particulièrement sur le froment ; le grain carié est rond, d'une couleur terne, mou, s'écrasant facilement sous les doigts. Le grain, avant maturité, est d'une consistance spongieuse, et étant mûr l'enveloppe se brise et laisse échapper une poussière noire qui la remplit : ce grain écrasé entre les doigts a une odeur infecte.

Le *Charbon* qui se rencontre sur le blé, l'orge, l'avoine et le maïs, se présente à l'état de masse poudreuse noire qui s'échappe naturellement. Dans les céréales attaqués de cette maladie, toutes les parties de l'épi sont détruites et réduites à l'axe qui lui-même est altéré, et dans le maïs tous les points de la plante peuvent être affectés.

La *Rouille* qui attaque toutes les céréales et qui se présente à l'état de petits globules superficiels se crêvant et laissant échapper une poussière jaune de rouille : toutes les parties des céréales peuvent en être atteintes.

Le remède contre ces maladies que l'on attribue ordinairement dans la campagne aux brouillards, c'est le *chaulage* ainsi qu'il se pratique partout avec de la chaux vive fusée en poudre et de l'eau. On peut ajouter avec avantage à l'eau quelques poignées de sel de cuisine, ou encore une certaine quantité d'urine humaine ou animale, substances qui ont de l'action sur les élémens de la maladie. Pour que le chaulage soit bon, les grains doivent être bien remués et frottés les uns contre les autres, afin d'enlever sur tous les points de leur surface les germes morbides qui s'y fixent.

III.ᶜ DIVISION. — *Plantes fourragères.*

I.ʳᵉ SECTION. — Plantes graminées ou fourrages graminés.

Dans cette section se trouvent réunies toutes les plantes graminées composant les prairies naturelles, les herbages et les pâturages.

Ces plantes sont nommées *graminées* parce qu'elles appartiennent à une famille de plantes portant ce nom, et que dans cette famille se trouvent des végétaux qui produisent des grains. Ce sont les *graminées céréales* qui donnent les meilleurs et les plus beaux grains; les gramens des prairies produisent des grains trop petits, desquels on ne tient pas compte, mais ils rendent une herbe qui sert en vert ou en sec à nourrir les animaux d'une exploitation. Dans une prairie on fait ordinairement deux coupes, la première est le *foin*, et la seconde le *regain*, que l'on fait sécher sur place. Si on se trouve dans une situation à pouvoir irriguer les prairies, on peut faire plusieurs coupes successives, et alors les dernières ne sont pas moins abondantes que la première, et de toutes les coupes on obtient un bon foin.

Toutes les plantes citées et qui figurent dans l'école ne sont pas également bonnes; il en est même qui ne méritent pas la culture et qui prennent rang ici parce qu'elles se rencontrent souvent, et parce que les animaux les mangent là où elles se développent suffisamment pour les attirer.

Pour composer une prairie ordinaire on prendra des fonds de greniers, dans lesquels se trouvent une quantité de graines de diverses plantes graminées et autres, que l'on répandra sur la surface du terrain préalablement préparé, préférablement d'automne ou de très-bonne heure au printemps. Par ce moyen on aura une prairie, ainsi qu'on les trouve à peu près toutes, composée de diverses plantes. Cette manière de former les prairies laisse à désirer en ce que le foin est rarement de parfaite qualité à cause de la nature des plantes et de l'irrégularité de l'époque de leur maturité; elle est la plus pratiquée et la plus économique, mais elle n'est pas la meilleure. Il serait préférable de faire un choix de graines de plantes qui mûrissent à la même époque et que l'on sut devoir également prospérer dans un sol de même nature, et de mélanger ces graines en proportion convenable avant le semis. Les prairies sont *hautes, basses* et *moyennes*, suivant leur situation ; elles sont *sèches, humides, baignées* ou *submergées;* on les dit *bonnes* quand elles ne sont pas dans ces situations extrêmes. On appelle *prairies grasses* ou *herbeuses* celles qui sont garnies d'une bonne et grande herbe fournissant bien du pied. Les graminées qui composent les prairies sont, suivant l'époque de leur maturité en foin, *hatives, tardives* et de *moyenne hativité.* Cette époque de maturité peut être modifiée par la situation du sol, la nature du terrain et la localité où l'on cultive.

Les prairies et les pâturages sont des parties essentielles de l'agriculture ; ces cultures donnent des produits importans, soit pour entretenir les animaux d'une exploitation, soit pour fournir aux moyens d'une industrie spéciale qui a pour objet l'éducation des animaux. C'est sur les pâturages que l'on élève les chevaux, qui sont d'une utilité si variée et si générale, les bœufs pour le labourage et la boucherie, les vaches laitières qui donnent des produits si nécessaires aux populations, et les moutons si précieux pour leur laine et pour la boucherie.

91. *Ivraie.*

1. VIVACE, *Gazon anglais, Ray-Grass d'Angleterre.* — Bon fourrage pour les prairies basses et humides; produisant un foin abondant, fin et nourrissant. — Mûrit hâtivement; se dégarnit promptement dans les lieux secs. — Bon pour pâturages. — C'est le meilleur gramen pour composer les pelouses de jardins.

2. D'ITALIE. — Ce qui a été dit pour l'Ivraie vivace s'applique à cette espèce, qui, pour produire beaucoup, doit être préférablement placée dans les localités basses et humides. Cette plante gazonne moins que la précédente, et toutes ses parties sont plus élevées.

3. MULTIFLORE, *Ray-Gras Pill de Bretagne, Ray-Grass Rieffel.* — Avantageuse pour les sols de qualité inférieure.

4. MULTIFLORE. *Ray-Grass Bailly.* — Plante peu élevée, assez garnie. Avantageuse pour les mauvaises terres.

92. *Fléole* ou *Fléau.*

1. DES PRÉS, *Timothy des Anglais.* — Gramen tardif; fourrage excellent dans les prairies basses et moyennes. — Produit beaucoup, et pouvant faire un bon fond de prairie.

2. NOUEUX. — Bon pour pâturage; produit médiocrement en prairie.

93. *Vulpin* ou *Alopécure.*

1. DES PRÉS. — L'un des meilleurs gramens hatifs pour les prairies basses et moyennes; produisant beaucoup et pouvant faire un bon fond de prairie.

2. GENOUILLÉ. — Petite plante pour les localités humides; produisant peu, mais excellente pour pâturages.

3. AGRESTE. — Produisant peu, mais n'étant pas difficile sur le terrain.

94. *Cynosure.*

1. CRISTALLELLE, *Queue de chien.* — Plante à tiges grêles et rares, produisant peu, tallant faiblement, mais ayant l'avantage de croître dans des sols différens. — Réussit bien dans les terres sablonneuses et sèches, et dans les localités ombragées, et peut alors devenir bonne pour les pâturages.

2. BLEUATRE. — Petite plante pour pâturages dans les terrains siliceux arides.

95. *Orge.*

1. DES MURAILLES. — Plante annuelle de mauvaise qualité pour fourrage, croissant partout, dans les terrains secs et arides, autour des murailles, des bâtimens, et dans les lieux stériles.

2. DES PRÉS. — Cette espèce ne produit pas beaucoup, car c'est une plante à tige grêle, peu garnie de feuilles qui sont assez fines; cependant elle peut être comprise parmi les graminées des prairies; elle réussit surtout dans les lieux secs et arides; mais elle prospère dans les bonnes terres.

96. *Dactyle pelotonné.*

Cette plante qui produit beaucoup, croît dans tous les terrains, et fournit partout un fourrage abondant et d'une bonne qualité, quand on n'attend pas trop long-temps pour

(119)

la récolte, car alors elle donne un foin dur. — Bonne aussi pour pâturages.

97. *Canche, Aïre.*

1. A Crête. — Plante croissant dans les terrains siliceux et très-bonne pour pâturages; feuilles courtes, tiges élevées, peu garnies de feuilles.

2. Flexueuse. — Croissant par touffes garnies de petites feuilles courtes et de tiges nues, dans les sols purement siliceux, dans les bois dégarnis. — Médiocre pour fourrage.

3. Gazonnante. — Croissant dans les lieux ombragés et frais, tallant, mais ne produisant qu'un foin médiocre.

4. Aquatique. — Plante croissant dans les lieux submergés; bonne pour les prairies et les pâturages marécageux; produit peu; gramen tardif.

98. *Paspale stlonifère.*

Plante annuelle de l'Inde, produisant beaucoup en tiges ramifiées et en feuilles abondantes et larges; gramen tardif, qui réussira dans les bons sols, où elle peut produire beaucoup, et méritant, sous ce rapport, d'être propagé.

99. *Houque, Houlque.*

1. Laineuse,
2. Molle,
Les Houlques sont d'excellentes plantes fourragères qui peuvent faire avantageusement le fond d'une prairie, surtout la houlque laineuse, qui réussit dans les prairies sèches ou humides, et se garnissant bien; ce sont des gramens de moyenne hativité, produisant un fourrage très-nourrissant.

100. *Fetuque.*

1. Des Prés. — Une des meilleures plantes pour fourrage, produisant beaucoup et un foin d'une excellente qualité. — Mûrit tardivement. — Bonne pour fond de prairies.

2. Elevée. — Ressemble à la précédente, mais elle est plus forte dans toutes ses parties; excellente plante donnant un gros foin, mais qui est abondant et de bonne qualité quand on ne le coupe pas trop tard; mûrit tardivement; bonne pour fond de prairie.

3. Roseau. — A du rapport avec la précédente; mais elle est plus forte dans toutes ses parties. — Donne un foin trop grossier et trop dur, il est bon de la faucher de très-

bonne heure et dans ce cas elle sera encore préférable en vert.

4. Ovine. — *Fétuque des moutons, fétuque rouge.* — Excellente plante fourragère pour prairies et surtout pour pâturages, dans les terres de plus mauvaises qualités, qu'elle couvre d'une excellente herbe.

5. A feuilles fines. — Plante de médiocre qualité et d'ailleurs produisant peu. — Petite espèce à feuilles courtes et menues; croît dans les bois, surtout dans les lieux ombrés, en petites touffes vertes et dans les terrains purement siliceux.

6. Traçante. — Mêmes propriétés que la fétuque ovine.

7. Hétérophylle,
8. Durette,
9. A feuilles étroites,

Bonnes plantes pour prairies et pour pâturages, dans tous les terrains. Dans les bonnes terres elles rendent assez et sont considérées comme espèces productives et de bonne qualité pour l'alimentation des animaux. Pour pâturages dans les mauvaises terres, elles garnissent bien le sol d'une herbe que les animaux recherchent.

10. Flottante. — Plantes pour les prairies humides et submergées, produisant beaucoup et une herbe d'une excellente qualité. — Très-bonne pour les pâturages marécageux. La graine, qui rend cette plante encore plus alimentaire pour les animaux, est recherchée dans plusieurs contrées du nord de l'Europe, où elle abonde et où elle est désignée sous le nom de *manne de Pologne* ou de *Prusse :* mondés, ces grains sont alimentaires.

11. Couchée. — Croît dans les terrains siliceux, secs et arides; peut être considéré comme plante de pâturages pour les lieux montueux.

101. *Paturin.*

1. Des Prés. — Cette plante est fort commune, et suivant sa situation se présente dans bien des états; elle croît dans tous les terrains et produit un excellent foin. Dans les terres sèches et arides elle reste petite et donne un bon pâturage hâtif. Dans les localités fraiches, dans les bonnes terres, alors de moyenne hâtivité, elle devient très-herbeuse. — Très-bonne pour fond de prairie.

2. COMMUN. — Bonne plante qui croît aussi dans diverses localités et qui produit beaucoup dans les prairies basses et humides. — Moyenne hâtivité.

3. *A feuilles étroites.* — Gramen hâtif, produisant assez abondamment. — Fourrage fort estimé.

4. BISHOP-GRASS, *herbe de la baie d'Hudson.* — Plante qui a un rapport infini avec le Paturin à feuilles étroites.

5. DES BOIS. — Croît dans les lieux ombrés des bois ; se garnit peu, mais les bestiaux à la pâture recherchent cette espèce qui gagne par la culture. — Gramen hâtif.

6. COMPRIMÉ. — Produisant peu et croissant naturellement sur les coteaux et dans les terrains secs et arides ; bonne pour pâturage dans les mauvaises terres. — Produisant peu. — Hâtif.

7. BULBEUX. — Plante qui croît naturellement dans les terrains secs et arides ; bonne pour les pâturages secs ; produit peu. — Hâtive.

8. GRAND PATURIN DES MARAIS. — Grande et forte plante qui vient sur les bords des mares, des étangs et dans les fossés aquatiques ; le foin de cette plante serait trop dur, mais fauchée de bonne heure on obtient des produits en herbes d'une bonne qualité ; cette espèce n'est pas sans avantages pour les localités submergées.

9. ANNUEL. — Plante annuelle qui couvre le sol des promenades et les pavés des cours ; bonne pour pâturage dans les lieux frais.

10. BLEUATRE, *Molinie bleuâtre.* — Grande et forte plante à parties dures et peu nourrissantes, croissant dans les localités humides des bois. — Tardive, très-médiocre. On peut tout au plus en faire usage en vert, dans les lieux humides et tourbeux, et à défaut d'autres fourrages.

102. *Brise moyenne.*

Cette plante graminée, qui se rencontre dans toutes les prairies, et qui est connue sous le nom de *Tremblette* ou d'*Amourette*, produit peu ; ses feuilles sont courtes et les tiges sont nues. On s'accorde cependant à reconnaître que si elle n'est pas très-productive, elle contient des principes alimentaires. — Il y a une autre *Brise*, la *petite*, qui croît sur les pâturages incultes et qui garnit assez bien le sol mélangé avec d'autres gramens.

(122)

103. *Mélique.*

1. Penchée ou *Uniflore.* — Plante croissant dans les bois ombragés, produisant peu, mais qui est fourragère pour les animaux qui vont à la pâture.

2. Ciliée. — Cette espèce croît dans les terrains secs, arides et pierreux, et sous ce rapport peut prendre place parmi les gramens pour pâturage dans les mauvais sols.

3. Elevée. — Cette plante vivace pourrait tout au plus fournir des produits en vert ; mais ayant acquis tout son développement, ses parties sont trop solides.

104. *Avoine.*

1. Elevée, *fromental.* — L'une des meilleures plantes et pouvant faire le fond des prairies. Feuilles larges et nombreuses, tiges abondantes et élevées, chargées de grains alimentaires. Réussit très-bien dans toutes les localités, si ce n'est dans les lieux humides. — Moyenne hâtivité ; produit un foin très-nourrissant.

2. Des Prés. — Ce gramen, assez élevé et grêle, qui n'a pas le mérite de l'espèce précédente, n'est pas sans qualité comme production et comme aliment. — Moyenne hâtivité.

3. Cotonneuse. — Cette espèce a un très-grand rapport avec la précédente ; elle est velue.

4. Jaunâtre. — Plante à tiges et à feuilles menues, se trouvant communément dans les prairies ; elle ne produit pas beaucoup mais elle est estimée comme fourrage. — Moyenne hâtivité.

105. *Agrostis.*

1. Traçante, *Stolonifère, Fiorin des Anglais, Éternue, Traînasse.* — Gramen qui croît partout et qui s'étend avec une rapidité prodigieuse. — C'est une des meilleures espèces pour les pâturages dans les mauvais terrains ; médiocre pour prairies.

2. Commune. — Cette espèce, qui a beaucoup de rapport avec la précédente, vient peut-être plus haut et convient un peu plus pour les prairies, où on la rencontre assez souvent — Très-bonne pour pâturages.

3. D'Amérique, *Herd grass, Red-top-grass.* — Très-bonne plante persistante dans tous les terrains et dans toutes les localités, et tallant beaucoup ; peut devenir une espèce de fond de prairie. — Bonne pour pâturage ; moyenne hâtivité.

(123)

4. Du Mexique. — Cette espèce a un très grand rapport avec la précédente.

106. *Brome.*

1. Des Prés. — Bonne plante pour prairies, hautes et basses, surtout pour les mauvaises terres ; rend beaucoup dans certaines situations et donne un foin d'une bonne qualité ; on doit, dans les localités sèches, ne pas attendre trop long-temps pour la faucher. Bonne aussi pour pâturages. — Moyenne hâtivité.

2. Mou. — Plante annuelle duveteuse dans toutes ses parties, se trouvant souvent dans les prairies ; elle se resème d'elle-même, et mélangée avec d'autres gramens, elle donne un foin qui n'est pas sans qualité.

3. Des Champs. — Gramen abondant quelquefois dans les terres, et qui cultivé dans les mauvais sols peut donner, fauché avant que la plante n'ait acquis tout son développement, un fourrage que les bestiaux consommeront.

4. Des Seigles. — Ce gramen annuel croît dans les terres labourées avec les céréales, il peut, par la culture, devenir une plante fourragère dont les produits ne seraient pas sans qualité pour les animaux.

107. *Phalaris.*

1. Roseau. — Gramen formant de fortes touffes, donnant beaucoup de tiges hautes et un grand nombre de feuilles larges ; croît préférablement dans les localités humides, où fauchée en herbes, il produit beaucoup. Si on laisse monter la plante, le foin est dur et les bestiaux le mangent difficilement.

2. Roseau a feuilles panachées. — Gramen curieux par la panachure de ses feuilles.

3. Graine de Canarie. — Plante annuelle déjà signalée parmi les plantes céréales ; fauchée en vert avant que la plante ait pris trop d'élévation, donne dans de bonnes terres, un fourrage abondant et qui a de la qualité, s'il n'est pas trop endurci.

4. Bulbeux. — Plante annuelle pouvant être traitée comme la précédente.

5. Phléole. — Grande et forte plante vivace pouvant être avantageusement cultivée pour fournir des produits en vert ; comme foin elle donnerait un vivre dur et ligneux que les bestiaux mangeraient difficilement.

(124)

108. *Mil étalé*.

Plante à tiges hautes, peu garnies, à feuilles larges, courtes et rares, se trouvant dans les bois ombragés, où les animaux la mangent.

109. *Panis*.

1. MOHA DE HONGRIE. — Plante annuelle cultivée dans les sols médiocres, pour fournir un fourrage vert, surtout abondant et estimé. Ne pas faucher trop tard, car les produits deviennent d'autant plus durs que la plante a d'accroissement.

2. MILLET PANICULÉ. — Plante annuelle déjà citée parmi les céréales, donne un fourrage vert de bonne qualité. — Ne pas attendre trop tard pour faire la récolte.

MILLET D'ITALIE. — Mêmes observations que celles qui sont faites sur l'espèce précédente.

4. ERGOT DE COQ. — Plante annuelle, croissant naturellement dans certaines localités humides; pouvant être cultivée avec succès dans les prairies marécageuses où ce gramen acquerrera un grand développement et où il produira un fourrage abondant; bon surtout en vert.

5. ÉLEVÉ, *Herbe de Guinée*. — Plante vivace recommandée comme bonne plante fourragère. Les tentatives qui ont été faites par quelques agronomes, sur cette espèce, démontrent qu'il y aurait peu d'avantages à l'introduire dans nos cultures agricoles.

6. GRÊLE ou *effilé*,
7. COLORÉ.

Les observations faites sur l'espèce précédente, s'appliquent à ces deux dernières. Ce sont en général, ces trois espèces, des plantes qui ne pourraient tout au plus fournir que des produits en vert, car toutes leurs parties sont si dures, qu'elles ne donneraient qu'une nourriture ligneuse, peu substantielle.

110. *Roseau*.

1. A FEUILLES LANCEOLÉES. — Gramen à tiges élevées, dressées et raides et à feuilles roulées et consistantes, croissant dans beaucoup de localités de nos environs, mais qui produit un fourrage d'une mauvaise qualité.

2. A balais. — Grande et forte plante venant dans les sols marécageux et qui s'étend beaucoup. Elle fournit dans la situation qui lui convient, par les jeunes pousses et les feuilles avant leur parfait développement, un fourrage vert qui n'est pas sans qualité ; plus tard on ne doit pas y compter, car les parties seraient trop dures, les bestiaux les laisseraient.

111. *Millet d'Italie, Sorgho.*

1. Noir.
2. Blanc.

Ces plantes annuelles, déjà citées parmi les céréales, peuvent donner un fourrage vert excellent et abondant, mais il ne faudrait pas qu'elles fussent trop développées, car alors ce serait un vivre dur, que les bestiaux ne mangeraient pas.

112. *Coïx, larme de Job.*

Plante annuelle prenant un grand développement dans les bonnes terres et pouvant donner un bon fourrage vert.

113. *Maïs.*

Le Maïs ayant déjà pris rang parmi les céréales importantes, peut aussi être considéré dans toutes les contrées, cultivé spécialement, comme une bonne plante pour produire un excellent fourrage vert. On doit, pour en obtenir ce produit, rechercher les variétés les plus feuillues et celles qui montrent au collet la plus grande quantité de rejets.

1. De la Californie. — Ses graines ne mûrissent pas toujours ici, mais la plante prend un grand développement en rejets et en feuilles, et sous ce rapport c'est une excellente espèce fourragère.

2. Commun. — Souvent cultivé comme fourrage vert.

II.ᵉ Section. — Plantes à cosses ou légumineuses. — Fourrages légumineux ou à cosses.

Cette section comprend les plantes qui composent les prairies artificielles, produisant des fourrages en vert ou en sec, d'une excellente qualité, qui remplacent avec avantage ceux des prairies naturelles, et qui fournissent de précieuses ressources pour les exploitations agricoles. — Ces fourrages sont appelés *légumineux*, parce que les plantes qui les produisent appartiennent à la famille des *légumineuses* ayant un fruit nommé *légume*. On les désigne aussi sous le nom de *fourrages à cosses* à cause de leurs fruits appelés *cosses* ou *gousses*. En effet beaucoup de ces plantes fourragères donnent des grains qui, écossés servent à la nourriture des animaux : les *féverolles*, les *pois*, les *vesces*, les *lupins*, les *gesses*, etc.

Toutes les plantes de cette section jouent un grand rôle dans l'agriculture; elles couvrent utilement les terrains et permettent le choix des végétaux pour l'entretien d'une bonne rotation dans l'empouillement ou l'emblavure des terres. Elles sont précieuses pour l'entretien et la fécondité du sol ; elles offrent aussi des produits qui sont indispensables pour l'exploitation. En même-temps qu'elles procurent de la nourriture pour les bestiaux, elles satisfont aux besoins d'une industrie très-avantageuse, celle de l'éducation ou de l'engraissement des animaux. Une nourriture riche et abondante, produit d'une exploitation bien entendue, permet d'entretenir un plus grand nombre de bestiaux; l'augmentation du bétail fournit une masse d'engrais qui tourne au profit de l'amélioration du sol, tout en augmentant le produit qui ressort naturellement de l'espèce animale dont on s'occupe.

114. *Trèfle.*

Les Trèfles sont d'excellentes plantes alimentaires pour l'amélioration des terres et pour la nourriture en vert et en sec des animaux, qui en sont si avides, que si on ne les retenait pas ils seraient exposés à des accidens funestes. Le trèfle donné humide aux animaux, soit à l'étable, soit au parcours, cause le météorisme, gonflement qui prend l'animal et qui l'étouffe : plusieurs autres plantes de cette section peuvent produire le même effet. Les trèfles sont ravagés par la *Cuscute* ou *teigne*, plante parasite filamenteuse.

1. COMMUN *ou* DES PRÉS, *grand trèfle rouge, trèfle de Hollande.* — Plante qui a rendu et qui rendra d'immenses services pour l'amélioration des terres. Sol argileux ou argilo-siliceux, argilo-calcaire et calcaro-argileux, profond et frais. Se sème au printemps dans les céréales; doit-être retournée la seconde année.

2. GRAND TRÈFLE NORMAND. — Variété du précédent, plus développé dans toutes ses parties.

3. D'ARGOVIE. — Variété du précédent.

4. INCARNAT, *Trèfle du Roussillon, farouche.* — Plante annuelle, velue à fleurs très-rouges, ne donnant qu'une coupe ; mais pouvant réussir dans un sol sec et d'une qualité

inférieure ; réussit parfaitement dans de bonnes terres. Semer sur déchaumage en août ou en septembre. Cette espèce produit, au printemps, à une époque où les fourrages verts sont rares, en avril et en mai ; elle peut être fauchée ou ou pâturée. — Semer aussi cette plante dans les lacunes des tréflières ordinaires pour couvrir le terrain.

5. INCARNAT TARDIF. — Succède au précédent pour l'époque de la production.

6. DE MOLINERI. — A beaucoup de rapport avec le trèfle du Roussillon.

7. HYBRIDE. — Plus petit que le trèfle commun, produisant moins que ce dernier, se traite de même et a l'avantage de réussir dans des sols d'une qualité inférieure.

8. DES MONTAGNES. — Plante pour pâturages dans les localités sèches et arides.

9. BLANC, *petit Trèfle de Hollande, fin Houssy.* — Très-bonne plante pour pâturage ; basse, rampante, mais garnissant bien le sol et réussissant dans les plus mauvaises terres et à toutes les expositions, où elle donne d'excellens produits pour la nourriture des brebis. Dans les prairies, mélangé avec les autres plantes, ce trèfle devient plus haut.

10. ALPESTRE. — Plante réussissant dans des sols d'une qualité inférieure ; bon pour pâturage.

11. FRAISE. — Espèce couvrant le sol, ne s'élevant pas, mais s'étendant ; très-bon pour pâturage sur les lieux montueux et escarpés.

12. JAUNE. — Plante fourragère pour les terrains siliceux, en prairies et surtout pour pâturage.

13. FILIFORME. — Plante des terrains purement siliceux, bon pour pâturage.

115. *Luzerne.*

Les Luzernes sont des plantes non moins importantes que les trèfles, surtout la luzerne cultivée, qui, dans un sol convenable, peut durer plusieurs années tout en améliorant le terrain. Les luzernières rendent considérablement et donnent en deux et souvent trois coupes un produit en vert et en sec que les animaux mangent avec avidité. Le *Cuscute* envahit aussi les luzernières, et fait des dégâts considérables.

1. ORDINAIRE ou *cultivée.* — Exige un sol bien préparé ; les terrains argileux, argilo-calcaire et calcaro-argileux, sur-

tout profonds et sans humidité stagnante, sont ceux qui lui conviennent préférablement. Semer au printemps avec une céréale de mars. On peut aussi dans les terres sèches et légères, semer de bonne heure, à l'automne, dans du seigle ou de l'escourgeon. — Donné humide, il expose les animaux au météorisme.

2. Falquée, *Falciforme, de Suède*, ou *Luzerne Faucille.* — Plante qui croît dans les mauvaises terres et qui peut servir avec avantage pour couvrir les terrains de qualité très-inférieure.

3. Rustique. — Plante ayant beaucoup de rapport avec la précédente et propre au même usage.

4. Lupiline, *Minette dorée*, improprement *Trèfle jaune anglais*. — Cette plante a le grand avantage de réussir dans les sols secs et siliceux, produisant peu comme foin, mais procurant une très-bonne et abondante pâture. Elle est bisannuelle comme le trèfle dans les cultures, et se sème au printemps dans une céréale de mars.

5. Maculée. — Plante semblable à l'espèce précédente, ayant les feuilles plus larges et tachées de noir; elle se rencontre souvent dans les prairies et préfère les sols frais.

116. *Sainfoin.*

1. Ordinaire, *Bourgogne* ou *Sparcette*. — Plante fourragère de première importance, réussissant dans les terres de qualité inférieure, mais prospérant dans les bons sols, et produisant partout un excellent fourrage vert et sec. Dans les mauvaises terres, on peut l'utiliser pour pâturage. Semer d'automne de bonne heure, ou de printemps, dans une céréale. Peut être traitée, ainsi que le trèfle, comme plante bienne, mais dans des sols favorables elle peut durer quelques années et donner deux coupes abondantes.

2. A deux Coupes, *Sainfoin chaud*. — Vient plus fort et donne une seconde coupe aussi abondante que la première, dans des terrains de même nature.

3. D'Espagne, ou *Sulle*. — Plante annuelle ou bisannuelle, qui pourrait être cultivée avec succès dans les parties méridionales de la France; elle vient forte et donne beaucoup de ramifications.

117. *Mélilot.*

Les Mélilots sont des plantes qui prennent un grand ac-

croissement et qui pourraient fournir un fourrage abondant, en vert ou en sec, sans leur saveur très-aromatisée qui
éloigne les bestiaux quand on le leur donne seul ; ils ont
encore l'inconvénient, donnés en vert, d'exposer les animaux au météorisme, pour faire du foin, fauchés trop vert,
de se dessécher difficilement tout en se réduisant beaucoup,
ou fauchés dans un état trop avancé, de devenir un fourrage très-dur. Ce sont des plantes bisannuelles qui exigent
une culture analogue à celle du trèfle.

1. COMMUN. — Réussit dans les terres de médiocre qualité ; bon pour pâturages.

2. ÉLEVÉ, ou *de Hongrie*. — Acquiert un plus grand
développement que le précédent, propre aux mêmes usages,
mais rend plus.

3. BLANC ou *de Sibérie*. — Vient très-haut, se réduit
beaucoup par la dessication et réussit préférablement dans
les sols argileux ou argilo-calcaires.

118. *Galega, rue de Chèvre.*

Grande et forte plante donnant un fourrage vert que les
bestiaux mangent assez bien ; n'est que peu ou pas cultivée
pour cet usage, mais pourrait l'être avec quelque avantage,
surtout pour fourrage vert.

119. *Anthyllide vulnéraire.*

Plante basse, croissant naturellement dans les terres calcaires ; bonne pour pâturage.

120. *Coronille variée.*

Plante élevée et faible, qui croit spontanément dans les
sols calcaires et qui pourrait, dans les mauvais terrains, devenir utile. Semer avec quelques grains de céréales pour
soutenir les tiges et pour rendre le fourrage meilleur.

121. *Hippocrepide, Fer à cheval.*

Plante basse, s'étendant en largeur, touffue et pouvant
servir pour pâturage dans les localités montueuses, sur les
cotaux rapides, dans les mauvais terrains.

122. *Lotier.*

1. CORNICULÉ. — Bonne plante fourragère qui se trouve
ordinairement dans les prairies, ne rapportant pas beaucoup

cultivée seule, mais excellente pour pâturage dans les terrains médiocres.

2. ÉLEVÉ. — Ressemble à l'espèce précédente, mais est plus élevé et rend plus. Se sème en mélange dans les prairies et pour pâturages.

3. VELU. — A beaucoup de rapport avec le lotier élevé, acquiert un plus grand développement et est velu dans toutes ses parties. Plante fourragère réussissant très-bien dans les lieux frais. Bonne espèce pour mélange dans les prairies basses et moyennes; pourrait aussi être cultivée seule. Semer au printemps.

4. SILIQUEUX. — Petite plante s'élevant fort peu, mais s'étalant sur le sol qu'elle couvre; très-bonne pour pâturage dans les sols siliceux.

5. A GOUSSES CARRÉES. — Petite plante qui pourrait être semée sur les terrains destinés à la pâture.

123. *Trigonelle fenu grec.*

Plante annuelle très odorante dans toutes ses parties; on en mélange avec d'autres alimens, pour la nourriture des bœufs et des vaches : ses semences sont employées en médecine.

124. *Pois.*

Plantes annuelles, produisant un très-bon fourrage à cosses abondant et nourrissant et entrant dans les mélanges de graines de plantes fourragères nommées *dragées*.

1. GRIS, *Bisaille de printemps, Pois à agneau, Pois de brebis.* — Excellente plante fourragère donnant un vivre abondant et d'une excellente qualité pour les moutons; réussit parfaitement dans les sols siliceo-argileux, argilo-siliceux, argilo-calcaires et calcaro-argileux qui ne concentrent pas d'humidité. Se sème au printemps, à la volée. Se récolte pour être consommée en vert et en sec; la récolte se fait quand la plante est bien en fleurs, mais préférablement pour la qualité de l'aliment, plus tard, quand les cosses et la graine sont formées.

2. GRIS, *Bisaille d'automne.* — Variété avantageuse pour les terres sèches. Se sème en automne et donne au printemps un excellent vivre en vert, et un peu plus tard un bon fourrage bien grénu.

125. *Lentille*.

Les lentilles sont des plantes annuelles qui donnent de
très-bons fourrages à cosses.

1. Ers, *Ervilier, Comin*. — Plante peu développée,
mais touffue et garnie d'une quantité de petites cosses.
Réussit dans diverses sortes de terres, préfère les sols siliceo-
argileux et tous les terrains secs et les localités chaudes. —
Se sème d'automne et de printemps. — Les graines qui sont
peu volumineuses, se donnent en petite quantité aux pigeons. Les pampres comme les grains sont échauffants, ils
doivent être distribués avec mesure aux animaux. — On
regarde les graines comme dangereuses pour l'homme, aussi
est-il prudent de se garder d'en mettre dans le pain.

2. D'Auvergne, *Lentille à une fleur*. — Cette plante a
l'avantage de réussir dans les mauvais terrains, là où les
autres fourrages à cosses ne prospéreraient pas ; elle produit un fourrage d'une très-bonne qualité, surtout mélangé
avec un peu d'avoine ou de seigle, pour soutenir la plante
qui a des tiges grêles et faibles. Se sème préférablement
d'automne ; elle rend beaucoup plus. On récolte ce fourrage
en vert ou en sec, et dans ce dernier état on laisse les graines dans les cosses, ou on les extrait. Les semences sont
utilisées pour la nourriture des hommes et des animaux.

3. Lentillon de printemps. — Très-bon fourrage pour
les mauvaises terres, étant semé au printemps, mélangé avec
de l'avoine.

4. Lentillon d'automne. — Même nature de plante que
la précédente, si ce n'est qu'on la sème d'automne, mélangée avec du seigle ; elle rend beaucoup plus.

126. *Gesse*.

Plantes annuelles à cosses, produisant un excellent fourrage.

1. Cultivée, *Lentille d'Espagne*. — Excellente plante
fourragère à donner en vert ou en sec, surtout aux moutons ; réussit dans toutes sortes de terrains, plutôt secs
qu'humides, car l'humidité lui est nuisible. Se sème au
printemps seule ou mélangée avec un peu d'avoine ; se sème
aussi d'automne, mais dans des terrains siliceux, secs et
dans des climats méridionaux. — Les graines qui sont assez
grosses, plates et blanches, servent en purée pour la nour-

riture des hommes ; on les donne aussi aux animaux, cuites ou crues.

2. CHICHE, *Petite Gesse, Jarat, Jarosse, Garousse.* — Plus petite que l'espèce précédente, rendant cependant beaucoup parce qu'elle garnit bien le sol. Doit être semée d'automne seule ou mélangée avec du seigle. Réussit dans les terrains secs et légers, et produit plus dans de bonnes terres. Très-bon fourrage pour les moutons, échauffant pour les chevaux auxquels on doit en donner peu, et grains très-dangereux pour l'homme. Dans certaines contrées de la France, on en met dans le pain, mais on a acquis l'expérience que quand la quantité était trop forte, il en résultait de graves accidens.

3. GESSE VELUE. — Bonne plante pour les terres médiocres ; doit être semée d'automne. Les grains, petits, peuvent servir à la nourriture des pigeons.

4. DES PRÉS. — Cette plante se trouve souvent mélangée avec les autres herbes dans les prairies ; elle rend beaucoup et fait un bon fourrage.

5. A LARGES FEUILLES, *Pois vivace.* — Tiges nombreuses, hautes et feuillues ; cette plante, dans les sols argileux, pourrait offrir de bons résultats par l'abondance de ses produits, en fourrage sec ou vert.

127. *Vesce.*

Les Vesces sont des plantes annuelles qui fournissent un fourrage que l'on fait consommer en vert ou en sec ; il faut donner ce vert avec précaution pour éviter les accidens qui ne manqueraient pas d'arriver aux animaux, si surtout le vivre était humide : les graines servent pour la nourriture des pigeons. Ces plantes, qui deviennent très-touffues, couvrent le sol et entravent le développement des mauvaises herbes ; elles se sèment d'automne ou de printemps ; on les mélange ordinairement, d'automne, avec du seigle, et de printemps avec de l'avoine, pour soutenir leurs tiges qui sont faibles. On peut faire pâturer les vesces.

1. COMMUNE DE PRINTEMPS. — Bonne plante pour les terres argileuses et fraîches ; donne beaucoup et toute l'année en faisant succéder les semis jusqu'à la fin de juin.

2. COMMUNE D'HIVER. — Produit considérablement dans les bonnes terres fraîches.

3. BLANCHE, *Lentille du Canada.* — Moins cultivée que

les précédentes, mais non moins productives. Les grains, blancs et plus gros, doivent être préférés pour les animaux et pour la nourriture des hommes qui en font quelquefois usage cuits en purée ou mélangés en certaine proportion dans le pain.

3. VELUE. — Plante fourragère pour les terrains médiocres, qui participe de la nature des espèces précédentes.

4. A BOUQUET, ou *Craqueuse*. — Cette plante, qui a des tiges très-faibles, mais hautes et devenant touffues, pourrait être utilisée dans des terrains de médiocre qualité.

128. *Lupin.*

Les Lupins sont plus cultivés dans les contrées méridionales qu'ils ne le sont chez nous ; ils réussissent dans les terrains siliceux. Ici on doit les semer tard au printemps, à la fin d'avril, car les jeunes individus redoutent les froids printaniers. La plante jeune peut être pâturée par les moutons et par les vaches. Les graines assez grosses, renflées par la macération dans l'eau, sont une bonne nourriture pour les bestiaux. Le lupin est un des meilleurs engrais végétaux.

1. BLANC.   2. VARIÉ.

129. *Féverolle.*

C'est la fève agricole ressemblant à la fève des jardins, mais donnant des grains beaucoup plus petits et d'une couleur plus ou moins foncée. Les féverolles réussissent dans divers terrains, mais elles produisent surtout beaucoup dans les sols argileux, argilo-siliceux, siliceo-argileux et aussi dans les sols argilo-calcaires. Il y a une variété d'hiver et une de printemps : la première rapporte beaucoup. Les produits sont un fourrage vert ou sec pour la nourriture des vaches et des moutons, et les grains que l'on donne à tous les animaux crus concassés ou en entiers, ou cuits. Les chevaux en Angleterre sont nourris en partie avec les féverolles qui remplacent l'avoine. — On peut semer à la volée ou en ligne : ce dernier semis est préférable pour l'amélioration du sol. — La plante enfouie au moment de la floraison est un bon engrais végétal.

1. ORDINAIRE DE PRINTEMPS.   2. ORDINAIRE D'HIVER.
3. D'HÉLIGOLAND.

III.ᵉ Section. — Plantes à racines, fourrages-racines.

Dans cette section se trouvent toutes les plantes dont les parties souterraines développées servent à l'alimentation des animaux.

Les fourrages racines offrent le grand avantage de fournir une nourriture abondante et d'une très-bonne qualité
dans un temps surtout où les animaux n'ont à consommer
que des vivres secs. On donne les racines entières ou divisées suivant qu'elles sont volumineuses, et cuites ou crues.
On leur donne cette nourriture seule ou mélangée avec
d'autres substances, mélange qui est souvent préférable. En
outre ces produits appartiennent à des plantes améliorantes,
qui se cultivent en ligne et comme plantes sarclées, et qui
tiennent une place fort utile dans un assolement. Elles
améliorent parce qu'elles nécessitent des façons qui préparent le sol au profit des cultures subséquentes.

130. *Pomme-de-terre.*

Les pommes-de-terre déjà signalées pour la nourriture
des hommes, jouent un grand rôle pour la nourriture des
animaux pendant l'hiver. Elles se donnent crues, divisées
ou entières, ou cuites à la vapeur ou au four. Ce sont de
très-bonnes plantes à mettre en tête d'assolement sur défonce et sur fumier. Dans le cas de l'augmentation de la profondeur du sol au-delà des limites d'un labour ordinaire,
quand il y a possibilité, il est peu de plantes plus productives, et elles produiront d'autant plus que l'on fumera abondamment, que l'on binera et butera en temps opportun. Il
y a un très-grand nombre de variétés de pommes-de-terre
recherchées pour cet usage; je m'arrêterai aux principales,
à celles jusqu'ici préférées et qui méritent de l'être. Si pour
la nourriture de l'homme la pomme-de-terre est meilleure
dans les terres siliceuses, pour la nourriture des bestiaux
tous les terrains bien assolés, bien cultivés, et qui ont assez
de fond de terre végétale pour être labourés, lui seront
favorables, et lui seront surtout parce que les tubercules
viendront très-gros. Quand la végétation est arrêtée, que les
fanes ou pampres changent de couleur, on doit arracher,
puis rentrer dans une cave, un cellier ou tout autre lieu
abrité, mais mieux dans un silo.

    1. Patraque jaune. — Grosse ronde jaune, produisant
      beaucoup.

(135)

2. **Grosse jaune hâtive.** — Produit beaucoup.
3. **Grosse jaune,** *Coureuse.* — Produit beaucoup ; s'é-
tendant plus que les précédentes dans le sol.
4. **Tardive d'Irlande.** — Très-bonne ; se conservant
plus long-temps que les précédentes.
5. **De Rohan,** grosse ronde blanche, teinte de rose,
produisant considérablement dans les terres fortes ;
maturité tardive.

131. *Betterave.*

Prospère dans les sols argileux, siliceo-argileux et argilo-siliceux profonds, car il faut du fond de terre pour que
le développement se fasse bien. Plante sarclée améliorant le
terrain, surtout par les soins d'entretien, qui lui sont nécessaires. Semer en ligne en avril, le sol étant bien ameubli
par un bon labour ; les plants étant assez forts, éclaircir de
de manière à n'en laisser en place qu'une suffisante quantité,
afin qu'ils soient distants les uns des autres de 25 à 3o centimètres. Le plant d'éclaircie pourra être repiqué là où il y
aura des vides, et pourra l'être aussi dans un sol préparé
pour le recevoir. — On peut encore semer en pépinière, et
le plant étant assez fort, le repiquer en ligne dans un terrain
préalablement disposé, ou semer à la volée et éclaircir le
plant en regarnissant les places vides. Le repiquage n'est
avantageux que dans les localités où il y a assez d'humidité
pour faciliter la reprise. Dans les climats chauds, il est préférable de semer en place. Rouler le terrain après le semis
pour rapprocher les graines du sol ; biner, puis en octobre,
avant l'hiver, arracher pour rentrer en silo ou dans un
lieu quelconque, abrité du froid. La betterave est une
excellente nourriture pour les animaux ; on la donne crue
et coupée par morceaux, avec le coupe-racine, seule ou
mélangée avec du son, des recoupes ou d'autres substances.
La plante ayant terminé sa végétation, on peut enlever successivement les feuilles inférieures et les donner aux bestiaux.

1. **Disette,** *Betterave à*
   Vaches.
2. **Grosse jaune.**
3. **Jaune blanche.**
4. **Jaune ronde.**
5. **Grosse rouge.**
6. **Grosse blanche, de Prusse.**
7. **Blanche de Silésie.**
8. **Blanche a collet rose.**

132. *Carotte.*

Les Carottes fournissent une excellente nourriture pour les bestiaux pendant l'hiver ; on les leur donne crues et coupées par morceaux : les vaches surtout se trouvent parfaitement de cette nourriture. Elles demandent une terre forte, profonde, substantielle et bien ameublie. On sème en avril, à la volée, mais mieux en ligne ; on doit rouler après le semis et biner suivant les besoins. Récolter avant les gelées, pour rentrer en silo ou dans tous autres lieux abrités. Les feuilles peuvent être utilisées pour les bestiaux.

1. ROUGE DE FLANDRE.   3. BLANCHE.
2. JAUNE.   4. BLANCHE A COLLET-VERT.

133. *Panais.*

Excellente plante, trop peu cultivée en grand pour la nourriture de tous les animaux et surtout des vaches laitières et des moutons. Semer en avril, en lignes ou à la volée, mais clair à cause du grand développement des feuilles, dans un terrain meuble et bien préparé par un bon labour. Les sols argileux ou argilo-siliceux conviennent parfaitement aux panais, ils y viennent très-gros ; ils réussissent aussi dans les sols argilo-calcaires, calcaro-argileux et siliceo-argileux. Rentrer en octobre ou laisser sur place pour prendre au fur et à mesure des besoins, car cette plante ne craint pas les froids comme les carottes et surtout les betteraves et les pommes-de-terre ; cependant il faut se précautionner et faire provision pour le temps des gelées, car alors il est impossible d'extraire la racine du sol. Les feuilles, nombreuses et larges fournissent aussi une excellente nourriture.

1. LONG ; pour les sols profonds.   2. ROND ; pour les tarrains moins profonds.

134. *Rutabaga.*

Ce chou à racines dont j'ai déjà parlé en m'occupant des plantes potagères, est extrémement précieux pour l'agriculture comme plante sarclée améliorant le sol par les façons qu'elle nécessite et pour ses produits en masse charnue souterraine volumineuse, devenant une excellente nourriture pour les animaux, surtout pour les bœufs, les vaches et les moutons. La culture de cette plante est très répandue en

Angleterre et en Allemagne où elle produit d'immenses résultats sur les animaux. Semer en avril, en ligne dans les
terres fraîches, argileuses, profondes; biner et récolter
en octobre. Les feuilles doivent aussi être récoltées pour
les bestiaux.

135. *Chou-Navet.*

Cette plante jouit des mêmes propriétés que la précédente
et comme elle, offre tous les avantages d'une bonne alimentation. — Mêmes détails de culture.

136. *Navet, Turneps.*

Les Navets comme fourrage, produiront d'autant plus que
le sol sera d'une bonne nature; les terres siliceo-argileuses
et argilo-siliceuses leurs conviennent parfaitement : dans
les terres argileuses qui laissent infiltrer l'humidité, ils
viennent très-gros. La culture de ces plantes, fort ancienne
en France, est suivie avec succès dans le nord de l'Europe.
Les navets fournissent une très-bonne nourriture pour les
animaux; les feuilles servent au même usage. Les bœufs,
les vaches, les moutons et les porcs se trouvent très-bien
de cette alimentation. Le navet se sème ordinairement à
la volée et en ligne, depuis la fin de juin jusqu'en août. Il
y a d'autant plus d'avantage à cultiver le navet, qu'on peut
le semer sur un déchaumage comme plante intercalaire et
comme récolte dérobée; éclaircir et sarcler si on ne peut pas
biner. Récolter aussitôt qu'ils ont atteint leur grosseur et
en octobre rentrer toute la récolte pour être conservée dans
un lieu abrité, mais préférablement en silo, car c'est pour
cette racine, qui se décompose promptement, le meilleur
endroit de conservation.

1. RABIOULE, ou *rave du Limousin.*
2. JAUNE D'ÉCOSSE.
3. GROS LONG D'ALSACE.
4. RAVE D'AUVERGNE A COLLET ROUGE.
5. NORFOLK.

137. *Topinambour.*

Le Topinambour est une plante précieuse pour la nourriture des moutons; ses produits souterrains sont abon-
dants et ne gèlent jamais; on peut laisser les tubercules
en terre pour ne les arracher qu'au fur et à mesure des
besoins. Il réussit dans les plus mauvais sols, même dans
les terres calcaires sans fond; mais quand une fois la

plante s'est établie dans un terrain, il est difficile de l'en extirper. Après la récolte, il reste suffisamment de tubercules, de parcelles de racines et de débris souterrains pour préparer l'avenir d'une seconde récolte. On peut faire paître les troupeaux dans le champ de topinambour avant l'arrachage et surtout avant les froids : les feuilles et l'extrémité des tiges se trouvent utilement consommées. La tige est trop dure pour servir au même usage, aussi voit-on sur pied, après le passage des animaux, toutes les tiges dénudées de feuilles et écourtées. Les cochons mangent ces tubercules avec avidité.

IVe Section. — Plantes diverses fourragères, fourrages divers.

Dans cette section se trouvent réunies toutes les plantes fourragères qui ne sont pas comprises dans les trois sections précédentes, jouissant de propriétés alimentaires et rendant de grands services dans les exploitations. Ce sont surtout des fourrages verts qui sont produits par les plantes de cette section.

138. *Chou.*

Il y a plusieurs variétés de choux qui sont spécialement cultivées comme plantes fourragères, rendant beaucoup et qui deviennent une excellente nourriture pour les animaux. — Les choux se sèment en pépinière à deux époques, en juillet ou en août, pour être repiqués en place à la fin de septembre ou dans le courant d'octobre, ou au printemps, en avril. Le repiquage se fait en ligne, à une distance convenable, relativement au développement des pieds, à 80 centimètres environ dans tous les sens. On récolte les feuilles successivement et suivant les besoins. Ces feuilles se renouvellent après la cueille qui se continue jusqu'au temps où les choux montent. — Ils préfèrent les terrains argileux, frais et très-humides, pour acquérir leur plus parfait développement.

1. Cavalier ou *à Vaches.*   3. Branchu ou *Mille têtes, du*
2. Caulet de Flandres.   *Poitou.*
4. Frisé vert du Nord.

139. *Moutarde.*

Plusieurs espèces de moutardes sont cultivées et donnent un produit abondant et de fort bonne qualité surtout pour les vaches laitières. Ces plantes préfèrent les sols argileux, frais. Ces espèces peuvent être semées sur chaume ou avant un empouillement, comme plantes intercalaires et comme récolte dérobée.

1. BLANCHE, *Moutardon, Plante au beurre.* — Semer sur déchaumage, après la récolte. — Préférable à la suivante.

2. NOIRE. — Cette espèce qui est cultivée pour fournir des graines aux fabricans de moutarde, peut aussi, traitée comme la précédente, fournir des produits semblables, mais qui sont moins abondans.

3. SEMBLE, *Sénevé bâtard, Moutarde sauvage.* — Cette plante infeste les cultures, mais elle doit être considérée comme excellente en fourrage vert, ainsi que l'est la moutarde blanche. — Cela n'empêche pas de l'extirper avec soin des champs.

140. *Navette.*

Cette plante oléagineuse fournit aussi un excellent fourrage vert qui rend bien dans les exploitations à une époque où le vert est rare ; à cet effet, on la sème en août ou en septembre, pour la faucher au printemps : on peut aussi la semer sur un déchaumage. — Excellente nourriture pour les animaux et surtout pour les vaches.

141. *Colzat.*

C'est aussi une plante oléagineuse qui se traite comme la navette afin d'obtenir un fourrage vert d'une excellente qualité pour les animaux et surtout pour les vaches.

142. *Sarrasin.*

1. ORDINAIRE. — J'ai déjà cité cette plante pour ses produits en grains ; elle prend aussi sa place pour ses produits en fourrage sur un déchaumage, comme récolte intercalaire.

2. DE TARTARIE. — Rend les mêmes services que le sarrasin ordinaire et doit même lui être préféré comme fourrage, parce qu'il se ramifie : il produit conséquemment plus.

143. *Spergule.*

Plante annuelle de petite stature et peu garnie, avantageuse pour fertiliser les terrains siliceux où la plante se plaît; elle fournit un produit en vert peu abondant, mais excellent pour les vaches laitières. Quelquefois, mais rarement, on fauche et on fane pour faire consommer en sec; ce produit est minime, car cette herbe se réduit à peu de chose par la dessication. — Se sème au printemps, mais plus souvent sur un déchaumage; son accroissement est rapide, et elle produit alors une récolte dérobée qui trouve sa place dans le mouvement d'une exploitation. Graines extrêmement fines devant être très peu enterrées.

144. *Chicorée sauvage.*

Cette plante qui a le grand avantage de réussir dans tous les terrains, même dans les plus mauvais sols, surtout les sols calcaires, fournit une nourriture abondante de bonne qualité et précoce, pour les vaches et surtout pour les moutons. — Semer au printemps, à la volée; on peut aussi semer d'automne. — Cette plante dure trois ou quatre ans, et pendant ce temps produit beaucoup chaque année.

145. *Pimprenelle.*

La Pimprenelle a été justement recommandée pour garnir les mauvaises terres, comme plante de pâturage pour les moutons; résiste à la sécheresse et aux intempéries de l'hiver, et fournit en tout temps un bon produit de parcours. — Semer en septembre, ou au printemps, en mars.

146. *Pastel.*

Cette plante tinctoriale est aussi fourragère; elle est peu cultivée sous ce dernier rapport, mais elle est recommandée. Elle a le grand avantage de rester en végétation pendant l'hiver et de fournir pendant cette saison et surtout pour le printemps des produits en vert. — Préfère les terres sèches. — Semer à la volée, au printemps, en avril, ou à l'automne, en septembre.

147. *Bunias d'Orient.*

Plante peu cultivée, mais recommandée; fournissant pour le printemps un produit en vert d'autant plus appréciable qu'il y a pénurie de vivres de ce genre à cette époque. — Sols argileux, semer en ligne préférablement — On recommande aussi de semer en pépinière et de repiquer en ligne ensuite, le plant étant devenu assez fort.

IV.ᵉ Division. — *Plantes économiques, industrielles et manufacturières.*

Cette division comprend les plantes herbacées qui fournissent des produits divers à l'économie domestique et industrielle. De ces plantes, par une culture suivie, il résulte des industries agricoles qui augmentent les ressources de la production et conséquemment celles de la consommation.

I.ʳᵉ Section. — Plantes oléagineuses.

Dans cette section se trouvent réunies les plantes dont les graines fournissent de l'huile que l'on obtient par la compression. Ces plantes entrent avec avantage dans le mouvement d'une exploitation agricole.

148. *Pavot, OEillette, Oliette.*

Le Pavot produit une huile dont on fait usage depuis long-temps ; il se sème à la volée ou en ligne dans une terre bien ameublie et bien préparée, au printemps, en mars ou en avril et même en mai, et dans les climats méridionaux en septembre. Les terres argilo-siliceuses ou siliceo-argileuses sont celles qui conviennent le mieux. Les graines qui sont fines doivent être très-peu enterrées. Le plant devenu assez fort doit être éclairci de manière à laisser les pieds distants entr'eux de 25 à 3o centimètres ; on donne alors un premier binage, puis un second plus tard, quand la tige commence à s'élever. On récolte en septembre, quand la plante jaunit et que les capsules deviennent grises, en arrachant les pieds que l'on lie par petites bottes que l'on dresse par faisceaux pour les laisser sécher. On peut encore dresser les pieds en les rapprochant sans les lier. On égraine sur une toile en secouant les têtes qui laissent facilement échapper les semences par de petites ouvertures qui se trouvent au sommet de la tête ou capsule, au-dessous de la couronne. Les tiges, dépouillées de leurs graines, servent pour chauffer le four, ou elles se répandent dans la cour de la ferme pour être brisées et imprégnées d'humidité, et elles se mettent ensuite sur le fumier.

1. Ordinaire. — 2. Aveugle, *à capsules sans ouvertures.*
3. Blanc somnifère ou *à grosses capsules closes.* — Plante officinale. C'est de cette plante que découle, par incision, l'*opium.*

149. *Colzat.*

Le Colzat, espèce de chou cultivé dans le nord, aujourd'hui très-répandu sur tous les points de la France, produit une huile dont on fait un grand usage. Cette plante préfère les terres argileuses, fraîches, profondes et riches. On sème en pépinière, à la volée en août, pour fournir du plant que l'on replante en octobre en plein champ, soit à la charrue, soit avec le plantoir à béquille. On peut encore semer à la volée en place ou bien semer en ligne au semoir. Dans tous les cas, il est avantageux d'éclaircir le plant ou de repiquer à une distance convenable, afin que chaque pied se trouve distant de 3o à 4o centimètres dans la ligne, et les lignes distantes de 5o centimètres. La terre doit être bien meuble. On donne des binages pour entretenir le terrain propre. Il y a une variété de colzat de printemps que l'on sème en mars ou en avril. En juillet, les plantes sont ramifiées et couvertes de siliques garnies de graines ; elles ne tardent pas alors à changer de couleur ; elles jaunissent et se dessèchent. Avant la dessication complète, car les siliques s'ouvriraient et laisseraient échapper les semences, on fait la récolte en coupant les plantes du pied à peu près. On les laisse sécher un peu plus sur le sol, puis on étend des toiles sur lesquelles on apporte, avec des civières bannées, le colzat coupé que l'on bat sur place sur ces toiles. Dans le cas où il ne serait pas possible de battre immédiatement, on fait des meules, en ayant soin, pour éviter la perte des graines, soit par l'ouverture des siliques, soit par les oiseaux qui les dévoreraient, de disposer les tiges de colzat de façon que la base soit en dehors et les ramifications en dedans. Les *cossas* ou les débris de siliques se donnent aux moutons ou servent à faire de la litière, ainsi que les tiges : le tout fait un très-bon fumier.

1. D'HIVER.   2. DE MARS.

150. *Navette.*

La Navette, qui fournit aussi une bonne huile, réussit dans des sols d'une qualité inférieure à ceux qu'exige le colzat ; la terre peut-être aussi moins riche, mais elle doit être bien meuble et bien préparée pour recevoir la graine, que l'on sème à la volée en septembre. On peut aussi semer en lignes. Pour la récolte, mêmes soins que ceux qui sont indiqués pour le colzat : il y a une variété de printemps.

1. ORDINAIRE ou *d'hiver*.   2. D'ÉTÉ, *de printemps* ou *quarantaine*.

151. *Moutarde.*

1. BLANCHE, *Montardon.* — Plante officinale par ses graines entières ou réduites en farine pour les *sinapismes;* elle donne aussi une bonne huile. — Semer en mars ou en avril. Récolter avec soin, ainsi qu'il est dit pour le colzat.

2. NOIRE. — La graine de cette plante sert pour faire la moutarde; réduite en farine on l'utilise pour les sinapismes : elle est aussi oléagineuse. — Semer en mars ou en avril; récolter aussitôt maturité, ainsi qu'il est dit pour le colzat.

152. *Radis oléifère, Raifort de la Chine.*

Cette plante cultivée comme plante oléagineuses dans les contrées méridionales de l'Europe, l'est peu ici ; elle fournit une bonne huile alimentaire. Demande une terre meuble substantielle et divisée. Semer en mars ou en avril, à la volée ou en ligne, et éclaircir de manière que les plants soient distants entr'eux de 20 à 30 centimètres. Récolter aussitôt que la plante se dessèche : graine semblable à celle du radis cultivé.

153. *Cameline,* improprement *Camomille.*

Cette plante donne des graines petites et jaunes, qui abondent en une huile qui est fort utilisée dans l'économie domestique; elle réussit dans les terrains de qualité inférieure, surtout dans les sols siliceux où elle ne produit pas autant que dans les sols argileux. Semer en mars, en avril ou en mai, à la volée. Récolter quand la plante jaunit, et surtout quand les silicules qui sont ovales, arrondies, commencent à se dessécher.

154. *Chanvre.*

Cette plante dont je parlerai plus au long dans les plantes textiles, donne la graine nommée Chenevis qui sert à nourrir la volaille de basse-cour, qu'elle échauffe, et les oiseaux; donne une bonne huile à brûler.

155. *Lin.*

Je reviendrai aussi sur cette plante textile que je n'ai ici à considérer que comme plante fournissant une huile fort estimée dans les arts et dans l'économie domestique. La graine est fréquemment employée en médecine, soit entière, soit réduite en farine qui abonde en mucilage.

156. *Madia.*

Plante oléagineuse du Chili, nouvellement préconisée pour la qualité de l'huile que l'on tire de ces graines, qui sont peu volumineuses, plates et d'un gris blanc, — Réussit préférablement dans les terres douces, meubles et substantielles ; les terrains argilo-siliceux, siliceo-argileux et calcaro-argileux lui conviennent parfaitement. Semer en septembre, à la volée ou en ligne ; éclaircir, biner et récolter à la fin de juillet ou en août de l'année suivante. On peut aussi semer au printemps, en mars ou en avril ; alors les graines sont mûres plus tardivement, en septembre. Pour la récolte on arrache la plante dès qu'elle est sèche, ou on la coupe du pied ; on la laisse sécher sur le champ, on la rentre ensuite, puis on bat pour l'extraction des graines.

157. *Sésame.*

Plante originaire du Levant, qui fournit une huile d'une bonne qualité, mais qui n'est cultivée que dans les régions méridionales, et qui pourrait probablement réussir dans quelques parties du midi de la France. Ici, les graines ne viennent pas à maturité. Demande une terre chaude, meuble et substantielle. Les graines sont petites et blanches.

158. *Pistache de terre, Arachide.*

Cette plante originaire du Mexique, cultivée dans l'Europe méridionale, et qui pourrait l'être avec avantage dans quelques parties du midi de la France, ne prospère pas dans notre climat. Ses fruits, qui sont des gousses solides, contiennent des amandes douces assez grosses, qui abondent en huile excellente et fort appréciée ; ils s'enfoncent dans la terre, dès leur premier développement, où ils mûrissent. Terre chaude, meuble, légère et substantielle. Semer en poquets, comme les haricots, ou en ligne, en avril. — Fruit bon à manger.

159. *Carthame.*

Plante annuelle donnant des graines blanches solides, contenant une huile qui est estimée. Je reviendrai sur cette plante en parlant des espèces tinctoriales.

160. *Soleil.*

Les graines du grand soleil qui est une plante annuelle,

donnent une fort bonne huile. Ses graines, douces, sont noires ou grises, à amandes blanches. On sème en ligne ou à la volée dans des terres chaudes, substantielles et légères : un peu de fraîcheur dans le sol n'est pas nuisible à la végétation de la plante. — Cette graine peut servir à la nourriture des volailles de basse-cour et de quelques oiseaux de volières.

161. *Ricin*, *Palmachristi*.

Plante oléagineuse officinale, originaire de l'Inde où elle est ligneuse, annuelle chez nous. Le ricin réussit parfaitement dans le midi, mais ne laisse pas tous les ans mûrir ses graines dans notre climat; il demande une terre légère, douce, chaude, meuble et substantielle. Les graines, renfermées dans des coques, sont grosses, d'une couleur grise marbrée brun, elles donnent une huile purgative, abondante et épaisse qui est fréquemment employée en médecine.

II.ᵉ Section. — Plantes tinctoriales.

Les plantes de cette section fournissent des produits colorants qui sont utilisés dans la teinture.

Divers organes de ces plantes contiennent le principe colorant ; ce sont ou les racines, ou les tiges, ou les feuilles, ou les fleurs de ces végétaux que l'on recherche : souvent même toutes les parties d'une espèce tinctoriale jouissent à un égal dégré des mêmes propriétés. Suivant l'organe producteur, la plante doit être spécialement traitée, afin de faire acquérir à cet organe un caractère de production qui soit en rapport avec les besoins de l'économie agricole. — Plusieurs plantes de cette section sont cultivées en grand, font l'objet d'une culture suivie, entrent dans les assolemens et fournissent un produit qui entretient un grand mouvement industriel et commercial.

162. *Garance*.

Plante indigène, vivace, cultivée avec beaucoup d'avantage dans quelques parties de la France, à racines riches en principe colorant jaune et rouge garance, dont on fait un très-grand usage dans la teinture. La garance demande une terre profonde, meuble et fraîche sans humidité, bien fumée, bien préparée par de bons labours. Multiplication de semences ou de boutures par œilletons ou par éclats de racines. — Semer d'automne en septembre, ou au printemps en mars ou en avril, à la volée et mieux en ligne; éclaircir le plant quand il est assez fort. La plantation par œilletons doit se faire en septembre ou en octobre, en lignes, distantes de 50 centimètres, pour faciliter les binages, et les pieds doivent être espacés de 25 à 35 centimètres. Biner, sarcler, pour entretenir la terre meuble et propre, puis butter pour rechausser la plante et augmenter le nombre et le volume des racines. On peut aussi, pour que le rechaussement soit plus parfait et pour rendre la culture plus profitable, creuser des planches et planter, puis rechausser chaque année, pendant la durée de la plante dans le sol. Trois ans après le semis ou la plantation, en octobre ou en novembre, arracher à tranchée ouverte et assez profonde pour récolter les racines entières et ne pas en laisser dans le terrain. Laver les racines, éloigner les boutons et toutes les mauvaises parties, les faire bien sécher dans un lieu abrité d'abord, ensuite au soleil ou au four; les battre aussitôt après pour enlever les parties étrangères et la pellicule de la surface, puis les livrer dans cet état au commerce ou les moudre dans un moulin à tan.

1. TINCTORIALE, SAUVAGE.   2. TINCTORIALE, CULTIVÉE.
3. A FEUILLES LUISANTES.

163. *Gaude.*

La Gaude fournit de toutes ses parties un principe colorant jaune, dont on fait fréquemment usage dans la teinture. Cette plante réussit dans les sols médiocres. La graine très-fine doit être fort peu enterrée; on la sème à la volée ou en ligne, en juillet; on donne plusieurs binages, et dans le courant de l'été suivant, la plante jaunissant, on l'arrache et on la lie par petites bottes que l'on fait sécher sans les entasser, car la fermentation nuirait à la qualité du principe colorant, de même qu'on ne doit pas laisser sécher la plante sur pied, ni même la laisser trop jaunir.

164. *Safran oriental, des Boutiques,* ou *d'Automne.*

Le Safran est une plante bulbeuse qui est cultivée dans quelques parties de la France. Une seule partie de la fleur, le *stigmate,* qui est très-aromatique, devient l'objet de la culture de cette plante et contient un principe colorant jaune-brun; il fleurit en automne, époque à laquelle on récolte son produit. Le safran, qui demande une terre sèche, meuble, substantielle et douce, se multiplie de cayeux qui se plantent au printemps et que l'on obtient en arrachant les ognons des *safranières* qui se renouvellent tous les trois ans. Les ognons sont attaqués par un petit champignon brun et rond, nommé *mort du safran*, qui les détruit. Pour arrêter les ravages de ce parasyte, on fait un fossé de séparation, entre la partie attaquée et celle qui ne l'est pas afin d'éviter la contagion des plantes malades sur les plantes saines, et lors de l'arrachage on brûle les ognons qui sont affectés. On doit faire la récolte par un temps bien sec et éplucher les fleurs promptement, puis mettre sécher le produit en soignant la dessication pour qu'elle se fasse bien.

165. *Carthame des Teinturiers, Safran bâtard.*

Plante originaire d'Egypte, cultivée dans le levant, qui nous fournit la substance employée : ce sont les fleurons couronnant la tête florale, que l'on recherche. On pourrait s'affranchir de l'importation de cette matière, en cultivant la plante qui vient parfaitement dans le midi de la France et qui réussit même ici. Le carthame est annuel et préfère les sols profonds, légers et secs. On le sème à la volée ou en ligne, en avril ; éclaircir et biner pour récolter en août : la récolte doit se faire par un temps bien sec. Les fleurs ayant été cueillies, on les épluche pour en extraire le produit que l'on met sécher et que l'on doit soigner attentivement pendant la dessication. On extrait de l'huile de la graine qui peut aussi être donnée à la volaille.

166. *Indigofère franc* ou *anil.*

Plusieurs plantes portent ce nom ; c'est surtout l'*Indigofère-anil,* plante annuelle, originaire de l'Inde, qui fournit la matière colorante bleue, nommée Indigo, que l'on recherche : on extrait ce produit en traitant surtout les feuilles et les jeunes ramifications. Cette plante ne réussit pas dans notre climat ; elle ne pourrait qu'être cultivée dans les contrées les plus méridionales de la France. C'est un des végétaux qui prospère dans les colonies.

167. *Pastel.*

Le Pastel dont les feuilles fournissent une substance tinctoriale bleue, est l'indigo indigène. Il demande une bonne terre, riche et profonde ; on le sème plutôt en ligne qu'à la volée, dans le courant de l'été et mieux en août ou en septembre ; on bine quand la plante a acquis un certain développement ; on récolte les feuilles qui sont traitées spécialement pour l'extraction du principe colorant.

168. *Sarrazin*, *Renouée* ou *Polygone des Teinturiers*.

Plante annuelle, originaire de la Chine, nouvellement introduite et cultivée en France comme espèce tinctoriale, donnant de ses feuilles une matière colorante bleue, semblable à l'indigo. La renouée des teinturiers demande une terre meuble, substantielle et fraîche. On sème à la volée ou plutôt en ligne en avril ici, et dans le midi en mars ; on éclaircit le plant, on bine et on butte les touffes. On peut encore semer en pépinière dans un lieu méridionalement exposé et mieux sur couche, en mars ; le plant étant assez fort le repiquer en place à 5o centimètres ; biner et butter quand la plante a atteint 25 à 3o centimètres de hauteur : on récolte en coupant les tiges rez-terre. La plante repousse, on la butte de nouveau et on fait une seconde et même une troisième récolte si le sol lui convient. Dès le moindre abaissement de température, cette renouée périt : elle ne supporte pas un degré de froid.

169. *Buglose tinctoriale*, *Orcanette*.

Plante vivace dont les racines fournissent un principe colorant rouge, qui est très employé. Cette espèce croit naturellement dans le midi de la France ; pour la cultiver, elle demande une terre profonde, substantielle, meuble et chaude. Elle se multiplie de semences ou d'éclats de pieds.

170. *Harmale*, *Peganz*, *Rue sauvage*.

Plante vivace croissant spontanément dans la Russie méridionale et qui est depuis long-temps utilisée dans tout le midi de la Russie. Les racines s'étendent et pénètrent profondement dans le sol. Elle réussit parfaitement dans les terres les plus sèches et les plus arides. Nous ne cultivons pas encore cette plante en grand, nous ne la connaissons que dans les collections ; mais ce que nous savons sur elle doit engager à la propager. C'est le fruit qui est employé et qui donne une teinture rouge propre à teindre la laine, la soie, le coton et le lin. L'odeur forte qu'exale cette plante éloigne d'elle les bestiaux.

171. Phytolacca commun, *raisin d'Amérique*. — Plante
vivace de la Virginie, dont les fruits en grappe
donnent une teinture rouge fort belle, mais qui
est peu fixe.

172. Camomille des Teinturiers. — Plante annuelle
donnant de toutes ses parties un principe colorant
jaune.

173. Sarrette des Teinturiers. — Plante vivace de la
France, fournissant une teinture jaune, brillante.

174. Aspérule des Teinturiers. — Plante vivace donnant,
cuite avec le vinaigre, une teinture rouge.

175. Caille-Lait jaune. — Toute la plante donne une
teinture jaune, et la racine une teinture rouge.
En Angleterre on l'emploie pour colorer le fromage.

176. Genet des Teinturiers. — Plante vivace donnant
une teinture jaune.

III.ᵉ Section. — Plantes textiles.

Les plantes textiles sont celles qui fournissent une matière propre à faire
des tissus.

Parmi les végétaux composant cette section, les uns produisent de *la matière textile corticale*, c'est-à-dire provenant de l'écorce; cette matière est désignée sous le nom
de *fibre corticale*, et connue sous celui de *filasse*, telle est
la filasse du Chanvre, du Lin, etc. Les autres produisent
de la *matière textile foliacée*, c'est-à-dire provenant de
la feuille, désignée sous le nom de *fibre foliacée*, telle
est la fibre d'Agave d'Amérique, de Lin de la Nouvelle-Zé-
lande, etc. Il est aussi quelques végétaux dont le fruit fournit une substance cotonneuse ou duveteuse, tel est le Cotonnier et le duvet de l'herbe à la ouate, etc. Outre les végétaux
fournissant ces produits, il en est d'autres dont les parties
sont entièrement utilisées, telle est le Jonc, le Scirpe des
étangs, etc., qui sont employés à faire des nattes. — Plusieurs de ces plantes sont agricoles et cultivées en grand; il en
est d'autres qui ne le sont ni dans nos contrées ni même en
France, et il en est enfin qui croissent spontanément.

177. *Chanvre.*

Le Chanvre est une des plantes textiles qui se cultive
le plus sur tous les points de la France, et particulièrement

dans le midi ; il demande une bonne terre, substantielle, profonde, douce, bien ameublie, bien engraissée et bien préparée. On sème en avril, à la volée et très-dru, quand on veut avoir de la filasse fine, et on sème moins épais, pour avoir de la filasse plus forte et plus grossière : les graines doivent être peu enterrées. Il est bien de diviser le terrain à ensemencer par des sentiers pour faciliter la récolte qui se fait en deux fois. La première en fin de juillet, pour arracher les pieds de chanvre *mâle* désignés vulgairement et bien improprement sous le nom de *femelle*, puisque le premier, le mâle, jaunit et se dessèche après avoir répandu son *pollen* pour féconder la femelle qui donne le fruit : celle-ci ne se dessèche que quand le chenevis est mûr. La seconde se fait plus tard, lors de la maturité des graines. Le chanvre est *dioïque*. On arrache les mâles au fur et à mesure qu'ils se dessèchent et dès qu'ils jaunissent. Les femelles s'arrachent beaucoup plus tard, mais aussitôt que la plante jaunit et que le fruit est mûr. Dès la maturité on doit récolter, car les oiseaux dévorent ces graines sur pied. La graine récoltée doit-être mise à sécher en ne l'étendant pas trop épais, et en remuant souvent. Le chanvre, au fur et à mesure qu'on le récolte se lie par petites bottes que l'on dresse le long d'un mur ou d'une haie, au midi, pour achever la dessication, puis on le secoue pour débarrasser les tiges des feuilles qui se dessèchent. On le met ensuite rouir soit dans l'eau, en ayant le soin de ne pas le laisser trop long-temps, car la fibre s'altérerait, soit sur un pré, en la retournant, soit enfin dans la terre : le rouissage a pour objet la dissolution des sucs qui agglutinent la fibre, et la préparation d'une plus facile séparation de cette fibre. On le retire ensuite du *routoir* pour le remettre sécher au soleil, puis, bien sec, on le tille, c'est-à-dire que chaque poignée est broyée avec le *tillotoir*, *chien* ou *braie*, pour extraire le ligneux, afin de réduire cette poignée à la matière fibreuse, à la filasse, que l'on secoue et que l'on sépare par poignée pour faire différentes qualités de filasse. La filasse de brin est la meilleure ; l'étoupe est la plus mauvaise. La filasse du mâle, c'est-à-dire celle qui provient des pieds de la première récolte, est plus fine et plus soyeuse que celle qui provient des pieds qui ont donné le chenevis ; cette dernière sert à faire des cordages et de la grosse toile. — Le lieu où se cultive le chanvre se nomme *chenevière*. — On peut sans inconvéniens, et avec avantage même, quand on entretient la fertilité du sol par des engrais et une bonne préparation, remettre du chanvre plusieurs années de suite dans le même terrain.

1. COMMUN. 2. GIGANTESQUE, ou *du Piémont.*

178. *Lin.*

Le Lin est pour les contrées septentrionales ce que le chanvre est pour les localités méridionales : le département du Nord est renommé pour la culture de cette plante. Le lin demande une terre grasse, bien préparée, meuble, et plutôt sèche qu'humide. On sème dru, à la volée, au printemps plutôt qu'à l'automne. Par le semis dru on obtient de meilleure filasse. Pour produire des graines comme plante oléagineuse, on sème moins épais. Après le semis, herser, puis rouler. Les graines tirées de Riga sont préférées. Lorsque les tiges et les capsules jaunissent, que les feuilles se dessèchent et commencent à tomber, on arrache les pieds que l'on lie au sommet par petites bottes que l'on place debout pour les faire sécher. On procède ensuite à l'extraction des graines en battant soigneusement l'extrémité garnie, ou en passant cette extrémité à travers les dents d'un rateau, sorte de peigne. On met ensuite au rouissage. — On appelle *linières* les localités couvertes de lin. — Il y a une espèce de lin qui est vivace, mais qui est moins productive et que l'on ne cultive d'ailleurs pas en grand. Le lin ordinaire est annuel.

1. ORDINAIRE. 2. VIVACE.

179. *Ortie.*

L'Ortie commune et *dioïque,* qui croît spontanément dans les buissons, ainsi que plusieurs autres espèces d'orties, fournissent une fibre textile qui est plus grossière que celle du chanvre, mais que l'on utilise.

1. DIOÏQUE. 2. A FEUILLES DE CHANVRE.
3. DU CANADA.

180. *Abutilon, Mauve des Indes.*

Cette plante, peu cultivée en France, fournit une fibre textile très-solide. — Plante annuelle prenant un grand accroissement, se multipliant de graines qui doivent être semées au printemps dans une terre douce, chaude, meuble et substantielle. — Ne peut être cultivée avec succès que dans les climats méridionaux.

181. **Napée lisse.** — Plante vivace de l'Amérique septentrionale, donnant une fibre corticale forte.

182. **Napée rude.** — Plante vivace de l'Amérique septentrionale, donnant une fibre corticale assez bonne.

183. **Datisque a feuilles de Chanvre.** — Plante vivace donnant une fibre corticale.

184. **Guimauve chanvre.** — Plante vivace donnant un fibre corticale.

185. **Guimauve de Narbonne.** — Plante vivace de France, donnant une excellente filasse et servant à faire un beau papier blanc.

186. **Guimauve officinale.** — Plante donnant une fibre corticale longue.

187. **Mauve sauvage.** — Plante vivace donnant une fibre corticale.

188. **Corete capsulaire.** — Plante annuelle originaire des Indes orientales, donnant une fibre corticale que les Chinois emploient. — Ne peut être cultivée que dans les contrées méridionales.

189. *Agavé d'Amérique.*

Cette plante très-remarquable par sa forme, qui croît spontanément dans les contrées méridionales de l'Europe et en prodigieuse quantité dans nos possessions africaines, fournit des fibres foliacées, longues et solides, dont on fait un grand usage pour des travaux de sparterie, de corderie et pour la fabrication de tissus forts et résistans. Cette plante ne peut supporter les hivers de notre climat ; elle se multiplie d'œilletons qui pullulent du pied surtout après sa floraison. La floraison n'arrive que fort tard, quand la plante a acquis une certaine force, c'est-à-dire après un grand nombre d'années, surtout chez nous, où nous ne la cultivons qu'en caisses et rentrée en orangerie pendant l'hiver, ce qui a fait dire qu'elle ne fleurissait que tous les 100 ans. Cette plante se prépare une année d'avance à l'épanouissement floral, et cet épanouissement ayant lieu, la tige s'élance avec une rapidité telle que dans l'espace de quatre à six jours, ne paraissant qu'en élément avant, elle parvient à la hauteur de cinq à six mètres passés. Cette prodigieuse et rapide élongation avec tous les phénomènes de végétation qui accompagnent la phase florale, donnent lieu à cette fable populaire qu'au moment de la floraison, cette plante faisait entendre une détonation semblable à celle d'un coup de canon.

190. *Lin de la Nouvelle-Zélande.*

Cette plante donne de ses feuilles une fibre très-tenace et fort résistante, que l'on utilise avec avantage dans le pays où la plante croît. Toutefois cette fibre est difficile à séparer de la matière verte foliacée qui l'environne. Nous ne la cultivons ici qu'en orangerie où nous en avons de très-beaux pieds, car elle ne peut supporter nos hivers. Elle paraît devoir réussir difficilement dans le midi de la France : Toulon est jusqu'ici le seul endroit où elle a été cultivée en pleine terre. Elle se multiplie par éclats de pieds et par œilletons, bien rarement de graines en France.

191. *Cotonnier.*

Le cotonnier herbacé annuel, car il y en a d'arborescents dans les contrées australes, est une plante des contrées méridionales, qui ne peut être cultivée ici et qui ne l'a pas été avec beaucoup plus d'avantages jusqu'à présent dans le midi de la France. C'est le fruit, *capsule,* qui contient la substance que nous connaissons sous le nom de coton, enveloppant les graines qui sont placées au centre. Il se multiplie de semence.

192. *Asclepiade de Syrie, Herbe à la ouate.*

Cette plante vivace, qui donne des graines enveloppées dans des sortes de capsules (*follicule*) renfermant une substance soyeuse duveteuse, avait été préconisée comme devant donner une matière qui pouvait être utilisée avec avantage. On s'est livré à la culture en grand de cette plante, mais l'expérience a démontré que cette matière, imitant la ouatte, était trop courte pour être filée, et qu'elle se pelotonnait quand on voulait l'employer comme la ouatte. Aussi a-t-elle été abandonnée. Elle se multiplie de drageons qui pullulent et de graines qui sont abondantes. Une fois introduite dans un terrain, il est extrêmement difficile de s'en débarasser.

193. *Stipe sparte.*

Plante graminée vivace, du midi de l'Espagne, donnant des feuilles extrêmement tenaces et résistantes, avec lesquelles on fait uue infinité de travaux de sparterie, des cordages, des nates, etc. On fait aussi avec les feuilles une filasse qui n'est pas sans qualité. — Se multiplie de graines et d'éclats de pieds.

194. *Sparte à feuilles de jonc.*

Gramen vivace du midi de la France, dont les feuilles sont employées au même usage que l'espèce précédente.

195. *Jonc.*

1. Jonc glauque. — Plante vivace qui croît dans les lieux tourbeux marécageux et avec laquelle on fait des nattes. Les jardiniers s'en servent pour palisser, pour attacher les plantes, lier les salades, etc.

2. Jonc gloméré. — Plante ressemblant à la précédente, croissant dans les mêmes lieux, mais prenant plus d'accroissement, étant moins résistante et ne pouvant être employée au même usage qu'après un commencement de dessication.

196. *Scirpe des étangs.*

Plante qui croît dans les mares et les étangs, avec laquelle on fait des nattes et des paillassons. On s'en sert aussi pour couvrir en chaume.

197. *Masséte, Roseau.*

1. A longues feuilles.
2. A feuilles étroites.
} Ces plantes croissent dans les étangs et les marais ; leurs feuilles longues et rubanées servent à faire des nattes et des tapis, etc.

IVe Section. — Plantes saccharifères.

Les plantes saccharifères sont celles qui fournissent du sucre que l'on obtient en traitant le suc ou jus que l'on en extrait par le déchirement de la masse et par la pression.

La canne à sucre serait en tête de cette section, si notre climat permettait la culture de cette plante qui ne réussit ni dans le midi de la France, ni dans le midi de l'Europe. Elle ne croit que dans les régions les plus méridionales, où sa culture est fort avantageuse. C'est une espèce de roseau ayant une tige nommée *canne*, remplie de moelle et qui contient un jus abondant et sucré que l'on extrait par la compression, après avoir râpée la canne, et que l'on évapore pour obtenir le sucre qui nous arrive des colonies.

198. *Betterave.*

La Betterave est la seule plante qui compose cette section et qui remplace avec avantage la canne, parce qu'elle produit un sucre semblable et de même qualité. Cette précieuse plante présente l'immense avantage d'améliorer les terres par l'entretien du sol qu'elle nécessite, pouvant entrer comme plante sarclée en tête d'assolement. Tout en fournissant le sucre, elle laisse une pulpe composée des débris de la betterave râpée et comprimée, qui devient une excellente nourriture pour les bestiaux. Cette extraction du sucre est une industrie agricole du plus haut intérêt pour le cultivateur et pour le consommateur : pour le premier, parce qu'il produit une matière qu'il utilise pour l'extraction du sucre et avec laquelle il peut augmenter nombre de ses bestiaux, se livrer à l'engraissement et produire plus d'engrais pour améliorer ses terres. — pour le consommateur, qui aura à meilleur marché une denrée si précieuse pour toutes les classes de la société. — Je ne reviendrai pas sur la culture de cette plante. — Les meilleures betteraves à sucre sont :

1. Blanche de Silesie.   2. La Castelnaudarie.
3. La Blanche a Collet roses.

V.ᵉ Section. — Plantes amilacées.

Les plantes amilacées sont celles qui sont cultivées spécialement pour l'obtention de la fécule.

Dans cette section nous ne trouvons que la pomme-de-terre, seule plante qui permette ici de se livrer en grand à l'industrie du féculeur, en même temps qu'elle présente de grands avantages à l'agriculteur. Féculant, le cultivateur trouve dans le produit qu'il utilise une espèce précieuse à mettre en tête d'assolement comme plante sarclée pour nétoyer les terres et les préparer aux cultures subséquentes ; ayant extrait la fécule des pommes-de-terre râpées, le résidu lui sert à nourrir ses troupeaux, qui augmentent ses ressources par l'entretien de la fertilité des terres. — Je ne reviendrai pas sur la culture de cette plante. —Les variétés estimées par les féculeurs sont, entr'autres,

199. *Pomme-de-terre.*

1. PATRAQUE JAUNE. 2. JAUNE HATIVE.
3. TARDIVE D'IRLANDE.

VI.ᵉ SECTION. — Plantes économiques.

Dans cette section se trouvent groupées les plantes qui donnent divers produits étrangers à ceux qui sont fournis par les végétaux des sections précédentes; j'y ai aussi rangé celles que l'on utilise dans diverses circonstances pour satisfaire à quelques besoins imposés par les situations.

200. *Houblon.*

Plante vivace, dioïque, croissant à l'état sauvage dans les haies et les buissons, qui est pour quelques parties de la France et pour quelques contrées du nord de l'Europe l'objet d'une culture fort importante. Ce sont les fruits nommés *Lupiline,* portés par les pieds femelles, qui sont les produits que l'on recherche par la culture de cette plante : ces fruits amers servent à la fabrication de la bierre. Demande une terre profonde, légère et substantielle. Pour cultiver avec succès le houblon, on doit fumer et labourer profondément le sol destiné à devenir la *Houblonnière;* le diviser et l'ameublir afin de le bien préparer à recevoir les plants. On plante d'automne dans des trous distants de 2 m. 5o c., et disposés en quinconce; les trous doivent avoir 5o centimètres de profondeur, et 7o à 8o centimètres carrés. On met un plant à chaque coin de trou dont 3 pieds pris sur des femelles et un sur des mâles, ou on met 4 pieds femelles et un mâle au milieu, car on a remarqué que les fruits fécondés sont de meilleure qualité à l'emploi. Entre les trous, en attendant que les pieds de houblon prennent de la force et occupent seuls le terrain, on met diverses plantes qui donnent leurs produits. — La première année de la plantation, labourer et biner pour entretenir la terre meuble et propre. On peut avec avantage butter chaque touffe. L'année suivante, au printemps, couper rez-terre la tige, et on détruit tous les rejets latéraux de manière à ne laisser sur chaque pied que 3 à 4 bonnes tiges : cette opération doit être répétée tous les ans à la même époque. Les tiges de houblon ayant atteint 3o à 4o centimètres, on les échalasse la première année avec des perches de 2 mètres de hauteur, en choisissant toujours, pour toutes les perches employées, le bois qui se conserve le plus

long-temps en terre. Les années suivantes la plante prenant un grand accroissement, les perches ne sauraient être
trop hautes ; elles doivent avoir environ 8 à 9 mètres de
longueur : pour chaque trou, on fixe, en enfonçant le plus
possible, 3 à 4 perches. Les tiges arrivées à un mètre
de hauteur, on les attache sur les perches avec du jonc
ou de la laine. Ensuite on suit le développement de la
plante et on attache les ramifications au fur et à mesure
qu'elles ont besoin de l'être : on se sert d'une échelle.
Dans le courant de juin labourer et pincer l'extrémité des
tiges pour arrêter le développement. La lupuline, ou le
fruit étant mûr, on pense à faire la récolte. Lorsque la
maturité a lieu. le produit pris trop tard ou trop tôt n'est
pas sans inconvénient pour la qualité. Quand le fruit
change de couleur, qu'il a pris une teinte jaune - brune
on le récolte. A cet effet, chargés de civières banées, les
ouvriers pénètrent dans la houblonnière, et munis d'un
volant, long bâton auquel est adapté une serpette, ils
coupent le sommet des ramifications qui vont joindre les perches voisines ; puis ils coupent les tiges à un mètre ou
deux de hauteur, et enlèvent les perches chargées de pampres garnies de lupiline. Cette récolte doit se faire par un
temps calme et sec. On procède ensuite à la cueillette et à
l'épluchage, et on répand au fur et à mesure les fruits sur
des toiles, dans un lieu aéré, pour les faire sécher promptement et parfaitement : on achève ensuite cette dessication à
l'étuve. Après avoir donné les soins nécessaires au terrain,
au printemps suivant on recoupe la base des tiges, laissées lors
de la récolte, rez-terre. C'est la troisième année qu'une
houblonnière est en bon rapport, rapport qui peut s'entretenir par une culture bien suivie pendant 15 ou 20 ans.
— Dans quelques endroits on récolte les jeunes pousses du
houblon, que l'on considère comme légume.

1. MALE.   2. FEMELLE.

201. *Tabac, Nicotiane.*

Le Tabac est une plante annuelle originaire d'Amérique,
dont la culture ne peut être suivie par tous les cultivateurs.
Il faut être autorisé pour se livrer à la culture de cette
plante, sans cela, même la plus petite quantité de pieds
trouvés chez un particulier, l'expose à une forte amende.
Quelques départemens de la France et quelques points de

ces départemens sont désignés par le Gouvernement pour sa culture en grand, et ce sont ces contrées qui fournissent aux besoins de la consommation de la population, consommation qui est très-considérable aujourd'hui, que l'usage du tabac est devenu une sorte de nécessité. — Semer en mars sur couche, en abritant le plant pendant la nuit ; le plant étant assez fort, en avril ou mai, le repiquer en ligne dans une terre très-bonne, très-meuble, substantielle et parfaitement préparée : les plants doivent être espacés de 5o à 7o centimètres les uns des autres, pour que les feuilles puissent acquérir tout leur développement. Biner le terrain pour entretenir sa surface meuble et propre. La tige arrivée à une certaine hauteur, on étête la plante de manière à faciliter le développement des parties foliacées, afin qu'elles soient moins abondantes mais plus belles. On commence à récolter les feuilles en juillet; à cette époque on ne prend que les feuilles de la base, celles qui se rapprochent le plus du sol. On enlève ensuite les autres en continuant jusqu'aux gelées. : cette dernière récolte fournit les produits les plus estimés. Les feuilles cueillies, on les fait sécher. Cette plante ne résiste pas aux premières gelées d'automne, aussi de ce moment toute récolte cesse. On a besoin de semences pour pourvoir à la reproduction de ces plantes, et à cet effet, un pied de tabac, qui est très-fécond en graines, suffit pour fournir les plants nécessaires à la garniture d'une immense étendue de terrain.

1. ORDINAIRE.   2. DU LEVANT, ou *à la Reine,*
                                 Tabac rustique.

202. *Cardère, Chardon foulon, Chardon bonnetier.*

Cette plante est bisannuelle et fournit des têtes qui sont employées dans l'industrie. C'est l'appareil floral qui est le produit que l'on recherche ; les folioles calicinales, nombreuses sur chaque tête, sont résistantes et recourbées en crochet, et forment, par leur réunion, une sorte de peigne pour peigner les draps. Elle demande une terre profonde et bien fumée ; se sème en automne dans les contrées méridionales, et dans les localités septentrionales au printemps, à la volée et mieux en lignes espacées de 5o centimètres. On commence à récolter dès que les têtes jaunissent, et on continue cette récolte au fur et à mesure de la maturité des produits ; on les fait sécher, puis on les met en paquets pour les vendre. Chaque tête doit être munie d'une portion de tige longue de 25 à 30 centimètres.

203. *Soude.*

Les plantes nommées Soudes, fournissent par l'incinération la matière alcaline, le sel alkalin appelé soude, qui entre dans la composition du savon et qui sert au blanchissage du linge. Plusieurs espèces de soude fournissent ce produit.

1. Couchée, ou *kali*. — Plante annuelle originaire des lieux maritimes de la France.

2. A longues feuilles, *Soda*. — Plante annuelle du midi de la France.

3. Cultivée. — Plante annuelle originaire d'Espagne.

204. *Prêle.*

Les tiges articulées de cette plante vivace qui croît en France, sont employées pour polir les bois et les métaux ; c'est à l'aspérité de la surface de la tige, que l'on doit les propriétés qui font rechercher cette espèce.

205. Iris germanique. — Plante vivace dont les parties souterraines coupées par morçeaux, enfilées en chapelet, se mettent dans la lessive pour aromatiser le linge.

206. Chiendent pied de poule. — Les racines dûres et roides de cette plante, qui croît chez nous à l'état sauvage, sont employées pour la fabrication des brosses, des balais et des pinceaux en chiendent.

207. Sorgho. — Les panicules de cette plante annuelle déjà citée parmi les céréales, servent à faire des balais.

208. Roseau, *Canne de Provence*. — Plante vivace dont les tiges nommées vulgairement *cannes*, servent à faire des brins pour pêcher à la ligne, des cannes, etc.

209. Roseau a balais. — Plante vivace croissant dans nos marécages, et dont les panicules servent à faire des balais.

210. Barbon velu, *Brossière*. — Plante vivace du midi de la France, dont les racines servent à faire des brosses, et les épis à faire des balais.

211. Roseau des sables.
212. Elyme des sables.
213. Chiendent glauque.
214. Chiendent jonciforme.
215. Laiche des sables.
216. Laiche velue.

Ces plantes vivaces, originaires de France, servent, à cause de la force de leurs racines nombreuses, pénétrantes et résistantes, à retenir les terrains mouvans des berges, des talus et les bancs de sables mouvans sur les dunes ou ailleurs.

V.ᵉ Division. — Plantes usuelles.

Dans cette division j'ai compris les plantes employées en médecine, les plantes vénéneuses et les plantes aromatiques.

I.ʳᵉ Section. — Plantes aromatiques.

Les plantes aromatiques, désignées ainsi à cause de l'odeur forte qu'elles exhalent, odeur qui est due à l'huile essentielle ou volatile qu'elles contiennent, sont employées soit en médecine, soit dans la cuisine pour aromatiser les mets, soit dans la parfumerie, la distillerie, pour l'extraction de l'huile essentielle, tels sont le Thym, la Lavande, la Sauge, la Menthe, l'Absinthe, etc.

II.ᵉ Section. — Plantes officinales.

Je réunis dans cette section toutes les plantes qui sont d'un usage journalier dans la médecine, telles sont le Tussilage Pas d'Ane, le Bouillon blanc, l'Hellebore, la Rhubarbe, etc.

III.ᵉ Section. — Plantes vénéneuses.

Comprenant les végétaux qui sont considérés comme véritables poisons et desquels on doit se méfier, car les plantes qui sont réputées comme telles sont plus ou moins malfaisantes, telles sont la Jusquiame, l'Aconit, la Belladone, la Stramoine, etc. Ces plantes sont ou peuvent être officinales, c'est-à-dire qu'elles sont pour la plupart employées en médecine.

VI.ᵉ Division. — Plantes nuisibles dans les cultures.

Dans cette division doivent entrer les plantes que le cultivateur rencontre dans ses cultures et qu'il considère justement comme de mauvaises herbes qui envahissent le terrain au préjudice des plantes cultivées.

I.ʳᵉ Section. — Plantes spontanées.

Par plantes spontanées on entend les végétaux qui croissent naturellement dans toutes les localités et qui y restent, quelle que soit la culture à laquelle on se livre.

II.ᵉ Section. — Plantes adventices.

Les plantes adventices sont celles qui adviennent dans les terres par le fait d'une culture quelconque, et qui cessent de reparaître dès qu'on change cette culture.

Les mêmes végétaux pouvant entrer simultanément dans chacune de ces sections, pour éviter les répétitions, simplifier le travail des élèves et pour faire en sorte de présenter dans le jardin d'étude un assez grand nombre d'espèces, je réunirai toutes ces plantes dans un seul compartiment, sans division, et je les rangerai dans l'ordre de leur affinité organique, ordre qui sera d'autant plus avantageux pour MM. les élèves, qu'ils pourront se faire l'idée d'une classification scientifique fondée sur la ressemblance des plantes.

1. Scolopendre. — Plante officinale.
2. Polypode commun. — Plante officinale.
3. Fougère male. — Plante officinale.
4. Fougère femelle. — Plante officinale.
5. Pteris aquiline. — Plante des sables humides.
6. Capilaire du Canada. — Plante officinale.
7. Prêle de champs. — Plante croissant dans les terres et dans les prairies humides.
8. Arum, ou *Gouet maculé*. — Plante officinale.
9. Arum, ou *Gouet serpentaire*. — Plante officinale.
10. Linaigrette a épis. — Plante croissant dans les prairies marécageuses.
11. Panis verticillé. — Plante croissant dans les terres labourées.
12. Agrostis stolonifère, *Trainasse*. — Plante nuisible; dans les terres labourées,
13. Digitaire colorée. — Plante croissant dans les terres labourées.
14. Ivraie. — Plante nuisible; croissant dans les terres labourées avec les céréales.
15. Chiendent. — Plante officinale nuisible; dans les cultures.
16. Brome des Seigles. — Plante nuisible; dans les terres labourées.
17. Brome des champs. — Plante nuisible; dans les terres labourées; croissant aussi dans les prairies sèches.
18. Brome stérile. — Plante nuisible; dans les terres labourées; croissant aussi dans les prairies sèches.

19. BROME DES TOITS. — Plante nuisible; dans les terres labourées; croissant aussi dans les prairies sèches et arides.

20. BROME PINNÉ. — Plante croissant dans les mauvais sols, surtout dans les terres calcaires.

21. BROME DES BOIS. — Pl. croiss. dans les bois ombragés.

22. AVOINE BULBEUSE, ou *à chapelet.*—Plante nuisible; dans les terres labourées.

23. AVOINE AVERON. — Pl. nuisible; dans les terres labour.

24. AVOINE STÉRILE. — Pl. nuisible; dans les terres labour.

25. COLCHIQUE D'AUTOMNE. — Plante vénéneuse, officinale; nuisible dans les prairies.

26. VERATRE BLANC, *Hellébore blanc.* — Plante vénéneuse, officinale.

27. HOUX FRELON, *Fragon.* — Plante officinale.

28. ASPERGE SAUVAGE. — Plante officinale.

29. SCEAU DE SALOMON. — Plante officinale.

30. TAMNE COMMUN. — Plante officinale.

31. LIS BLANC. — Plante officinale et d'ornement.

32. ALOÈS SOCCOTRIN. — Plante officinale; d'orangerie.

33. MUSCARI COURONNÉ. — Plante nuisible; dans les terres labourées.

34. SCILLE MARITIME. — Plante officinale.

35. IRIS DE FLORENCE. — Plante officinale.

36. IRIS DES MARAIS. — Plante officinale.

37. ARISTOLOCHE CLEMATITE.—Plante officinale et nuisible; dans les cultures.

38. CABARET. — Plante officinale.

39. POLYGONE BISTORTE. — Plante officinale.

40. POLYGONE RENOUÉE, *Cochonette.* — Plante officinale; très-commune dans les cours et partout.

41. POLYGONE PERSICAIRE. — Plante des terrains humides.

42. POLYGONE LISERON. — Pl. nuisible; dans les cultures.

43. PATIENCE. — Plante croissant dans les prairies basses, et plante officinale.

44. GRANDE OSEILLE DES PRAIRIES.
45. OSEILLE CRISPÉE.   } Plantes croissant dans les prairies.
46. OSEILLE ORDINAIRE DES PRÉS.

47. RHUBARBE RHAPONTIC.
48. RHUBARBE COMPACTE.   } Plantes officinales; cultivées.
49. RHUBARBE PALMÉE, ou *de la Chine.*

(163)

50. Chenopode bon Henry. — Plante officinale.

51. Chenopode vulvaire.
52. Chenopode polysperme.
53. Chenopode des murailles. } Plantes nuisibles; dans les
54. Arroche hastée.   terres.
55. Arroche étalée.
56. Amaranthe blette.
57. Amaranthe sauvage.

58. Plantain grand. — Plante officinale.
59. Plantain moyen. — Plante des prairies.
60. Plantain lancéole. — Plante des prairies.
61. Plantain des sables. — Plante croissant dans les terres
    siliceuses.
62. Dentelaire d'Europe. — Plante officinale,

63. Mouron rouge. } Plantes nuisibles; dans les terres.
64. Mouron bleu.

65. Lysimachie vulgaire. — Plante des prairies basses.
66. Primevère commune, *Coucou*. — Plante officinale et
    des prairies.
67. Ményanthe, *Trèfle d'eau*. — Plante officinale.
68. Polygala, *Herbe au lait*. — Plante des prairies.
69. Véronique officinale, *Thé d'Europe*. — Pl. officinale.
70. Véronique triphylle. — Plante nuisible; dans les terres
    labourées.
71. Véronique beccabunga. — Plante officinale; croissant
    dans les terres submergées.
72. Véronique des champs. — Plante nuisible dans les terres
    labourées.
73. Véronique germandrée. — Plante des prairies.
74. Véronique petit Chêne. — Plante des prairies.
75. Euphraise officinale. — Plante officinale.
76. Crête de coq, *Cocrête*. — Plante croissant dans les
    prairies.
77. Mélampyre des champs, *Rouget*. — Plante nuisible;
    dans les terres labourées.
78. Verveine officinale. — Plante officinale.
79. Sauge des prés. — Plante aromatique; croissant dans
    les prairies.
80. Sauge orvale, *Toute bonne*. — Plante aromatique.
81. Sauge officinale. — Plante aromatique.
82. Germandrée, *petit Chêne cultivé*. — Plante officinale.

83. Germandrée, *petit Chêne sauvage.* — Pl. officinale.
84. Germandrée des bois. — Plante officinale.
85. Germandrée *scordium* — Plante officinale.
86. Sariette annuelle. — Plante aromatique pour assaisonnemens; cultivée.
87. Sariette vivace. — Plante aromatique; cultivée.
88. Hysope officinale. — Plante aromatique; cultivée.
89. Cataire, *Herbe aux chats.* — Plante officinale.
90. Lavande. — Plante aromatique; cultivée.
91. Clinopode commun. — Plante aromat. des prairies.
92. Galéope des champs.—Plante nuisible; dans les terres.
93. Menthe cultivée. — Plante aromatique, officinale; cultivée.
94. Menthe poivrée. — Pl. aromatique offic.; cultivée.
95. Menthe a feuilles rondes, *Baume.* — Plante aromatique; des prairies.
96. Menthe crispée. — Plante aromatique; des prairies.
97. Menthe sauvage. — Plante aromatique; des prairies.
98. Menthe pouliot. — Plante aromatique; officinale.
99. Lierre terrestre. — Plante aromatique; officinale.
100. Lamier blanc. — Plante officinale.
101. Lamier pourpre. — Plante nuisible; dans les terres labourées.
102. Bugle rempante. — Plante des prairies.
103. Betoine officinale. — Plante des bois; officinale.
104. Stachide, *Crapaudine dressée.* — Plante croissant dans les pâturages.
105. Stachide cotoneuse. — Plante des sols calcaires.
106. Stachide des marais. — Plante croissant dans les terres humides et marécageuses.
107. Marube noir. — Plante aromatique.
108. Marube blanc, ou *Commun.* — Plante officinale.
109. Cardiaque officinale. — Plante officinale.
110. Origan commun. — Plante aromatique, officinale.
111. Origan marjolaine. — Plante aromatique, officinale; cultivée.
112. Thym commun. — Plante aromatique; cultivée.
113. Thym serpolet. — Plante aromatique des pâturages.
114. Mélisse officinale. — Plante aromatique, officinale; cultivée.
115. Mélisse Calament. — Plante aromatique, officinale.
116. Basilic grand. — Plante aromatique; cultivée.

117. BASILIC PETIT. — Plante aromatique ; cultivée.
118. BRUNELLE COMMUNE. — Plante des prairies.
119. BRUNELLE A GRANDES FLEURS. — Plante de pâturages.
120. SCROPHULAIRE DES BOIS. — Plante officinale.
121. SCROPHULAIRE AQUATIQUE. — Plantes des prairies humides, au bord des eaux ; officinale.
122. LINAIRE COMMUNE. — Plante des prairies.
123. LINAIRE CYMBALAIRE. — Plante officinale.
124. DIGITALE POURPRÉE. — Plante vénéneuse, officinale.
125. GRATIOLE. — Plante officinale.
126. MOLÈNE, *Bouillon blanc*. — Plante officinale.
127. JUSQUIAME NOIRE. — Plante vénéneuse.
128. DATURA STRAMOINE. — Plante vénéneuse, officinale.
129. MANDRAGORE. — Plante vénéneuse, officinale.
130. BELLADONE. — Plante vénéneuse, officinale.
131. COQUERET ALKEKENGE. — Plante officinale ; nuisible dans les terres.
132. MORELLE NOIRE, *Brede*. — Plante officinale.
133. MORELLE, *douce amère*. — Plante officinale.
134. VIPÉRINE. — Plante des terres calcaires.
135. GREMIL, ou *Perlière officinale*. — Plante officinale.
136. GREMIL, ou *Perlière des champs*.—Plante nuisible; dans les terres labourées.
137. PULMONAIRE. — Plante officinale.
138. GRANDE CONSOUDE. — Plante des prairies humides; officinale.
139. LYCOPSIS DES CHAMPS, *OEil de loup*.— Plante nuisible; dans les terres labourées.
140. ANCHUSE OFFICINALE. — Plante officinale.
141. HÉLIOTROPE D'EUROPE. — Pl. nuisible ; dans les terres.
142. BOURRACHE OFFICINALE.—Pl. médicinale ; cultivée.
143. RAPETTE. — Plante nuisible; dans les terrains cultivés.
144. CYNOGLOSSE OFFICINALE. — Plante médicinale.
145. LISERON DES CHAMPS. — Pl. nuisible ; dans les terres.
146. LISERON DES HAIES. — Pl. nuisible ; dans les cultures.
147. LISERON SOLDANELLE. — Plante officinale.
148. LISERON SCAMONÉE. — Plante officinale.
149. CUSCUTE, *Teigne*. — Pl. nuisible ; dans les cultures.
150. GRANDE GENTIANE. — Plante officinale.
151. CHIRONE, *petite Centaurée*. — Plante officinale.
152. GRANDE PERVENCHE. — Plante officinale.
153. PETITE PERVENCHE. — Plante officinale.

154. Asclépias, *Dompte-Venin*. — Plante officinale.
155. Campanule a feuilles rondes. — Pl. des prairies.
156. Campanule glomérée. — Plante des prairies.
157. Campanule, *Miroir de Vénus*. —Plante nuisible; dans les terres labourées.
158. Lobelie syphilitique — Plante officinale.
159. Epervière, *Piloselle*. — Pl. des pâturages secs.
160. Lampsane commune, *herbe aux mamelles*. — Plante nuisible; dans les terres.
161. Laitue vireuse. — Plante officinale.
162. Laitue vivace. — Plante nuisible; dans les terres calcaires.
163. Laiteron des champs. — Pl. nuisible; dans les terres.
164. Laiteron commun. — Pl. nuisible; dans les terres.
165. Crepide verte.
166. Crepide bienne. } Pl. des prairies.
167. Crepide a feuilles de Pissenlit.
168. Pissenlit. — Plante des prairies; officinale.
169. Leontondon d'Automne. } Plantes des prairies.
170. Leontondon hérissé.
171. Petite Scorsonere. — Plante des prairies.
172. Salsifis des prés. — Plante des prairies.
173. Hypochæris a longues racines. —Plante des prairies.
174. Chardon penché.
175. Chardon lanceolé.
176. Chardon a tête laineuse. } Pl. nuisibles aux cultures;
177. Chardon crispé. envahissant les terres.
178. Chardon des marais.
179. Chardon acaule.
180. Onoporde a feuilles d'Acanthe, *Chardon aux Anes*. — Plante nuisible; dans les terres.
181. Bardane. — Pl. officinale et nuisible aux cultures.
182. Centaurée jacée. } Plantes des prairies.
183. Centaurée noire.
184. Centaurée scabieuse. — Plante des sols calcaires.
185. Centaurée, *Bleuet*. — Plante nuisible; dans les terres labourées.
186. Centaurée chausse-trape. — Plante nuisible; dans les cultures.
187. Centaurée laineuse. — Plante nuisible; dans les cultures.

188. Conyse écailleuse. — Plante des prairies sèches.
189. Baume odorant. — Plante aromatique; cultivée.
190. Tanaisie. — Plante aromatique des prairies.
191. Armoise commune. — Plante des prairies.
192. Armoise absinthe. — Plante officinale; cultivée.
193. Armoise maritime. — Pl. officinale et aromatique.
194. Immortelle, *Pied-de-Chat*. — Plante officinale.
195. Tussilage, *Pas-d'Ane*. — Plante officinale; nuisible dans les terres.
196. Tussilage pétasite. — Plante nuisible des prairies.
197. Eupatoire a feuilles de Chanvre. — Pl. des prairies.
198. Santoline. — Plante aromatique; cultivée.
199. Paquerette, *petite Marguerite*. — Pl. des prairies.
200. Chrysanthême, *grande Marguerite des prés*. — Plante des prairies.
201. Chrysanthême, *Marguerite des moissons*. — Plante nuisible dans les terres.
202. Chrysanthême odorante. — Plante nuisible; dans les terres.
203. Matricaire. — Plante officinale.
204. Souci des champs. — Pl. nuisible; dans les terres.
205. Souci official. — Plante employée dans les arts.
206. Aunée officinale. — Plante officinale.
207. Aunée, *herbe Saint-Roch*. — Plante des prairies.
208. Erigeron du Canada. — Pl. nuisible; dans les terres.
209. Erigeron acre. — Plante des prairies et des pâturages secs.
210. Seneçon commun. — Pl. nuisible; dans les terres.
211. Seneçon visqueux. — Plante des sables.
212. Seneçon jacobée. — Plante des prairies.
213. Seneçon a feuilles de Roquette. — Pl. des prairies.
214. Camomille romaine. — Plante aromatique, officinale.
215. Camomille des champs. — Pl. nuisible; dans les terres.
216. Camomille fétide. — Pl. nuisible dans les terres.
217. Achillée, *Mille-Feuilles*. — Plante des prairies.
218. Achillée sternutatoire. — Plante des prairies.
219. Spilanthe, *Cresson de Para*. Pl. officinale; cultivée.
220. Spilanthe, *Cresson de Para brun*. — Plante officinale; cultivée.
221. Cordère sauvage. — Pl. nuisible; dans les terres.
222. Scabieuse tronquée. — Plante officinale.
223. Scabieuse colombaire. — Pl. des pâturages secs.

224. SCABIEUSE DES CHAMPS. — Pl. des prairies ; officinale.
225. VALÉRIANE OFFICINALE. — Plante médicinale.
226. SHÉRARDE DES CHAMPS. — Pl. nuisible ; dans les terres.
227. ASPÉRULE DES CHAMPS. — Pl. nuisible ; dans les terres.
228. CAILLE-LAIT, *petit Grateron.* — Plante nuisible ; dans les terres labourées.
229. CAILLE-LAIT, *grand Grateron.* — Plante des haies.
230. CAILLE-LAIT DES MARAIS. ⎫
231. CAILLE-LAIT BLANC. ⎬ Plantes des prairies.
232. CAILLE-LAIT JAUNE. ⎭
233. CROISETTE. — Plante des pâturages.
234. COROTTE SAUVAGE. — Plante des prairies.
235. GRANDE BOUCACE. — Plante des prairies.
236. BOUCAGE SAXIFRAGE. — Plante des pâturages.
237. ANIS. — Plante officinale ; cultivée.
238. CARVI CULTIVÉ. — Plante officinale.
239. GRAND FENOUIL. — Plante aromatique.
240. FENOUIL DES MOISSONS. — Plante aromatique.
241. SESELI DES MONTAGNES. — Plante des pâturages.
242. CERFEUIL SAUVAGE. — Plante des prairies.
243. CERFEUIL ENNIVRANT. — Plante vénéneuse.
244. SCANDIX, *Cerfeuil odorant.* — Plante aromatique.
245. SCANDIX, *Peigne de Vénus.* — Pl. nuisib. dans les terres.
246. CORIANDRE. — Plante officinale ; cultivée.
247. PETITE CIGUE. — Plante vénéneuse.
248. CIGUE MACULÉE — Plante vénéneuse.
249. CIGUE AQUATIQUE. — Plante vénéneuse.
250. CIGUE VÉNÉNEUSE. — Plante vénéneuse.
251. ŒNANTHE FISTULEUSE. — Plante des prairies.
252. ŒNANTHE A FEUILLES DE PERSIL. — Pl. des prairies.
253. CUMIN OFFICINAL. — Plante officinale.
254. ANGÉLIQUE. — Plante aromatique, officinale et pour confire ; cultivée.
255. ACHE, *Livèche.* — Plante officinale.
256. BERCE DES PRÉS. — Plante des prairies.
257. CAUCALIS, *fausse Carotte.* — Plante nuisible ; dans les cultures.
258. CUCALIS ANTHRISCUS. — Plante croissant dans les pâturages secs.
259. RUPLEVRE FALCIFORME.—Pl. croissant dans les prairies.
260. PEUCEDANUM, *Queue de pourceau.* — Pl. officinale.
261. AMMI OFFICINAL. — Plante médicinale.

262. Sanicle d'Europe. — Plante officinale.

263. Erynge, Panicaut, *Chardon Rolond.* — Plante nuisible ; dans les pâturages secs.

264. Adonide estivale. — Pl. nuisible ; dans les cultures.

265. Renoncule petite douve.
266. Renoncule grande douve.
267. Renoncule scélérate.
— Plantes vénéneuses ; nuisibles ; dans les prairies humides.

268. Renoncule bulbeuse.
269. Renoncule acre.
270. Renoncule rempante.
271. Renoncule laineuse.
— Plantes vénéneuses ; croissant dans les prairies et dans les terres labourées.

272. Renoncule ficaire. — Plante officinale.

273. Renoncule des champs. — Pl. nuisible ; dans les terres.

274. Hellebore fétide, *Pied de griffon.* — Pl. officinale.

275. Nigelle cultivée. — Plante aromatique.

276. Nigelle des champs. — Pl. nuisible ; dans les champs.

277. Pigamon jaune. — Pl. des prairies basses et humides.

278. Dauphinelle des moissons, *Pied d'alouette des moissons.* — Plante nuisible dans les terres.

279. Dauphinelle staphysaigre. — Pl. officinale ; cultivée.

280. Aconit napel.
281. Aconit tue-loup.
282. Aconit Anthora.
— Plantes vénéneuses ; cultivées.

283. Populage des marais. — Plante des prairies humides.

284. Pivoine male. — Plante officinale ; cultivée.

285. Pavot, *Coquelicot.* — Plante officinale ; nuisible dans les terres.

286. Pavot somnifère. — Plante officinale ; cultivée.

287. Grande Chelédoine, *Eclair.* — Pl. sauvage ; officinale.

288. Cheledoine glauque, *Pavot cornu.* — Pl. des sables.

289. Fumeterre officinale. — Plante médicale ; nuisible dans les terres.

290. Raifort des moissons. — Pl. nuisible ; dans les terres.

291. Moutarde des champs, *Sanve, Semble, Sénevé* — Pl. nuisible dans les terres.

292. Velar, *Herbe aux Chantres.* — Plante officinale, nuisible ; dans les terres.

293. Velar, *Herbe Sainte-Barbe.* — Plante des prairies ; officinales.

294. Velar, *Alliaire.* — Plante nuisible ; dans les terres ; officinale.

295. CRESSON SAUVAGE.
296. CRESSON DES MURAILLES.
297. CRESSON DES VIGNES.
298. CRESSON IRIO.
299. CRESSON, *Sagesse des chirurgiens*.

} Plantes plus ou moins nuisibles ; dans les terres.

300. CRESSON FLEURI. — Plante des prairies.
301. COCHLEARIA OFFICINAL. — Plante médicinale ; cultivée.
302. COCHLEARIA, *Corne de Cerf*. — Plante des pâturages incultes.

303. IBÉRIDE AMÈRE.
304. THLASPI DES CHAMPS.
305. THLASPI CHAMPÊTRE.
306. THLASPI, *Bourse à Pasteur*.

} Plantes nuisibles ; dans les terres.

307. RÉSEDA JAUNE. — Plante des prairies.
308. MILLEPERTUIS. — Plante des prairies ; officinale.
309. GERANIUM, *Herbe à Robert*.
310. GERANIUM, *bec de gru*.
311. GERANIUM MOU.
312. GERANIUM A FEUILLES DÉCOUPÉES.

} Pl. plus ou moins nuisibles.

313. OXALIS DES BOIS, *Alleluya*. — Plante officinale.
314. MAUVE A FEUILLES RONDES. — Plante officinale ; des terres labourées.
315. MAUVE SAUVAGE. — Plante officinale ; des prairies.
316. MAUVE ALCÉE. — Plante des prairies.
317. ALCÉE, *Guimauve*. — Plante officinale ; cultivée.
318. RUE PUANTE. — Plante officinale ; cultivée.
319. VIOLETTE ODORANTE. — Plante officinale ; cultivée.
320. PENSÉE SAUVAGE. — Plante officinale nuisible ; dans les terres.
321. ALCINE, *Mouron des Oiseaux*. — Plante nuisible ; dans les terres.
322. SAPONAIRE OFFICINALE. — Plante médicinale.
323. CUCUBALE BÉHEN. — Plante des prairies.
324. LYCHNIS DES PRÉS — Plante des prairies.
325. LYCHNIS DIOÏQUE, *Compagnon blanc*. — Plante des prairies.
326. NIELLE, *Coquelourde des moissons*. — Plante nuisible ; dans les terres.
327. SÉDUM ORPIN. — Plante officinale.

328. Sédum blanc.
329. Sédum penché.
330. Sédum cepæa.
331. Sédum acre. } Plantes plus ou moins nuisible; caractérisant les terrains siliceux.

332. Joubarbe. — Plante officinale; venant sur les toits.
333. Saxifrage granulé. — Plante des prairies.
334. Onagre bienne. — Pl. économique.
335. Epilobe mou.
336. Epilobe velu. } Plantes des prairies.

337. Salicaire. — Plante des prairies humides.
338. Aigremoine. — Plante des prairies.
339. Alchemille, *Pied-de-Lion*. — Dans les terres.
340. Tormentille dressée. — Plante officinale.
341. Tormentille rempante. — Plante des pâturages.
342. Potentille anserine. — Pl. des pâturages humides.
343. Potentille rempante. — Pl. des prairies ; officinale.
344. Potentille printanière. — Pl. des pâturages secs.
345. Fraisier des bois. — Plante officinale.
346. Benoite. — Plante officinale.
347. Spirée ulmaire. — Plante des prairies.
348. Spirée filipendulée. — Plante des pâturages et des prairies.
349. Casse séné. — Plante officinale.
350. Ononis, *Arête - Bœuf, Bugrane*. — Plante nuisible; dans les terres.
351. Mélilot bleu, *Baume du Pérou*. — Plante aromatique et officinale.
352. Trèfle des champs, *Pied-de-Lièvre*. — Plante nuisible ; dans les cultures.
353. Astragale des bois.
354. Astragale, *Café de Suède*. — Plante économique.
355. Gesse vesce. — Pl. croissant dans les terres labourées.
356. Gesse des prés. — Plante des prairies.
357. Pied-d'oiseau. — Plante caractérisant les sols sableux.
358. Vesce des prés. — Plante des prairies.
359. Mercuriale annuelle; *Foirole*. — Plante nuisible ; dans les cultures.
360. Mercuriale vivace. — Plante des bois.
361. Euphorbe épurge. — Plante officinale.
362. Euphorbe, *petit Cyprès*. — Plante officinale; croissant sur les pâturages secs.
363. Euphorbe des bois.

364. EUPHORBE, *Réveil-Matin*. — Plante vénéneuse, nuisible ; dans les terres.
365. BRIONE DIOÏQUE, *Navet bâtard*. — Plante nuisible et officinale.
366. MOMORDIQUE, *Concombre sauvage*.
367. COLOQUINTE OFFICINALE. — Plante médicinale.
368. ORTIE GRIÈCHE. — Plante nuisible ; dans les terres.
369. PARIÉTAIRE OFFICINALE. — Plante médicinale.

ÉCOLE

DE CULTURE PRATIQUE.

Dans ce compartiment du jardin, on trouve en petit la démonstration des différentes opérations culturales les plus difficiles, celles qui nécessitent de l'attention et de véritables connaissances. Les diverses sortes de semis, de boutures, de marcottes et les autres multiplications, y occupent une place et peuvent y être étudiées et suivies dans tous les détails de l'exécution. Différens modèles pour diriger dans la taille des arbres fruitiers figurent aussi dans cette école, de même qu'on y trouve les principales essences ligneuses propres à faire des haies et des brise-vents, ainsi que tout ce qui devient indispensable pour l'intelligence de quelques parties pratiques du cours.

Les exemples qui garnissent cette école, sont disposés dans le même ordre que celui qui est suivi dans la description que nous donnons ici, et dans les planches qui s'y rapportent.

J'ai reproduit dans cette école une partie des exemples qui existaient au Jardin du Roi, à Paris, dans le carré de *culture pratique* créé par André Thouin, où ce savant professeur venait, entouré d'un nombreux auditoire, faire la partie pratique de son cours.

1.º DE LA MULTIPLICATION DES VÉGÉTAUX.

1.º MULTIPLICATION NATURELLE.

Des Semis.

1. Fosse de stratification *ou Germoir* (Pl. II, fig. 1). — En usage dans les pépinières et dans les forêts, pour les graines qui exigent le semis immédiat ou pour celles qui se conservent mieux dans la terre jusqu'au moment du semis. — A cet effet, après avoir pratiqué une fosse dont les dimensions varient suivant la quantité de graine sur laquelle on opère, on dispose par lits ou par couches les graines *b* entre des couches de sable ou de terre légère *a;* — glands, noix, châtaignes, amandes, graines de Frênes, d'Erables, etc.

2. Semis a plat, en *Carrés* ou en *Planches*. Ce sont les semis qui se pratiquent ordinairement dans les champs pour les Céréales, les plantes fourragères, etc. ; et dans les jardins pour le plus grand nombre de plantes légumières, etc.

3. Semis en banquettes. — En usage en Sylviculture, en Horticulture et même en Agriculture, pour augmenter l'épaisseur de la terre végétale, et pour faciliter la dessication des sols humides.

4. Semis en billons. — En usage en Agriculture pour les terrains humides à sous sol imperméable. — Formation à la charrue de planches plus ou moins étroites, bombées au centre, séparées par un sillon.

5. Semis en double billon. — Pratiqué en Agriculture dans les situations semblables à celles indiquées n.º 4. — Multiplication des billons en planches plus étroites afin d'avoir plus de surfaces bombées et de sillons qui facilitent une plus prompte dessication du sol et un plus facile écoulement aux eaux.

6. Semis encaissés ou en *Fosses*. — En usage dans les champs et dans les jardins, surtout pour la culture des Asperges. Ce semis pourrait s'étendre à d'autres cultures dans les terrains secs et dans les climats méridionaux.

7. Semis sur buttes. — En usage dans les jardins et en plein champs pour la culture en grand des melons, des potirons, des concombres et de toutes les citrouilles en général. — Faire un trou, le remplir de fumier ou de feuilles et mettre par dessus la terre, relevée en butte, au centre du sommet de laquelle on sème.

8. Semis en rayon. — Pratiqué en Agriculture, en Sylviculture et en Horticulture, pour les plantes qui veulent être semées en ligne, qui exigent des binages et qui demandent à être buttées..

9. Semis en rigoles. — Diffère du semis précédent par les rayons qui sont plus profonds. — Avantageux dans les terrains secs surtout, et pratiqué en Agriculture, en Sylviculture et en Horticulture, et spécialement dans les pépinières.

10. Semis sur crête. — Pour établir des haies et pour utiliser le terrain qui se trouve entre des fossés destinés à des cultures spéciales.

11. Semis en poquets, *Augets* ou *Pochets*. — En Agriculture, pour le Maïs, en forêt pour regarnir des clairières,

(175)

et en Horticulture, pour les Haricots, les Lentilles, les Fèves, les Pois, etc.

11. Semis sur corps étrangers. — Cet exemple sert à faire voir la multiplication du *Guy* et son implantation séminale sur les pommiers surtout, qui sont ravagés, dans certaines localités, par cette plante parasyte.

12. Semis sur couche. — *Sur couche élevée et sur couche sourde ou encaissée.* — Ne se pratique qu'en horticulture.

II. Multiplication artificielle.

1. *Du Marcottage ou Couchage.*

1. Marcottage en butte (pl. II, fig. 2). — Se pratique dans les pépinières pour la multiplication rapide de certains végétaux. Amasser autour de la mère *a* un monticule de terre *b,* de manière à enterrer tous les jets *c* de la mère jusqu'à un certain point de leur étendue. Des points enterrés de chacun des jets, il sort des racines *d* qui permettent, après l'enracinement parfait, de séparer du pied mère ces jets, qui deviennent autant de plants bien constitués.

1.er *Exemple.* La mère rabattue du pied au printemps.

2.e —— La mère pourvue de nouveaux jets et préparée à recevoir le buttage.

3.e —— La mère buttée.

2. Marcottage en archets (pl. II, fig. 3). — Ordinairement pratiqué dans les pépinières pour la multiplication des végétaux ligneux. — Peut aussi être employé avec avantage en forêt, pour garnir les places vides. *a* La mère présentant des jets couchés et enracinés *b,* et des jets de nouveau développement *c,* qui seront couchés, l'année suivante, après le *sevrage* et l'enlèvement des *marcottes* reprises. — *d* Marcotte sevrée, présentant un plant bien constitué.

3. Marcottage en provin, ou Provignage (pl. II, fig. 4). — Pratiquée dans tous les vignobles. — *a* Ceps fournissant le sarment couché *b,* devenant le *provin* qui, enraciné et séparé de la mère, prend aussi le nom de *chevelée.*

4. Marcottage en serpenteau (pl. II, fig. 5). — Pratiqué en horticulture pour obtenir d'un seul jet plusieurs marcottes, conséquemment plusieurs pieds. — Ce moyen est avantageux pour multiplier promptement une plante à

laquelle on tiendrait beaucoup. En effet, la mère *a* ayant plusieurs branches couchées, semblables à celle qui l'est en *b*, on comprend qu'il serait facile d'obtenir, dans l'année même, plusieurs plants, puisque la ramification *b*, enterrée sur plusieurs points de son étendue, peut donner quatre marcottes, *c, d, e, f*.

5. MARCOTTAGE EN MANNEQUIN (pl. II, fig. 6). — Employé pour la multiplication des vignes de treille, le chasselat de Thomery et autres variétés, les figuiers, etc. Ce moyen, qui peut s'étendre à une quantité de végétaux, offre l'avantage de fournir un plant qu'on obtient en motte, et qui peut être ainsi envoyé, sans crainte de non reprise, partout, même à une distance éloignée. *a* La mère, *b* la marcotte plongée dans le mannequin *c* enterré dans le sol.

6. MARCOTTAGE EN POTS FENDUS (pl. II, fig. 7, *a*).

7. MARCOTTAGE EN ENTONNOIR (pl. II, fig. 7, *b*).

Ces deux marcottages se pratiquent particulièrement sur des plantes délicates et rares; ils se pratiquent surtout avec avantage sur des végétaux dont les ramifications sont trop éloignées du sol pour pouvoir être enterrées. *c* Pieux supportant le pot et l'entonnoir renfermant les marcottes.

8. MARCOTTAGE EN CAISSE (pl. II, fig. 8). — En usage pour les plantes rares, et avantageusement praticable sur des végétaux dont les ramifications sont trop éloignées de la terre pour y être facilement plongées. — *a* Mère, *b* ramifications couchées dans une caisse en bois *c*, élevée de terre suivant le besoin.

9. MARCOTTAGE PAR INCISION (pl. II, fig. 9). — *a* Incision. — Faire une fente longitudinale sur la partie enterrée de la marcotte, afin de faciliter et d'accélérer l'enracinement : les œillets se marcottent ainsi.

10. MARCOTTAGE PAR STRANGULATION (pl. II, fig. 10). — *a* Strangulation. — Serrer avec un fil de métal l'un des points de la partie enterrée de la marcotte, afin d'obtenir par ce resserrement d'écorce, un étranglement, des bourrelets qui facilitent l'émission des racines.

Ces deux derniers moyens peuvent s'appliquer à tous les genres de marcottes, et sont surtout avantageux pour la multiplication de certaines plantes qui s'enracinent difficilement.

(177)

2. *Des Boutures.*

1. **Bouture par racines** (pl. II , fig. 11). — Pour multiplier certains végétaux qui se propagent difficilement. — *a* Bouture plongée, *b* bouture enracinée.

2. **Bouture par rameaux** (pl. II , fig. 12). — Très-ordinairement pratiquée pour la multiplication des arbres, des arbustes et des arbrisseaux. — On opère sur des ramifications du développement de l'année.

3. **Bouture par rameaux avec talon** (pl. II , fig. 13). — Diffère de la précédente par la base de la bouture, qui est terminée par une petite portion du point d'implantation, *talon,* du rameau qui est de plus ancienne formation que ce rameau, et qui a été arraché en enlevant ce dernier : *a* est le *talon.*

4. **Bouture par crossettes** ou *chapons* (pl. II, fig. 14). — Très-avantageuse pour la multiplication des vignes. — On opère sur un sarment de l'année, *a,* enlevé lors de la taille, muni d'une petite portion du sarment de la taille précédente *b.*

5. **Bouture par fiches** (Pl. II , fig. 15). — Pour la multiplication de certains arbres forestiers, de plantation, et pour l'établissement des *Oseraies.* — Prendre la base des scions de l'année, coupés de la longueur de 25 à 3o centimètres, et les plonger en terre *a,* en laissant quelques centimètres au-dessus du sol ; l'année suivante la bouture est enracinée et présente un plant bien constitué, *b.*

6. **Bouture par ramées** (Pl. II , fig. 16). — Pour former plus promptement des arbres de plantation. — Opérer sur des jeunes branches vigoureuses garnies de toutes leurs ramifications en affilant l'extrémité pour faciliter leur implantation dans le sol.

7. **Bouture fourchues** (Pl. II , fig. 17). — Avantageuse pour retenir les terres mouvantes et pour fixer celles qui sont entraînées par les eaux. — On opère sur des ramifications garnies, que l'on enterre assez profondément afin de multiplier les points d'enracinement : par tous les points enterrés, il y a émission de racines.

8. **Bouture par plançons** ou *Plantards* (Pl. II , fig. 18). On opère sur une branche forte, de la grosseur du poignet,

12

à laquelle on enlève les ramifications, et que l'on étête ; on affile la base pour l'enfoncer plus facilement. Par ce moyen on établit des lignes d'arbres que l'on dirige en *Têtards* ou *Tronchées.*

9. BOUTURE PAR FASCINES. — Pour fixer les terrains mouvans et pour assurer la conservation des talus sur le bord des eaux. — Ce sont des petits fagots ou fascines faites avec des ramifications d'arbres qui s'enracinent facilement, liées en deux points et disposées les unes sur les autres par étages, séparées par un lit de terre battue, et maintenues par des pieux.

10. BOUTURE PAR ACCOUPLEMENT. — Réunir deux variétés ensemble, Groseiller avec Cassis, raisin blanc avec raisin noir, etc. — Opération plus curieuse qu'utile, figurant comme démonstration de possibilité d'exécution.

3. *Multiplications diverses.*

1. PAR MASSE FILAMENTEUSE. *Blanc*, pour la propagation des champignons.
2. PAR FILETS ou *Stolons.* — Pour celle des Fraisiers.
3. PAR OEILLETONS ou *Anahons.* — Pour les Artichauts.
4. PAR ÉCLATS DE PIED. — Framboisier, Groseiller, Oseille, Rhubarbe et toutes les plantes vivaces.
5. PAR DRAGEONS. — Paradis, Lilas, etc.
6. PAR SOBOLE ou *Rocambole.* — Ail d'Egypte, etc.
7. PAR BULBILLES. — Lis tigré, Lis bulbifère, etc.
8. PAR BULBES. — Ognon patate, Safran, et toutes les plantes bulbeuses.
9. PAR CAYEUX. — Ail, Echalotte, et toutes les plantes bulbeuses.
10. PAR ECAILLES. — Lis et beaucoup de plantes bulbeuses.
11. PAR TUBERCULES. — Pommes-de-terre, Topinambour, et toutes les plantes tuberculeuses.

4. *Des Greffes.*

Le nombre des greffes décrites dans le Cours publié par M. Oscar Leclerc, neveu du célèbre André Thouïn, est très-considérable ; manquant d'espace dans le carré de Culture de l'Ecole normale, j'ai dû me borner à n'en placer que quelques-unes des principales sortes, celles qui présentent le plus d'intérêt, qui peuvent faire connaître toutes les ressources de la pratique , préparer les Élèves à comprendre que les modifications auxquelles cette opération peut être soumise est infini, et qu'il leur sera facile en connaissant les moyens d'exécution , je ne dis pas d'inventer, mais de modifier suivant les idées qu'ils prendront en étudiant les exemples.

Ire SÉRIE. — Greffes par approche de tiges ou de ramifications.

Ce genre de greffe se pratique sur des tiges ou sur des ramifications rapprochées, sans les séparer, si ce n'est après la reprise. La greffe étant faite on la maintient par une ligature avec de l'osier fin, fendu en deux, et mieux avec de la laine grasse filée.

1. GREFFE MALESHERBES (Pl. II , fig. 19). — Profiter d'un rameau ou d'un gourmand inutile pour remplir une lacune sur un arbre que l'on doit voir régulièrement garni. — Arbres fruitiers. — Pratiquer une incision longitudinale peu profonde sur le sujet à greffer *b*, et une autre incision convexe de même dimension en longueur et en largeur sur le rameau qui doit-être greffé *c*; rapprocher les deux plaies et fixer par une ligature. — Les parties étant soudées, l'année suivante, séparer la greffe de son soutien, au-dessous du point de jonction. — *a* Rameau greffé.

2. GREFFE FORSYTH (Pl. II , fig. 20). — Cette greffe peut être pratiquée dans le même cas que la précédente. Faire une entaille peu profonde sur le sujet *a*, en ayant le soin de diriger les incisions dans le sens de la direction de la greffe et en ayant égard à l'épaisseur de cette dernière; faire une semblable entaille sur la greffe *b*, rapprocher les parties et fixer l'appareil par une ligature.

3. GREFFE MICHAUX (Pl. II , fig. 21). — Pour former des pièces de bois courbes pour les arts et l'industrie. Choisir des jets vigoureux qui deviennent la greffe ; tailler l'extrémité en bec de plume allongée *a*, courber les jets en portion de cercle, et introduire cette extrémité dans une double incision préalablement pratiquée sur la tige devenant le sujet *b*; rapprocher les parties et les fixer par une ligature. — *c* Résultat.

4. GREFFE SYLVAIN (Pl. II , fig. 22). — Former des portes rustiques, et de bois anguleux en croisant deux arbres sur leur tige, par leur tête.

Faire une entaille oblique *a*, sur l'un et sur l'autre des arbres que l'on veut rapprocher *b*; croiser ces deux arbres en les réunissant par les entailles, et les fixer dans cette situation. — Ces arbres greffés en tête avant ou après leur rapprochement, deviendront féconds en bons fruits.

5. GREFFE HYMEN (Pl. II, fig. 23). — Pour réunir des végétaux dioïques ou pour rapprocher les deux sexes, le mâle et la femelle, des arbres qui sont naturellement séparés, et pour former des bois courbes.

Faire une entaille longitudinale de même dimension, sur l'un et l'autre individu; réunir *a* et *b*, rapprocher étroitement les points opérés et fixer par une ligature.

6. GREFFE MONCEAU (Pl. II, fig. 24). — Pour raviver les arbres malades, donner de la vigueur à des arbres languissans et pour activer la végétation des arbres que l'on voudrait faire croître rapidement. — Par cette greffe, l'arbre sur lequel on opère se trouve recevoir une plus grande quantité de sève par celui qu'on lui applique. — C'est aussi un moyen d'obtenir des bois anguleux.

Planter auprès de l'arbre sur lequel on veut opérer, un sujet vigoureux, couper la tête de ce jeune individu en coin prolongé *a*; faire une incision oblique *b* sur l'arbre destiné à le recevoir et y enfoncer l'extrémité en coin; rapprocher étroitement les parties et lier. — *c* Résultat.

7. GREFFE NOEL (Pl. II, fig. 25 et 26). — Pour augmenter la vigueur des arbres; si on opère sur des arbres fruitiers, les faire fructifier plus abondamment et augmenter le volume des fruits. — Produire des bois anguleux. — Ces exemples se rapprochent du précédent; seulement, au lieu d'un sujet on en plante deux ou trois auprès de l'arbre que l'on veut raviver, et on opère ensuite ainsi qu'il est indiqué pour la greffe Monceau.

8. GREFFE CAUCHOISE (Pl. II, fig. 27). Reformer l'extrémité de la tige d'un arbre qui aurait été cassée.

Régulariser la plaie de l'arbre cassé, au point de la rupture, et y faire une entaille triangulaire *a*. Faire une entaille triangulaire correspondante sur la tige du sujet *b*, préalablement planté pour fournir la tête de remplacement, et au point où peut être fait le rapprochement; réunir les parties et lier. — *c* Résultat.

9. **Greffe Vrigny** (pl. II, fig. 28). — Donner de la vigueur à un arbre et produire des bois anguleux.

Couper la tête d'un jeune individu planté l'année précédente au pied d'un arbre ; tailler la tête de cet individu en biseau très-prolongé, de manière à ne laisser à l'extrémité que l'écorce *a;* enlever sur l'arbre sur lequel on doit appliquer, une portion d'écorce de même étendue *b;* rapprocher et faire une ligature.

10. **Greffe Denainvilliers** (pl. III , fig. 1 et 2). — Pour reprendre en sous-œuvre la tige d'un arbre vicié, augmenter la vigueur des arbres, accroître leur développement, prolonger leur durée et pour former des bois courbes.

Plusieurs exemples de ce genre de greffe se trouvent en démonstration ; ils doivent fixer l'attention des élèves , parce qu'ils leur fourniront les moyens de comprendre le mouvement des fluides végétaux, ils leur démontreront la puissance de l'art sur la nature, c'est-à-dire ce que peut faire le cultivateur par la greffe , et ils éclaireront sur quelques phénomènes de végétation. — L'explication des exemples faite sur les lieux se comprendra mieux que celle que je donnerais ici.

11. **Greffe muséum** (pl. III , fig. 3), ou *par boutons terminaux partagés par moitié.* — Fendre en deux l'extrémité de deux rameaux terminaux *a* , ainsi que les boutons *b;* rapprocher les parties et les fixer par une ligature : chaque bouton pousse pour son propre compte et fournit deux rameaux *c.*

12. **Greffe en arc** (pl. III , fig. 4, 5 et 6). — Réunir deux individus en faisant décrire à chacun d'eux une portion de cercle. — Pour former des bois courbes.

Cette greffe se pratique de trois manières :

La première, en *coin par enfourchement* (fig. 4), consiste à faire un enfourchement sur l'extrémité de l'un des deux individus *a* , et à tailler en coin l'extrémité de l'autre *b,* qui remplit l'enfourchement, puis lier.

La seconde, en *agraffe* (fig. 5). — Faire une décortication sur le point de jonction des deux individus, et sur la surface décortiquée de chacun de ces individus, faire une entaille presque horizontale, mais dans un sens opposé *a;* agraffer *b;* rapprocher et fixer par une ligature.

La troisième (fig. 6), consiste à faire simultanément un enfourchement *a* et une fente avec entaille *b*.

13. GREFFE CIRCULAIRE (pl. III, fig. 7). — Cette greffe est plus curieuse qu'utile ; elle figure dans l'Ecole, et imite parfaitement une roue ; la circonférence et les rayons sont en végétation. On a tiré partie de la tige pour former le cercle, et des ramifications latérales pour former les rayons. Les ramifications latérales de la tige sont aussi utilisées pour augmenter l'épaisseur du cercle : cet exemple démontre ce qu'il est possible de faire par la greffe, en donnant une direction quelconque aux ramifications. La simple décortication et le rapprochement des parties à unir sont les seules opérations à faire pour obtenir ce résultat.

14. GREFFE EN LOZANGE SUR TIGE (pl. III, fig. 8, 9 et 10). — Pour donner de la vigueur aux arbres ; pour former des haies fruitières, des berceaux ; pour augmenter le nombre et le volume du fruit et mettre à fruit les branches latérales d'un arbre, et pour équilibrer le développement de plusieurs arbres réunis.

Il y a deux exemples en démonstration :

Le premier (fig. 8 et 9) présente un pommier tige *a* (fig. 8), placé au centre d'un cercle décrit par des pommiers nains *b* (fig. 8), ayant toutes leurs ramifications croisées et greffées en lozange, et l'extrémité de leur tige est dirigée en cône *b* (fig. 9) sur la tige du pommier central, sur laquelle ces extrémités sont greffées *a* (fig. 9).

Le second (fig. 10) présente des pommiers nains plantés en ligne *a*, dont les ramifications sont croisées et greffées en lozange *b*.

15. GREFFE EN BERCEAU (pl. III, fig. 11). — Pour former des berceaux, des allées couvertes, en même temps que l'on peut, si on plante des arbres fruitiers, obtenir une quantité de beaux fruits.

Planter parallèlement deux lignes d'arbres ; faire décrire une portion de cercle à l'extrémité des tiges de chacun des arbres, en rapprochant ces extrémités et en les unissant par la greffe de manière à former une voûte : les ramifications latérales seront dirigées en lozange et greffées à tous les points de réunion.

16. GREFFE EN SPIRALE (pl. IV, fig. 1). — Pour obtenir

des masses de verdure, des colonnes végétales de feuilles couvertes de fleurs et de fruits variés, et pour obtenir des bois résistants.

Planter dans le même trou des sujets de différente nature; étant repris, contourner en spirale les tiges et les ramifications afin de les souder, et les maintenir par des ligatures faites de points en points, *a*.

17. GREFFE PAR COMPRESSION (pl. IV, fig. 2). — Pour obtenir sur un pied des fruits mélangés.

Planter dans le même trou des arbres à fruits de différente sorte; ces arbres étant repris, les réunir ensemble en leur fesant une ligature de points en points *a*, afin de provoquer la soudure et l'union.

18. GREFFE BANKS (pl. IV, fig. 3). — Pour obtenir de larges planches, des madriers. Cet exemple est plus curieux que réellement utile relativement au produit que l'on paraîtrait rechercher.

Planter en lignes une certaine quantité de sujets, les écorcer latéralement, de manière que la plaie, sur chacun d'eux, soit longitudinale et que les plaies correspondent entr'elles; maintenir les sujets avec des traverses *a*, et couvrir les plaies nouvelles pour les garantir du contact de l'air, ainsi qu'on le voit en *b*.

19. GREFFE MAGON (pl. IV, fig. 4). — Pour obtenir sur un seul pied, formé par la réunion de plusieurs individus, plusieurs sortes de fruits, et augmenter le volume des fruits.

Planter plusieurs sortes d'arbres dans le même trou; lorsqu'ils seront repris, faire des décortications longitudinales et correspondantes de points en points ou sur toute l'étendue de chacun des sujets; les réunir à l'aide d'une ligature *a*, faite d'un bout à l'autre de la tige des sujets rapprochés.

20. GREFFE CHINOISE. — Pour obtenir des fruits variés sur le même pied.

Fendre très-régulièrement, par moitié ou par quartiers, des sujets de diverses sortes; réunir une moitié ou un quartier avec une moitié ou avec le quartier de plusieurs arbres de variétés différentes; rapprocher très-étroitement et régulièrement les parties, en maintenant l'appareil avec une ligature.

21. GREFFE AGRICOLA (pl. IV, fig. 5). — La plus simple

de toutes les greffes par approche qui est souvent pratiquée dans les pépinières.

Faire une incision longitudinale sur le sujet; pratiquer la même incision longitudinale sur la greffe; rapprocher les parties et les fixer par une ligature.

On peut planter, autour d'un arbre que l'on voudrait multiplier, des sauvageons *a* qui, repris, pourraient recevoir la greffe *b* par le moyen des ramifications de l'individu à multiplier, qu'on rapprocherait sur le sauvageon. — Lors de la reprise, arracher ces sauvageons greffés et les utiliser.

On peut encore, les ramifications étant trop élevées ou présentant tout autre obstacle, faire un petit échaffaudage qui consiste en un simple pieux *c*, surmonté d'une planchette *d* clouée sur le pieux, et l'enfoncer à la hauteur nécessitée par le rapprochement d'une ramification. Placer sur ce pieux un sauvageon en pot *e*, et opérer la greffe *f*, en ayant le soin de maintenir le tout par un piquet *g*. — Il est nécessaire d'arroser, parce que la terre dans le pot élevé se dessécherait facilement et promptement.

22. **Greffe par approche des Pépinières** (pl. IV, fig. 6). — Cette greffe est fréquemment pratiquée dans les pépinières; elle ne diffère de la précédente, pour tous les détails d'exécution, que par deux incisions que l'on pratique, l'une sur le sujet du bas en haut *a*, l'autre sur la greffe du haut en bas *b*, sur la partie décortiquée et ravivée. Rapprocher les parties et les fixer par une ligature *c*. — Cette opération a l'avantage de donner plus de solidité à la greffe.

23. **Greffe en haies garnies** (pl. IV, fig. 7). — Pour faire des haies fruitières, des clôtures productives là où les animaux ne pénètrent pas et dans les lieux où les fruits ne sont pas exposés aux dévastations des passans. On peut obtenir par ce moyen des clôtures très-solides, des haies impénétrables et fécondes en bons et beaux fruits.

Planter en ligne des arbres fruitiers greffés, les laisser s'élever et tirer, sur toute l'étendue de leurs tiges dressées, des ramifications latérales que l'on dirige obliquement, de manière à ce qu'elles se croisent et qu'elles forment des lozanges : on greffe à tous les points de rencontre. — On fixe l'extrémité des ramifications sur les tiges en les greffant.

24. **Greffe Rozier** (pl. IV, fig. 8). — Par approche

en lozange sur les ramifications partant de branches mères.
— Pour former des haies garnies et fruitières.

Planter en ligne des sujets, tirer de leur base des branches mères dirigées horizontalement et chacune dans un sens opposé, laisser croître les ramifications de la partie supérieure de ces branches, supprimer celles de la partie inférieure et les diriger obliquement toutes, de manière à former des lozanges, et greffer ces ramifications à chaque point de section.

25. **Greffe en rotonde couverte** (pl. IV, fig. 9). — Pour former un couvert productif, rendre les arbres plus féconds et obtenir de plus gros fruits.

Tracer un cercle, planter au centre *a* un arbre à tige; dans la ligne de la circonférence planter un nombre d'arbres proportionné à l'espace circonscrit *b*; maintenir incliné chacun de ces arbres vers le centre, et tirer sur toute l'étendue de leurs tiges des ramifications latérales dirigées de manière qu'elles se croisent. L'extrémité de ces arbres circulaires, arrivée à la hauteur de la tête de l'arbre du centre, sera appliquée et greffée au-dessous de la tête, ainsi que cela est indiquée en *c*.

26. **Greffe Égyptienne** (pl. IV, fig. 10). — Pour augmenter la vigueur des arbres fruitiers, les rendre plus féconds et obtenir de plus gros fruits.

Planter en ligne trois arbres, dont un plein-vent au centre; faire développer sur l'étendue des arbres latéraux des ramifications et les diriger vers l'arbre du centre, sur lequel on les greffe. La cîme de ces arbres est arquée et greffée au-dessous de la tête, sur l'arbre du centre.

27. **Greffe Buffon** (pl. IV, fig. 11). — Par approche de branches arquées d'un arbre centralement placé *a*, sur la tige de sujets *b* placés à la circonférence. — Pour rendre un arbre plus fécond, pour augmenter le volume des fruits et pour remplacer dans les vergers les étais qui soutiennent les ramifications garnies de fruits.

Planter autour d'un arbre plusieurs sujets, et greffer toutes les ramifications de l'arbre du centre *b* sur ces sujets.

28. **Greffe Lemonnier** (pl. IV, fig. 12), *par approche sur racines.* — Pour raviver un arbre malade en le rétablissant par la base.

Planter de chaque côté d'un arbre malade *a* deux pieds d'arbres *b,* que l'on rabat au-dessous du collet de manière à ne laisser que l'appareil souterrain, toute la partie radiculaire ; prendre une ou deux racines *c* de l'arbre que l'on veut raviver et les greffer sur les deux souches ; ces deux souches donnent la vie à l'arbre du centre.

29. GREFFE PAR APPROCHE. — Simple démonstration. — Cet exemple n'est que curieux ; il a pour objet la formation d'un escalier en volute, pour démontrer ce qu'il est possible de faire avec la greffe par approche.

II.ᵉ SÉRIE. — Greffes par scions, en opérant sur le ligneux.

Ce genre de greffe se pratique avec des ramifications pourvues de boutons, séparées de leur soutien et diversement préparées, suivant la nature de la greffe, pour être implantées ou fixées sur le sauvageon à l'aide de fentes, d'entailles ou d'incisions faites sur le ligneux du sauvageon.

C'est dans cette série que se trouvent les diverses sortes de greffes ou fentes et toutes celles qui s'y rapportent. — Le rameau taillé ou la greffe ne doit jamais être pourvu que de deux ou trois boutons au plus, pour la facilité de la reprise.

Après avoir disposé la greffe et le sauvageon, on opère et on fixe l'appareil, soit, ainsi que cela se pratique le plus ordinairement dans la campagne, en l'environnant de terre franche détrempée et facilement maniable, par dessus laquelle on met un chiffon pour la maintenir, afin que l'eau n'agisse sur cette terre pour la faire tomber, soit en trempant un lien de foin fin et tordu dans de la terre franche délayée en bouillie avec de l'eau, dans laquelle on met quelquefois un peu de bouse de vache. On nomme vulgairement *poupée* cette enveloppe protectrice de la greffe. Dans les pépinières et partout où on a à procéder sur une quantité de sujets, on se sert d'une composition avec laquelle on enduit l'appareil. Cette composition est formée de corps résineux et de substances grasses ; on l'appelle vulgairement *gomme à greffe ou cire à greffer.* Je donne ici la recette de cette composition, dont l'emploi est avantageux sous tous les rapports. On comprendra qu'il est facile d'augmenter ou de diminuer relativement la dose des substances constituantes, suivant la quantité de matière dont on a besoin par rapport au nombre des individus sur lesquels on doit opérer.

(187)

Composition de la cire pour enduire les greffes.

Poix blanche ou poix de Bourgogne. . 1 kil. »» gr.
Poix noire. . . . . » 244
Résine. . . . . » 122
Cire jaune. . . . . » 122
Suif. . . . . » 61

Faire fondre le tout au feu en remuant bien, de manière qu'en mélangeant on obtienne un liquide homogène. La substance fondue, la jeter dans l'eau et la manier en pain. Pour l'employer, la faire fondre au fur et à mesure des besoins, et ne s'en servir qu'après l'avoir laisser réfroidir.

1. GREFFE ATTICUS, ou *en fente simple* (pl. IV, fig. 13). — Ordinairement pratiquée quand le sujet n'est pas gros. — Après avoir rabattu le sujet *a* à une hauteur quelconque, suivant le besoin, fendre son extrémité par le milieu de son diamètre, en ayant le soin de ne pas faire une fente trop profonde *b*; placer un coin fait en bois dur pour tenir la fente ouverte : le coin, d'une dimension relative, sera, d'autant plus nécessaire que le sujet sera gros ; tailler en biseau *d* la greffe *c*, l'insérer dans la fente; fixer par une ligature et enduire l'appareil. *e* Représente l'opération achevée.

2. GREFFE EN FENTE ENTERRÉE (pl. IV, fig. 14). — Pour transformer les plants d'un vignoble. — Déchausser le cep, le rabattre sur souche *a*, fendre en deux la souche au-dessous du collet; tailler la greffe *b* en biseau aminci *c*, l'implanter *d*; faire la ligature, rechausser et butter le cep.

3. GREFFE EN FENTE ENTERRÉE, autre sorte (pl. IV, fig. 15). — Propre aux mêmes usages que la précédente, dont elle ne diffère qu'en ce que la greffe est insérée au centre de la souche au lieu de l'être sur le côté. — *a* Greffe vue de côté; *b* vue de face, *c* greffe implantée en *e* dans le sauvageon *d*.

4. GREFFE BERTEMBOISE (pl. IV, fig. 16). — Souvent pratiquée dans les pépinières sur les jeunes sujets. — Avantageuse pour faciliter l'exécution de la fente pour que le sujet soit diamétralement fendu, et pour aider à la plus prompte formation du bourrelet. — C'est la greffe en fente ordinaire, si ce n'est que le sujet *a* est taillé en bec de flûte *b*. Le rameau taillé en biseau est implanté sur le sommet de l'aire de la coupe, point horizontal.

5. Greffe Ferrari (pl. IV, fig. 17). — La greffe doit avoir le même diamètre que le sauvageon. — Après avoir rabattu le sauvageon *a*, le fendre *b*, et amincir chacun des côtés de la fente ; tailler la greffe *c* en coin avec une encoche *d* à l'extrémité du point amoindri, et l'implanter *e*.

6. Greffe Lée, *en coin triangulaire* (pl. IV, fig. 18). — Rabattre le sauvageon *a*, faire une entaille triangulaire *b* sur l'un de ses côtés, au point rabattu ; tailler la face de la greffe *c* dans les dimensions anguleuses de l'entaille du sauvageon, et de manière à lui faire remplir cette capacité, l'appliquer et la maintenir par une ligature. — Avantageuse pour les Orangers et les végétaux à bois dur.

7. Greffe Dumont de Courset, ou *par enfourchement* (pl. IV, fig. 19). — Entailler en coin *b* l'extrémité du sauvageon *a*, après l'avoir rabattu ; faire une ouverture de même dimension à la greffe *c*, enfourcher *d*, et maintenir l'appareil à l'aide d'une ligature. — On évite les nodosités qui se remarquent souvent sur les arbres greffés.

8. Greffe Miller, ou *en langue* (pl. IV, fig. 20). — Rabattre le sauvageon *a*, pratiquer sur l'un de ses côtés une plaie longitudinale *b*, et à l'extrémité, parallèlement à la plaie, une encoche *c* ; amincir l'un des côtés de la greffe *d* en langue *e*, et à l'extrémité amincie faire une dent *f*. La languette sera appliquée sur la plaie longitudinale du sauvageon, et la dent entrera dans l'encoche. — Egalement avantageuse pour la multiplication des végétaux à bois dur.

9. Greffe appliquée avec entaille par moitié diamétrale et longitudinale (Pl. IV, fig. 21). — Couper la tête du sauvageon *a*, et à l'extrémité faire une entaille horizontale *c*, et une autre entaille verticale *e*, en descendant jusque sur la première, de manière à enlever environ la moitié de l'extrémité du sauvageon ; faire deux entailles semblables, *d*, *f*, à la base de la greffe *b*, qui doit être de même diamètre que le sauvageon ; rapprocher les deux parties et maintenir par une ligature. — Pour la multiplication de certains végétaux à bois dûr.

10. Greffe appliquée obliquement (Pl. IV, fig. 22). — Cette greffe a beaucoup de rapport avec la précédente ; elle en diffère par l'une des entailles du sauvageon *a*, et de la greffe *b*, qui au lieu d'être verticale, est faite en biseau *c* et *d*. — Pratiquée dans le même cas que la greffe n.° 9.

11. **Greffe appliquée obliquement** (Pl. IV, fig. 23). — Dans cette greffe qui a beaucoup de rapport avec les précédentes, le sauvageon *a* et la greffe *b* sont entaillés obliquement *c* et *d*. L'aire de l'une et de l'autre coupe, qui est oblique présente au centre un point vertical par lequel les deux parties appliquées se soutiennent. — Peut être aussi pratiqué sur les végétaux à bois dûr.

12. **Greffe appliquée verticalement et obliquement** (Pl. IV, fig. 24). — Après avoir coupé la tête du sauvageon *a*, on coupe obliquement du bas en haut la moitié de l'extrémité *c*, en faisant une entaille triangulaire dirigée du haut en bas de manière à enlever environ la moitié d'une portion de l'extrémité; on procède semblablement sur la greffe *b*, mais en donnant aux entailles *d* une direction contraire. — Rapprocher et lier. — Cette greffe se pratique avec succès sur les orangers et sur les végétaux analogues : la greffe doit-être de même grosseur que le sauvageon.

13. **Greffe anglaise** (Pl. IV, fig. 25). — Rabattre le sauvageon *a*, couper l'extrémité en biseau prolongé *c*; faire une petite entaille très-mince et très-directe du haut en bas *e*, vers la moitié environ de l'aire du biseau; faire la même opération à la greffe *b* en ayant soin que le biseau *d* et l'entaille *f*, faits dans un sens contraire, se rapportent parfaitement; rapprocher les parties en faisant entrer les entailles l'une dans l'autre et lier. — Pratiquée avec avantage dans les pépinières.

Les cinq greffes qui précèdent doivent être parfaitement exécutées pour assurer la reprise ; les incisions doivent-être très-justes et bien correspondantes, afin que l'application soit immédiate, sans la moindre fissure, et afin que les écorces coïncident bien entr'elles.

14. **Greffe plaquée** ou *en placage à un œil* (Pl. IV, fig. 26). — Enlever sur le sauvageon *a* une portion d'écorce *b*; tailler la base de la greffe *c* en bec de flûte allongé *d*, en ayant le soin que la plaie du sauvageon y corresponde exactement pour la longueur et la largeur; appliquer la greffe et lier *e*. — Cette greffe est pratiquée avec succès dans les établissemens d'horticulture où on multiplie en grand les Camellias; elle peut s'étendre avec avantage aux végétaux analogues. — Un seul œil suffit sur la greffe.

15. **Greffe Lenotre** ou *Greffe retournée*. — Cette greffe

n'est que curieuse; elle se pratique comme une greffe en
fente ordinaire, avec cette différence que la greffe est placée sans dessus dessous dans la fente, la pointe du bouton
dirigée vers la terre. — Sert comme démonstration physio-
logique.

16. GREFFE AFFRANCHIE SUR BOUTURE (Pl. V, fig. 1). —
Cette greffe est avantageuse pour multiplier certains végétaux qui se propagent difficilement et pour les affranchir;
mais on doit opérer sur des essences qui, reprenant facilement de bouture, ont de l'analogie avec l'essence que l'on
veut multiplier, tels sont les Mûriers, les Tilleuls, les
Peupliers, etc. — Tailler une bouture *a* semblable à
celle indiquée, pl. II, fig. 10; la fendre en deux du haut
en bas, jusqu'au tiers environ de sa longueur *b*; amincir les
deux côtés fendus *c;* tailler la greffe *d* en biseau *e; réunir
les parties et enterrer la bouture greffée *f* jusqu'au niveau
du sol. La bouture s'enracine *g*, la greffe reprend, et aux
points de jonction de la greffe sur le sujet bouture, il se
forme des bourrelets qui, des points enterrés émettent des
racines *k*, et l'année suivante on obtient un plant affranchi *i*.

17. GREFFE AFFRANCHIE SUR RACINE (Pl. V, fig. 2). — C'est
la même greffe que la précédente, excepté que l'on opère
sur une racine bien développée; *a* racine enterrée supportant la greffe *b*. L'année suivante on obtient un plant bien
constitué *d,* affranchi en *e*.

18. GREFFE AFFRANCHIE SUR BOUTURE DE RACINE. — C'est
la même greffe que les deux précédentes, avec cette différence que l'on opère sur une bouture de racine semblable
à celle indiquée Pl. II, fig. 11.

Ces deux greffes, n.º 17 et 18, ont le grand avantage de
donner les moyens de propager certains végétaux qui sont
d'une multiplication difficile : par exemple, l'Acacia sans
épines sur la racine de l'Acacia ordinaire, et plusieurs autres Acacias, etc. La greffe n.º 17 surtout est assurée, parce
que, sans arracher la racine, en l'isolant seulement de son
soutien et en la dressant pour pouvoir l'opérer, elle se trouve
environnée de toutes les conditions favorables à la reprise.

19. GREFFE AFFRANCHIE SUR TUBERCULE (Pl. V. fig. 3). —
Supprimer l'extrémité du tubercule *a;* enlever en coin une
portion de la partie charnue de ce tubercule *b;* tailler la

greffe *c*, munie de deux yeux, en biseau triangulaire *d* et l'appliquer sur le tubercule comme il est indiqué en *e*. — Avantageuse pour la multiplication des Dahlias, des Pivoines en arbres sur Pivoines herbacées, etc.

20. Greffe Tschudy ou *Greffe herbacée*. — On opère sur des parties de nouveau développement qui sont encore en herbe. — Couper l'extrémité herbacée du sujet. Fendre en deux cette extrémité, ou l'entailler en coin ; prendre une extrémité herbacée devenant la greffe et l'amincir pour la placer dans la fente, ou tailler cette greffe en coin et l'appliquer. — Rapprocher les parties, lier et mettre autour de l'appareil un cornet de papier pour éviter le contact trop direct et trop immédiat des influences atmosphériques. — Avantageuse pour la multiplication de tous les végétaux et particulièrement pour celle des essences résineuses.

21. Greffe Palladius (Pl. V, fig. 4) *en fente à deux rameaux*. — C'est la greffe en fente ordinaire, si ce n'est qu'au lieu d'un rameau implanté sur le sujet, on en met deux.

22. Greffe La Quintinie (Pl. V, fig. 5) *en fente à quatre rameaux*. — C'est la greffe en fente ordinaire, si ce n'est que le sujet est fendu dans les deux diamètres opposés *b* et que l'on implante quatre greffes *a*. La figure *c* montre le plan de l'extrémité du sujet fendu.

Ces deux dernières greffes ne sont pratiquées que sur de gros sujets.

III.ᵉ Série. — Greffes par scions, en opérant entre l'écorce et le bois.

Ce genre de greffes se pratique avec des ramifications pourvues de boutons, séparées de leur soutien et préparées suivant la nature de la greffe pour être fixées sur le sujet ou sauvageon entre l'écorce et le bois, sans attaquer le ligneux.

1. Greffe en Couronne a un seul rameau (Pl. V, fig. 6). — Couper la tête du sauvageon ; prendre un rameau muni de trois yeux au plus, *a*, le tailler en bec de flûte *b* d'un côté, et amincir la base en faisant une légère entaille sur la face opposée *d* ; soulever très-adroitement, avec la pointe du greffoir, l'écorce du sujet en deux points opposés pour faciliter le placement de la greffe, enfoncer cette dernière jusqu'à l'extrémité de l'entaille, et couvrir l'appareil. — *a* est la greffe vue sur sa surface inférieure taillée en bec

de plume *b*. — *c* Greffe vue sur sa surface supérieure présentant à sa base une légère entaille *d* pour faciliter la pénétration du rameau entre l'écorce et le bois du sujet. — *e* Greffe faite.

2. Greffe en Couronne a plusieurs rameaux (Pl. V, fig. 7). — On opère comme il est dit n.° 1 ; mais on met plusieurs greffes autour de la coupe du sujet : cette figure présente quatre greffes insérées. —*a* Les quatre greffes vues placées. — *b* Plan de l'aire de la coupe, montrant l'implantation des greffes.

3. Greffe en Couronne Theophraste ou *à écorce fendue* (Pl. V, fig. 8). — Cette greffe ne diffère des précédentes que parce que l'écorce du sujet a été fendue en *a* pour faire pénétrer plus facilement la greffe.

Ces trois greffes peuvent se pratiquer en tête sur le tronc, ou sur les branches rabattues à une certaine distance du tronc et sur souche ; elles offrent en outre l'avantage de donner les moyens d'opérer sans altérer le ligneux , de pouvoir opérer sur de très-vieux sujets que l'on renouvelle, et de permettre d'appliquer sur le même sujet un certain nombre de greffes circulairement disposées, disposition qui leur a fait donner le nom de greffe en couronne. La troisième, surtout, est très-avantageuse sur les vieux sujets qui ont l'écorce épaisse et que l'on fend pour implanter plus facilement les greffes. — Souvent pratiquées sur les arbres fruitiers dans les vergers.

4. Greffe Richard (Pl. V, fig. 9). — Rameau inséré sur quelque point que ce soit de l'arbre. — Faire une incision corticale sur le sauvageon *a* en forme de T, dont l'une transversale *b* et l'autre longitudinale *c*, sur le point où on veut appliquer la greffe ; tailler la greffe *d* d'un côté en languette en l'amincissant aussi parfaitement et aussi régulièrement que possible du point entaillé jusqu'à la base *e*; implanter cette greffe dans la fente, ainsi qu'il est indiqué en *f*; faire la ligature. — Très-bonne pour réparer des manques sur des arbres fruitiers soumis à la taille , et avantageuse pour la multiplication de certains végétaux.

IV.ᵉ Série. — Greffes par gemmes, yeux ou boutons, avec plaque d'écorce.

En pratiquant les greffes de cette série, on n'opère que sur des parties corticales ; la greffe tirée d'un rameau n'est autre chose qu'une portion d'écorce munie d'un œil ou d'un bouton nommé *gemme*, que l'on enlève légèrement pour ne pas attaquer l'aubier, et que l'on pose entre l'écorce et l'aubier du sujet préalablement préparé, par une incision corticale, pour la recevoir.

1. **Greffe en écusson ordinaire, simple** (Pl. **V**, fig. 10). — Faire avec la lame du greffoir sur le sujet *a* une incision en forme de T, dont l'une transversale *b* et une longitudinale *c*; enlever sur un rameau une portion d'écorce en forme d'*écusson d, e*, munie d'un œil *f;* sur le point incisé du sujet soulever l'écorce avec l'écusson du greffoir et placer l'écusson dans la fente, ainsi qu'il est indiqué *k;* faire la ligature, avec de la laine, sans couvrir l'œil. — Autrefois, avec le greffoir, on cernait l'œil en donnant à la plaque d'écorce la véritable forme d'un écusson *d;* aujourd'hui on procède plus simplement et plus rapidement ; on se contente d'enlever adroitement l'écusson en languette *e*, en faisant passer la lame du greffoir entre l'écorce et l'aubier. — Pour que l'écusson soit bon, il faut qu'il présente sur sa surface inférieure *h*, celle qui est immédiatement opposée à l'œil, un point rempli *i*, qui est le *Corculum :* si ce point est vide l'écusson ne doit pas être posé, il est mauvais.

On greffe en écusson à trois époques, soit au printemps et pendant le courant de l'été, alors l'œil se développant aussitôt, la greffe est dite à *œil poussant;* soit à la fin de l'été ou au commencement de l'automne, alors l'œil reste stationnaire pendant l'hiver pour ne se développer qu'au printemps suivant, et la greffe est dite à *œil dormant.* Quand on opère pendant la foliation on doit supprimer la feuille jusqu'auprès de l'œil, de manière à ne laisser qu'une petite portion de sa queue, *Pétiole, g.* Quand cette portion existe, que la greffe est faite et que l'on veut s'assurer, quelques jours après, de son état, on touche du doigt le bout du pétiole, qui tombant immédiatement, fait espérer la reprise ; si au contraire il ne se détache pas, il faut se presser, si la saison le permet, de refaire la greffe, car c'est une indication de non reprise.

2. **Greffe en écusson ordinaire, double.** — Se pratique comme la précédente, si ce n'est que l'on applique sur le

même sujet deux écussons, l'un d'un côté et l'autre dans le sens diamétralement opposé, un peu au-dessous du premier. — Elle peut se faire, comme la précédente, à *œil poussant* et à *œil dormant.*

Ces deux sortes de greffes sont les plus pratiquées dans les pépinières ; et elles méritent justement de l'être par tous les avantages qu'elles présentent pour la formation et pour la conservation des arbres.

3. Greffe en écusson retourné. — La même que les précédentes, si ce n'est que l'écusson est posé sans dessus dessous, c'est-à-dire l'œil tourné la pointe en bas. — Plus curieuse qu'utile.

4. Greffe en écusson, multiple. — La même que les précédentes, si ce n'est que l'on pose sur le sujet une plus ou moins grande quantité d'écussons de diverses variétés de la même espèce. — Cette greffe est curieuse en ce sens, qu'un Pommier, un Poirier, un Pêcher, etc., peuvent rapporter plusieurs variétés de fruits de la même espèce ; de même qu'un Rosier peut produire des fleurs de diverses couleurs, en greffant plusieurs variétés sur le même sujet. — Toutes ces greffes n'ont pas la même durée ; celles qui appartiennent aux variétés les plus vigoureuses absorbent toute la sève au préjudice des faibles ; aussi ces dernières périssent-t-elles, tandis que les autres s'emportent.

5. Greffe Xenophon, ou *par plaque d'écorce, munie d'un œil* (pl. V, fig. 11). — Prendre une plaque d'écorce, quelque large qu'elle soit, munie d'un œil *c*; enlever sur le sujet *a* une plaque d'écorce de même dimension *b*, faire l'application et fixer par une ligature. — Pour multiplier certains végétaux, sur les rameaux desquels on ne trouverait pas de bons écussons, et pour couvrir des plaies faites aux arbres par accident ou autrement.

6. Greffe Petithuguenin, ou *à écusson couvert* (pl. V, fig. 12). — Enlever un écusson sur un rameau et le couper carrément aux deux extrémités *d*; pratiquer sur le sujet *a* trois incisions, dont une transversale et deux verticales *b*, de la largeur et de la longueur de l'écusson, de manière à soulever sur trois points une plaque d'écorce *c*; poser l'écusson sous la plaque corticale, ainsi qu'il est indiqué en *e*, et faire la ligature. — Praticable surtout sur les végétaux à écorce mince.

7. **Greffe Turlure**, ou *à extrémité de rameau partagé en deux* (pl. V, fig. 13). — Faire sur un point quelconque du sujet une incision semblable à celle qui a été décrite n.º 1 ; prendre l'extrémité d'un bourgeon *a* et enlever très-superficiellement sa surface, en partageant l'œil terminal en deux *b*, et en terminant en biseau *c*; implanter cette greffe dans la fente et fixer par une ligature *d*. — Très-avantageuse pour la multiplication de certains végétaux, pour remplir des vides et créer des ramifications sur des arbres fruitiers soumis à la taille.

V.ᵉ Série. — Greffes par gemmes avec anneau d'écorce.

Ces greffes se pratiquent, comme celles de la série précédente, sur des parties corticales munies d'yeux ; elles offrent les mêmes avantages et sont spécialement employées, avec succès, pour la multiplication de certains végétaux : ces greffes ne peuvent être faites que dans la saison où la sève est en mouvement.

1. **Greffe en flute**, ou *en sifflet ordinaire* (pl. V, fig. 14). Etéter le sauvageon *a*, lui enlever un anneau d'écorce *b*, après avoir fait une incision circulaire sur la base du point cortical à enlever *c*; prendre sur un rameau de même grosseur que le sujet un anneau d'écorce de même dimension *e*, muni d'un œil *d*, l'implanter sur la surface décortiquée et fixer par une ligature. — Pratiquée en pleine sève sur les Mûriers, les Châtaigners, les Noyers, etc.

2. **Greffe en sifflet**, ou *en flûte Jefferson, sans couper la tête du sujet* (pl. V, fig. 15). — Enlever sur le sujet *a* un anneau d'écorce *b* à l'aide d'une incision longitudinale préalablement faite, aboutissant à deux incisions circulaires, l'une au sommet, l'autre à la base; enlever de la même manière sur le rameau de greffe un anneau d'écorce *d* fendu *e*, l'appliquer et fixer par une ligature. — Pratiquée surtout quand les végétaux à multiplier ne sont ni vigoureux ni séveux.

3. **Greffe en sifflet**, ou *en flûte avec lanières* (pl. V, fig. 16). — Couper la tête du sujet *a*, faire des incisions sur l'écorce de la longueur d'un anneau d'écorce d'une greffe en flûte ordinaire; séparer l'écorce incisée en lanières de manière à dénuder le sommet du sujet *b* et replier les lanières *c* en dessous; prendre sur un rameau de greffe un anneau d'écorce muni d'un œil *d*, et l'appliquer sur la partie dénudée; relever les lanières sur l'anneau d'écorce ap-

posé et faire la ligature. — Pratiquée avec avantage dans les Cévennes pour la multiplication des Mûriers, qui sont cultivés pour l'éducation des vers à soie. — Les lanières se séparent facilement avec l'ongle du pouce, laissé long exprès pour la facilité de l'exécution.

Les greffes en sifflets ne peuvent se pratiquer facilement et avec avantage, que lorsque les arbres sur lesquels on opère sont en pleine sève. On doit éviter de faire de trop longues décortications, afin de ne procéder que sur des anneaux d'écorce courts, bien constitués et bien enlevés.

DES CLOTURES EN HAIES VIVES ET DES BRISE-VENTS.

Le choix des meilleures essences pour l'établissement des haies et des brise-vents, mérite quelque attention ; c'est afin de préparer ce choix que nous avons placé, dans le carré de culture de l'Ecole, les différentes essences qui servent ordinairement pour la formation des haies. Avec ces exemples, les élèves sauront plus facilement apprécier les avantages et les inconvéniens qui résultent de l'emploi de telle ou telle essence pour la composition des haies.

I. HAIES SIMPLES.

Les haies simples sont celles qui sont formées par un seul rang de plantation.

1. *Haies offensives.*

Par haies offensives on entend celles qui sont composées de végétaux armés d'épines ou d'aiguillons qui en rendent l'accès très difficile.

1. EPINE BLANCHE, *Néflier Aubépine.* — La meilleure de toutes les essences, se prêtant facilement à la tonture, se garnissant bien de la base au sommet, et n'envahissant pas trop le terrain quand on soumet la haie à un bon entretien. — Multiplication de semence.

2. EPINE, *Néflier noir.*
3. — — *coccine.*
4. — — *ergot de coq.*

Ces essences se garnissent bien, se soumettent facilement à la tonture, et ont des ramifications couvertes de pointes longues et très-piquantes. — Multiplication de graine et de greffe.

5. MACLURE A FRUIT D'ORANGER, *arbre des Osages.* —

Cette essence, encore peu répandue, mérite de fixer l'attention ; elle se garnit parfaitement, est impénétrable en haie par les nombreuses pointes longues et raides qui couvrent ses ramifications ; réussit dans divers terrains, et fournit une feuille qui peut être utilisée pour l'éducation des vers à soie, à défaut du Mûrier. — Multiplication par bouture de racines.

6. Buisson ardent. — Haie plus curieuse que réellement avantageuse. — Multiplication de semence.

7. Févier a trois pointes. — Propre aux clôtures des grandes propriétés, surtout des parcs. — Se dégarnit de la base par les ramifications qui meurent quand la haie est arrivée à un certain âge. — Multiplication de semence.

8. Févier de la Chine. — Préférable à l'espèce précédente dans les climats méridionaux et tempérés. — Quand les hivers sont rigoureux, cette essence, fort accessible au froid, souffre. — Se garnit bien, et est impénétrable par les nombreuses épines aiguës qu'elle oppose. — Multiplication de semence.

9. Acacia, *Robinier faux Acacia.* — N'est avantageux que pour clore les grandes propriétés, les parcs surtout. — Arrivée à un certain âge, la haie se dégarnit de la base, et les racines, qui s'étendent beaucoup, épuisent le sol au préjudice des cultures environnantes. — Multiplication de semence, de bouture de racines et de rejets.

10. Argousier, *Hippophaæ.* — Bonne essence, se garnissant bien, difficilement pénétrable et réussissant dans les terres purement siliceuses. — Multiplication de bouture, d'éclats de pieds, de drageons et de semence.

11. Genevrier commun. — Cette essence conserve sa verdure en hiver ; elle se garnit bien quand elle est entretenue par la tonture, et ses feuilles piquantes rendent la haie difficilement pénétrable. — Réussit dans les sols médiocres. — Se multiplie de semence : on utilise ses fruits, nommés baies de Genièvre.

12. Ajonc marin. — Essence buissonneuse garnie et difficilement pénétrable par les nombreuses pointes dont elle est pourvue. — Se dégarnit dans sa vieillesse, quelque soin qu'on lui donne, et est exposée à périr par les grands froids

des hivers rigoureux. — Réussit dans les mauvaises terres, et se multiplie de semence.

13. Houx. — Essence conservant ses feuilles toute l'année, se soumettant facilement à la tonture, se garnissant bien et qui est impénétrable par le piquant de ses feuilles. — Ne réussit bien que dans les lieux frais et ombragés, et dans les sols frais. — Se multiplie de graine.

14. Rosier sauvage, *Eglantine, Eglantier, Rosier des Haies*. — Cette essence ne s'entretient garnie qu'avec beaucoup de soins ; elle est défensive par ses aiguillons, mais elle n'offre pas une clôture bien résistante, se dégarnit de la base dans sa vieillesse, et émet des rejets qui envahissent le sol et donnent à la haie trop d'étendue.

15. Prunellier, *Epine noire*. — Essence qui se rencontre souvent, mais qui a le défaut de se dégarnir de la base, de s'étendre par accrues dans le sol, si on n'a pas le soin d'arracher ses rejets ; elle a l'avantage de réussir dans les plus mauvaises terres.

2. *Haies inoffensives.*

On entend par haies inoffensives celles qui garnissent comme clôture, mais qui sont composées d'essences non épineuses.

1. Prunier Mahaleb, *Ste.-Lucie*. — Bonne essence se garnissant bien, se soumettant facilement à la tonture et durant long-temps. — Multiplication de semence.

2. Viorne, *Coudre Mansienne.* — Médiocre essence, commune, ne se garnissant pas parfaitement et n'offrant pas la résistance désirable pour une bonne clôture. — Multiplication de semence, etc.

3. Charme. — Excellente essence pour haie, pour *palissade* et pour *charmille,* se garnissant parfaitement et s'entretenant garnie, durant très-long-temps et se soumettant facilement à la tonture. — Multiplication de semence.

4. Troêne. — Petite essence avantageuse pour faire des haies basses et peu résistantes. — Bonnes pour les bordures et les séparations dans les jardins. — Multiplication de rejets et de semence.

5. Poirier sauvage. — Bonne essence, bien garnie, se formant bien en haie et durable. — Multiplication de semence.

6. Pommier sauvage. — Se formant quelquefois moins bien que le Poirier. — Multiplication de semence.

7. Néflier sauvage. — Se rencontre quelquefois; mais assez médiocre en haie à cause de la difficile garniture de cette espèce qui ne se forme pas toujours bien.

8. Orme a petites feuilles. — Bonne essence, se garnissant bien, se soumettant facilement à la tonture, mais n'offrant qu'une résistance très-imparfaite dans sa jeunesse. — Multiplication par drageons et rejets.

9. Nerprun purgatif. — Très-bonne essence, se garnissant bien, se soumettant facilement à la tonture et devenant avec l'âge difficilement pénétrable. — Multiplication de semence.

10. Erable champêtre. — Essence assez employée, mais d'un avantage secondaire, à cause de son imparfaite garniture, quelquefois. — Multiplication de semence.

11. Erable de Montpellier, *Duret*. — Très-bonne essence qui n'est pas assez employée; se soumettant facilement à la tonture et pouvant conséquemment être fort réduite dans son étendue; se garnissant bien et devenant difficilement pénétrable. — Multiplication de semence.

12. Saule marceau, *Boursault* ou *Boursaude*. — Médiocre essence, se garnissant mal dans certains terrains. — Multiplication de semence.

13. Hêtre, *Foyard*. — Bonne essence dans les sols et dans les lieux frais, se soumettant facilement à la tonture et pouvant former des *palissades* et des *charmilles*, quand elle se plaît dans le lieu où on la cultive. — N'aime pas les sols secs et les localités découvertes. — Multiplication de semence.

14. Buis nain. — Bon pour bordures de jardins seulement, en réduisant son accroissement ; en le laissant s'élever, bon pour petite clôture de simple séparation. — Multiplication d'éclats de pieds.

3. *Brise-vents.*

Les brise-vents sont des plantations destinées à former des abris et à caractériser des expositions propres à l'entretien de diverses cultures et à la conservation de certains végétaux. — Ils sont composés d'essences à feuilles persistantes : ces essences pourraient, au besoin, servir à faire de très-bonnes haies.

1. If. — Excellente essence se garnissant bien, se soumet-

tant facilement à la tonture, vivant fort long-temps et formant un abri impénétrable. — Son accroissement est lent. — Multiplication de semence : les enfans sucent ses fruits qui sont glutineux et légèrement saccharins.

2. GENÈVRIER DE VIRGINIE, *Cèdre de Virginie.* — Très-bonne espèce réunissant les avantages de l'If. — Multiplication par semence.

3. THUYA DE LA CHINE, *ou* D'ORIENT, *Arbre de vie.* — Réunissant les avantages des deux espèces précédentes, mais nécessite un entretien régulier. — Multiplication de semence.

4. THUYA D'OCCIDENT, *Thuya odorant.* — Très-bonne essence se soumettant à toutes les exigeances de la culture d'entretien, mais ne se garnissant pas toujours aussi parfaitement que l'espèce précédente. — Multiplication de semence.

5. CYPRÈS PYRAMIDAL. — Essence qui ne serait pas sans avantage, mais qui ne peut être réellement utilisée que dans les lieux méridionaux ou tempérés, car les hivers rigoureux de notre climat ont un accès fâcheux sur cet arbre par rapport à sa conservation. — Multiplication de semence.

6. BUIS ÉLEVÉ. — Bonne espèce poussant très-lentement, mais se garnissant bien, se soumettant facilement à la tonture et réussissant dans de très-mauvais sols. — Multiplication de semence.

4. *Haies fourragères.*

Dans certaines contrées où les fourrages sont rares, les haies, composées d'essences spécialement choisies, sont tondues plusieurs fois par an, pour obtenir de jeunes ramifications et de la feuille qui servent avec avantage à nourrir les animaux. — On emploie pour cet usage l'Ajonc marin, l'Acacia, l'Orme et une infinité d'autres essences. — J'ai dû ranger dans cette série les Mûriers, qui servent à la nourriture des vers a soie, et je n'ai pu comprendre, manquant de terrain, que quelques unes des espèces et des variétés qui figurent dans les *Muraies* ou plantations spéciales de Mûriers pour l'éducation des vers à soie.

1. MURIER BLANC SAUVAGE. — Espèce servant de sujet pour la multiplication des autres Mûriers.

2. MURIER DANDOLO,	Variétés de mûriers
3. ———— ROSE DU BENGALE,	dont les feuilles larges et épaisses servent avec
4. ———— PLANT D'ESPAGNE,	avantage à la nourriture des vers à soie.

5. Murier Morétti. — Bonne essence qui se reproduit de semence et qui fournit une feuille estimée.

6. Murier multicaule, *Mûrier des Philippines*, ou *Mûrier Pérotet.* — Espèce à larges feuilles, avantageuse pour les climats méridionaux, mais ne pouvant pas rendre le même service dans notre climat, car cet arbre, très-accessible aux froids, périt jusqu'à la souche même dans le courant de nos hivers ordinaires. — Multiplication par boutures.

7. Murier intermédiaire. — Se rapprochant du Mûrier blanc ordinaire et du Mûrier multicaule. — Se multiplie de boutures.

5. *Haies fruitières.*

Les haies fruitières sont celles qui sont composées d'essences qui, tout en servant de clôture, fournissent encore des fruits dont on fait usage. — La tonture ordinaire, c'est-à-dire serrée, pour réduire l'étendue des haies à la plus simple expression, entrave l'abondante production en fruits.

1. Noisetier. — Fruit connu. — Multiplication par semence ou par drageons. — Médiocre en haie.

2. Cornouiller male. — Bonne essence donnant de petits fruits acidulés, des *Cornouilles.* — Fournissant une excellente clôture, se soumettant bien à la tonture, s'entretenant garnie. — Multiplication de semence.

3. Coignassier. — Médiocre comme haie, mais donnant des fruits, nommés *Coings*, que l'on utilise. — Multiplication de bouture et de semence.

4. Murier noir. — Se garnissant bien et fructifiant. — Multiplication de greffe et de semence. — Les fruits sont nommés *Mûres.*

5. Chêne de Banistère. — Bonne essence produisant chaque année une abondance de petits glands propres à la nourriture des porcs et des volailles de basse-cour. — Multiplication de semence.

6. Epine vinette, *Vinettier.* — Essence offensive par les pointes dont les ramifications sont garnies, donnant des fruits très-acides qui servent à faire des confitures. — Multiplication de semence et d'éclats de pied.

7. Groseiller épineux ou *à maquereaux.* — Essence offensive se garnissant assez bien, mais peu résistante. — Multiplication par bouture et par éclats de pied, etc.

8. **Groseiller a grappes.** — Essence peu résistante. — Multiplication par bouture, par drageons et par éclats de pied.

Ronce des Haies, ou *Ronce frutescente*. — Très-mauvaise essence qui se rencontre surtout dans les haies mal entretenues, envahissant le sol au-delà des limites ordinaires d'une haie, périssant de la base et se dégarnissant. — Les fruits sont nommés *Mûres des haies*.

6. *Haies fruitières greffées.*

Ce genre de haie peut s'étendre non-seulement aux essences fruitières, mais encore à toutes les autres essences dont toutes les ramifications croisées et réunies par la greffe, forment une clôture très-résistante. — Ces sortes de haies fruitières ne sont praticables que dans les localités où les animaux ne pénétrent pas, et hors de l'atteinte des passans : elle sont d'ailleurs fort productives par l'abondance des fruits qu'elles donnent. On les soumet plutôt à un entretien de taille qu'à la véritable tonture.

1. Pommiers.
2. Poiriers
3. Néfliers
4. Pruniers.
5. Cerisiers.

II. Haies a double rang.

Ces haies sont plus difficilement pénétrables que les autres, parce qu'on les établit sur deux rangs. — Il n'y a qu'un exemple : c'est l'*Épine blanche*.

III. Haies croisées.

Ces haies diffèrent des précédentes en ce que, plantées à double rangs, on croise les plants afin d'obtenir plus de solidité et plus de garniture. — Il n'y a qu'un exemple : c'est l'*Épine blanche*.

IV. Haies exploitées.

Ces haies diffèrent de toutes les autres en ce que, au lieu de les soumettre à une tonture régulière chaque année, on abandonne les essences qui les composent à tout leur accroissement pendant quatre ou six ans, plus ou moins. — Ce genre de haie est peu avantageux pour la garniture, outre qu'il y a un grand espace de terrain pris par les ramifications en développement ; néanmoins, dans les contrées où le bois est rare, on obtient par ce moyen du bois de chauffage. On peut, en coupant tous les ans une portion de cette clôture rez-terre, trouver un produit successif assez abondant. I faut alors rabattre tous les six ou huit ans, et partager son étendue de clôture en six ou huit parties, afin d'avoir à opérer sur une égale étendue chaque année. — On recèpe sur la souche, toutes les ramifications, qui sont remplacées par des nouvelles : c'est une sorte d'exploitation forestière qui peut se comparer à la coupe d'un taillis. On peut encore rabattre toutes les ramifications qui partent du sommet de la tige que l'on ne laisse parvenir qu'à une certaine hauteur, chaque pied forme un petit têtard.

DES RIGOLES, DES FOSSÉS ET DES SILOS DE CONSERVATION.

Les rigoles servent à l'écoulement des eaux. — Les fossés servent de clôture ; ils sont nus ou plantés. Les fossés, suivant les besoins, sont plus ou moins larges, plus ou moins profonds et diversement plantés, soit sur une de leur partie, sur crête, sur berge, sur talus, ou dans le fond, soit sur plusieurs de leurs parties, soit enfin sur toutes. — Le fossé est composé du *fond* ou de la *base*, des *talus, glacis* ou *revers*, qui sont diversement inclinés, suivant la largeur et la profondeur, de l'*ouverture* ou *baie*, de la *berge* ou *sommet*, et de la *crête*. — Les silos servent à conserver, pendant l'hiver des légumes et des fourrages racines.

1. Rigole d'écoulement pour la dérivation, l'écoulement et l'infiltration des eaux. — Employée pour dessécher les terres labourées et les prairies humides et marécageuses.
2. Simple fossé de bordure, sans plantation.
3. Fossé à talus gazonnés, avec berge.
4. Fossé avec berge, planté sur crête.
5. Fossé avec berge, planté dans le fond seulement.
6. Fossé planté dans le fond et sur les deux crêtes. — Pour clore de grandes propriétés.
7. Fossé planté dans le fond, sur les berges et sur crêtes. — Pour clore de grandes propriétés.
8. Simple silo pour la conservation des légumes dans les jardins et des fourrages-racines dans les exploitations agricoles.

ECOLE DE TAILLE

POUR LA FORMATION DES ARBRES FRUITIERS.

J'ai réuni dans ce compartiment un assez grand nombre d'arbres présentant diverses formes, afin de démontrer aux élèves tout ce que l'art peut sur la nature. Par les exemples qu'ils auront sous les yeux, il leur sera facile de comprendre qu'il est possible de soumettre les essences fruitières à toutes les formes imaginables, en observant toutefois, que les principes par lesquels on procède, sont puisés dans la nature des individus que l'on modifie et dans les lois qui régissent la végétation relativement au mouvement de la sève et au développement qui en résulte.

Sans doute je ne conseille pas d'adopter indifféremment toutes les formes qui sont mises en démonstration et qui se rencontrent plus ou moins communément dans les jardins d'amateurs, car il en est qui sont de beaucoup préférables à d'autres qu'il n'y aurait même aucun avantage à reproduire. — On doit s'attacher aux plus simples, à celles qui s'éloignent le moins du développement normal de l'arbre, à celles qui assurent la fécondité sans un trop grand amoindrissement de la durée de l'individu. Cependant on sentira que, pour mieux apprécier l'avantage des meilleures formes, il était nécessaire de mettre en parallèle des arbres exposés à une direction moins favorable. D'ailleurs, dans une école de taille, il est bon de multiplier les élémens d'étude et d'observation qui viennent éclairer la pratique.

Les arbres fruitiers sont, selon la direction à laquelle on les soumet, divisés en *arbres abandonnés à leur accroissement naturel,* et en arbres dont on maîtrise et dont on modifie le développement, c'est-à-dire, *arbres taillés.*

Les premiers sont connus sous le nom d'arbres en *plein vent.*

Les seconds sont divisés en *arbres libres* et en arbres *appliqués.*

Les arbres libres sont ceux qui, non appliqués et exposés sans soutiens et sans abris à toutes les influences atmosphériques, sont placés dans les plate-bandes et dans les carrés des jardins : ils sont soumis à diverses formes.

Les arbres appliqués sont, au contraire, placés le long d'un mur, d'un treillage ou d'un support quelconque. On les désigne, si ils sont situés le long d'un mur, d'une palissade en planches ou d'un treillage, servant de clôture, sous le nom d'*arbres d'espaliers;* et si ils sont dans une plate-bande, appliqués à un support quelconque, qui facilite leur direction, on les nomme *arbres de contre-espaliers.*

Suivant que les arbres, quelque soit le lieu où ils sont placés, sont élevés de terre, on les dit *arbres nains,* quand privés de tige, les branches partant du collet la remplacent, ou quand ayant une tige que l'on élève insensiblement, les ramifications partent depuis le collet et se répartissent en se ramifiant plus ou moins sur toute l'étendue de cette tige; *arbres à demi-tige* quand il existe une tige d'une moyenne hauteur et que les ramifications ne sortent que de l'extrémité de cette tige; *arbres à haute tige* quand la tige plus élevée que celle des précédens présente aussi des ramifications qui partent de son sommet.

Les arbres en espaliers et en contre-espaliers, nains, demi-tige et à haute tige, sont toujours dirigés en *éventail*, c'est-à-dire que les branches partant du point où finit la tige sont dirigées obliquement de chaque côté de la base, les unes à droite, les autres à gauche, ou en *palmettes*, c'est-à-dire que la tige se continuant suivant la hauteur du support est couverte latéralement, à droite et à gauche, de ramifications qui sont parallèles entr'elles et disposées horizontalement ou plus ou moins obliquées dans un sens ou dans un autre.

Les arbres libres sont formés en *Pyramides*, en *Quenouilles*, en *Buisson*, en *Vase* ou *Gobelet* et en *Haut-vent modifié*.

Un arbre se compose de la *charpente*, des *ramifications*, des *rameaux à bois*, des *rameaux préparés*, des *rameaux à fruits*, des *yeux* visibles ou latents, des *boutons à bois* et des *boutons à fruits*.

La charpente est composée des branches principales qui sont les *branches mères*, des branches secondaires qui sont, suivant leur situation, *sur et sous-mères*, et des *branches de troisième ordre*. Toutes les autres ramifications reçoivent diverses dénominations qui sont fondées sur leur usage. Nous préciserons, dans le Cours, cette dénomination.

DES DIVERSES FORMES D'ARBRES.

I. Arbres libres.

Ces arbres sont à haute tige, à demi-tige, ou nains; ils sont ou abandonnés ou soumis à la taille. — Ils sont placés en lignes comme bordures, ou dans les plate-bandes des jardins ou en masses composant les vergers.

1. Plein-vent. — Arbre à haute tige, abandonné à son développement naturel. — Pour la composition des vergers et des plantations fruitières. — Tous les arbres fruitiers se soumettent à cette forme.

2. Plein-vent modifié. — Arbre à haute tige, que l'on soumet, sinon à une taille régulière, du moins à quelques suppressions de ramifications par lesquelles on modifie le développement afin de réduire son accroissement et de diriger sa fécondité. —Tous les arbres fruitiers se prêtent, plus ou moins, à cette forme qui est avantageuse dans les jardins pour avoir des arbres élevés et féconds qui ne couvrent par le sol au préjudice des autres cultures.

3. **Plateau vertical** (Pl. VI , fig. 4). — Arbre à haute tige dont les ramifications sont circulairement appliquées sur un support spécialement disposé. — Pour rendre les arbres plus féconds : les Poiriers, Pommiers et les Cerisiers surtout, se soumettent à cette direction.

4. **Plateau horizontal.** — Arbre à haute tige dont les ramifications sont dirigées horizontalement à l'aide d'un support spécialement disposé. — Applicable sur les mêmes arbres que ceux indiqués n.º 3.

5. **Ballon** (Pl. V, fig. 17). — Arbre à haute tige dont les ramifications sont dirigées dans un sens inverse à leur direction normale et arquées depuis le sommet de la tige jusqu'à sa base. — Propre aux Pommiers et aux Poiriers surtout. — *a* représente un jeune arbre en formation, qui est dans sa seconde année de plantation. Les rameaux sont maintenus pendant leur premier développement avec des ficelles.

6. **Pyramide** (Pl. V, fig. 18). — Arbre garni de la base au sommet; la tige se continue dans une direction verticale et les ramifications forment par leur situation et leur développement une pyramide, ainsi que l'indique le nom. — Cette forme convient parfaitement aux Poiriers et assez bien à quelques variétés de Cerisiers, aux Mûriers noirs et aux Mûriers blancs, etc.

7. **Quenouille** (Pl. V, fig. 19). — Arbre garni ainsi que l'est la pyramide avec laquelle elle a du rapport, mais les ramifications moyennes de l'arbre sont plus développées et plus ramifiées que celles de la base et du sommet. — Forme qui convient parfaitement aux Poiriers, à quelques variétés de Cerisiers et d'Abricotiers; elle convient aussi aux Mûriers noirs et aux Mûriers blancs.

8. **Pyramide a ramifications arquées** (Pl. V, fig. 20). — Toutes les ramifications sont arquées en dessous; on obtient cette direction par le moyen de ficelles qui maintiennent les ramifications. — Pour mettre les arbres à fruit. — Forme qui convient aux Poiriers surtout, aux Pommiers et aux Cerisiers.

9. **Pyramide a ramifications contournées en-dessous** (Pl. V, fig. 21). — Pour mettre les arbres à fruits. — Praticable sur les essences indiquées n.º 8.

(207)

10. Pyramide a ramifications contournées en - dessus (Pl. VI, fig. 1).

11. Quenouille a base latérale renversée. — Les ramifications de la base sont dirigées sur un treillage disposé en ceintre.

12. Quenouille a partie inférieure renversée circulairement (Pl. VI, fig. 5).

13. Girandole étagée (Pl. VI, fig 2). — Toutes les ramifications partent circulairement d'un même point de la tige d'étage en étage, et ont une direction oblique.

14. Girandole évasée (Pl. VI, fig. 3). — Les ramifications disposées en étage sur la tige sont dirigées en vase.

15. Buisson simple.

16. Buisson a ramifications arquées.

La forme en buisson convient surtout au Prunier, qui souffre toujours plus ou moins de la taille, ou plutôt qui ne se soumet pas facilement à cette opération. Elle peut être appliquée à l'Abricotier, au Pommier, au Coignassier, au Néflier, au Mûrier noir et au Mûrier blanc, etc.

17. Quenouille palmette (Pl. VI, fig. 6). — La base de l'arbre est dirigée en quenouille et la tête l'est en palmette.

18. Quenouille éventail (Pl. VI, fig. 7). — La base de l'arbre est dirigée en quenouille et la tête l'est en éventail.

19. Quenouille vase (Pl. VI, fig. 8). — La base de l'arbre est dirigée en quenouille et la tête est dirigée en forme de vase.

20. Vase demi-tige. — Les ramifications partent du sommet de la tige qui s'arrête à une moyenne hauteur, et sont disposées circulairement en s'évasant de la base au sommet.

21. Vase simple (Pl. VI, fig. 12). — Les branches circulaires ne se ramifient ni ne se croisent ; elles ne supportent que des rameaux à bois et à fruits qui ne se croisent pas.

22. Vase ramifié (Pl. VI, fig. 14). — Les branches circulaires se ramifient et les ramifications supportent les rameaux à bois et les rameaux à fruits.

23. Vase croisé (Pl. VI, fig. 13). — Les branches circu-

laires supportent des ramifications qui se croisent en lo-
sange.

24. Vase à branches en hélice (Pl. VI, fig. 15). — Les
branches circulaires sont disposées en volute. Pour donner plus facilement à un arbre cette forme, on doit maintenir la direction des ramifications avec des échalas, ainsi
que je l'ai indiqué sur la planche.

Les vases ou gobelets qui peuvent être nains, à demi-
tige ou à haute tige, suivant la longueur de la tige, sont
formés par des branches qui partent circulairement d'un
même point, ou à-peu-près, et qui s'évasent de la base
au sommet. — Cette forme est avantageuse pour rendre les arbres féconds; elle convient surtout aux Pommiers, aux Poiriers, aux Abricotiers et aux Mûriers à
fruits; elle convient encore aux Mûriers blancs qui servent pour l'éducation des vers à soie.

25. Vase quenouille (Pl. VI, fig. 9). — Les ramifications
de la base de l'arbre sont dirigées en vase, et la tige qui
se continue se termine en quenouille.

26. Palmette quenouille (Pl. VI, fig. 11). — La base de
l'arbre est une palmette et le sommet une quenouille.

27. Palmette pyramidale.

II. Arbres appliqués.

Ces arbres sont destinés, à garnir comme espaliers, les murailles ou tout
autre clôture pouvant les supporter; ils sont aussi destinés à garnir
les plate-bandes comme *contre-espalier*, mais alors un treillage, un
palis, un soutien quelconque devient nécessaire pour leur formation.

1. *Palmettes.*

Les palmettes présentent une tige continue devenant la *branche-mère*,
supportant de la base au sommet, sur deux côtés opposés, des ramifications, branches et rameaux, qui sont dirigés avec ordre et régularité, soit
horizontalement, soit obliquement, soit verticalement, soit enfin simultanément dans tous les sens précités. — Cette forme convient surtout au
Poirier, au Pêcher; elle réussit aussi sur le Pommier, l'Abricotier, et le
Cerisier, etc.

1. Palmette pyramidale (Pl. VI, fig. 16). — Les branches
de la base sont plus développées que celles du sommet. —
La longueur des branches se réduit insensiblement et avec
régularité de la base au sommet.

2. Palmette a ramifications obliquées du bas en haut
(Pl. VI, fig. 18).

3. PALMETTE A RAMIFICATIONS OBLIQUÉES DU HAUT EN BAS (Pl. VI, fig. 17).

4. PALMETTE A RAMIFICATIONS ARQUÉES DU BAS EN HAUT (Pl. VI, fig. 19).

5. PALMETTE A RAMIFICATIONS ARQUÉES DU HAUT EN BAS (Pl. VI, fig. 20).

6. PALMETTE GARNIE (Pl. VII, fig. 1).

II. *Eventails.*

Les éventails sont placés en espaliers et en contre-espaliers. — Ils sont nains, à demi-tige ou à haute tige, suivant que la tige est élevée. — Ce sont des arbres composés de branches principales qui sortent d'un même point, ou à peu près : la tige n'existe pas ou elle est très-courte sur les arbres nains, alors les branches partent de la base et elle est d'une hauteur variable, suivant que l'arbre est à demi-tige ou à haute tige. Ces branches sont dirigées à angle plus ou moins ouvert de chaque côté de la base; elles sont appliquées sur un soutien quelconque, où elles sont maintenues par des ligatures et en s'étendant régulièrement les unes par rapport aux autres, elles garnissent la partie que l'on veut couvrir et supportent, sur toute leur étendue et symétriquement, les ramifications de divers ordres. — Les branches principales sont plus ou moins nombreuses, de même que le nombre des branches de second et de troisième ordre est variable, suivant la forme que l'on veut donner à l'arbre.

Cette forme, dans tous les cas, offre, ainsi que l'indique son nom, une base rétrécie par les branches qui partent d'un faisceau central et qui vont en divergent, avec régularité, de la base au sommet, en V plus ou moins ouvert. — L'éventail présente l'arbre divisé, dans ses ramifications, en deux parties, l'une droite et l'autre gauche, parties désignées sous le nom d'*aile droite* et d'*aile gauche*, qui ensemble composent l'arbre, et isolément constitue un de ses côtés. Les branches et les ramifications de chaque aile doivent avoir la même régularité d'inclinaison et doivent être en nombre égal, afin que la sève soit bien répartie dans toute l'étendue et qu'un point ne prenne pas plus de développement qu'un autre : ces conditions sont essentielles pour régulariser la végétation et pour équilibrer la sève. — Les Eventails présentant leurs deux ailes ou les deux côtés, sont dits *Eventails bilatéraux*, et les Eventails qui n'ont qu'une aile ou qu'un côté, sont dits *Eventails unilatéraux*. — Cette forme convient à tous les arbres fruitiers, et particulièrement aux Pêchers et aux Poiriers.

Eventails bilatéraux.

1. EVENTAIL FANON (Pl. VII, fig. 2). — Deux branches mères dirigées verticalement, croisées au sommet et supportant sur toute leur étendue des ramifications unilatérales régulières, disposées horizontalement. — Pour le Poirier surtout.

2. EVENTAIL FORME ANGLAISE (Pl. VII, fig. 7). — Deux branches mères verticalisées, supportant chacune des ramifications horizontales plus ou moins obliquées, portant régulièrement de chaque côté des mères branches. — Pour le Poirier surtout et pour le Pêcher.

3. Eventail candelabre (Pl. VII, fig. 4). — Deux branches mères dirigées horizontalement, supportant les ramifications dressées, régulièrement distantes. — Pour Poirier surtout, et pour Pêcher.

4. Eventail candelabre, *à ramifications arquées sur les branches mères* (Pl. VII, fig. 3). — Pour Poirier.

5. Eventail candelabre, *à ramifications verticales sur la branche mère et se terminant sur un même plan* (Pl. VII, fig. 5). — Pour Poirier.

6. Eventail candelabre carré, *les branches mères et les ramifications se réunissant* (Pl. VII, fig. 6). — Pour Poirier.

7. Eventail Laquintinie (Pl. VII, fig. 8). — Convient surtout aux Poiriers en espalier et aux Pommiers en contre-espalier.

8. Eventail garni (Pl. VII, fig. 9). — Convient surtout aux Poiriers en espalier et aux Pommiers en contre-espalier.

9. Eventail garni, *Eventail Dalbret* (Pl. VII, fig. 10). — Convient surtout aux Poiriers.

10. Eventail garni (Pl. VII, fig. 11). — Convient surtout pour les Poiriers.

11. Eventail en V ouvert (Pl. VII, fig. 12). — Pour les Poiriers et les Pêchers.

12. Eventail en V ouvert (Pl. VII, fig. 13). — Pour les Pêchers.

13. Eventail, Cotinet, en V ouvert (Pl. VII, fig. 14). — Pour les Pêchers.

14. Eventail garni, en V ouvert (Pl. VII, fig. 15).

15. Eventail simple, en V ouvert (Pl. VIII, fig. 1).

16. Eventail, Dalbret, en V ouvert (Pl. VIII, fig. 2).

17. Eventail en V ouvert, *forme anglaise* (Pl. VIII, fig. 5).

18. Eventail, Lelieur, en V ouvert (Pl. VIII, fig. 3).

19. Eventail a la Montreuil, en V ouvert (Pl. VIII, fig. 4).

20. Eventail Sieule. — Arbre abandonné à tout son développement, mais dont les ramifications sont dirigées, maintenues et fixées.

Eventails unilatéraux.

1. Éventail unilatéral (Pl. VIII, fig. 6).

Je ne figure qu'un exemple de cette forme, parce qu'il est facile de comprendre qu'on peut donner aux arbres unitéralement dirigés, toutes les directions qui sont indiquées pour les éventails bilatéraux.

DE LA VIGNE.

On cultive la vigne dans les jardins et dans les vignobles ; dans chacune de ces localités on soumet cet arbuste à des formes diverses qui doivent être connues et indiquées ; ces formes diffèrent de celles que l'on applique aux autres essences fruitières, parce que la nature et le développement de la vigne ne sont pas les mêmes que ceux qui se remarquent sur les autres arbres fruitiers : la taille présente aussi quelque différence.

I. Vignes de jardins. — *Raisin de table.*

Dans les jardins on dispose la vigne en *cordons*, en *treille*, en *berceau* et en *cep*.

1. Vigne en cordons (Pl. VIII, fig. 7). — La vigne appliquée sur un support quelconque, présente une tige *a*, dirigée verticalement, sur laquelle on tire une ou plusieurs branches mères *b*, que l'on conduit horizontalement. Sur l'étendue de ces branches, et régulièrement, sur la surface supérieure, se trouvent des broches *c*, qui résultent de la taille, et d'où partent des sarmens *d*, destinés à produire, et qui seront taillés l'année suivante, ainsi que l'ont été les sarmens qui sont transformés en broches, d'une année à l'autre, par la taille.

Cette forme est la plus ordinairement usitée et avec raison, parce qu'elle est la meilleure. — Il peut y avoir un ou plusieurs cordons sur le même pied, et les cordons peuvent être unilatéraux ou bilatéraux, selon qu'il n'en existe que d'un côté ou qu'il y en a des deux côtés de la tige.

On peut garnir ainsi toute l'étendue d'une muraille ou, ce qui arrive le plus souvent, se borner à faire courir un cordon à la partie supérieure du mur, sous le chaperon au-dessus des arbres fruitiers qui couvrent la base et la partie moyenne de la muraille, comme espalier : la vigne à Thomery est assez généralement dirigée en cordons.

2. Vigne en spires horizontales (Pl. VIII, fig. 10). — La tige dirigée verticalement en spirale, supporte sur

toute son étendue et sur sa surface supérieure des broches.

3. VIGNE EN SPIRES VERTICALES (Pl. VIII, fig. 11). — La tige disposée horizontalement en spirale, supporte sur toute son étendue et sur ses deux côtés des broches.

4. VIGNE EN CORDONS GARNIS (Pl. VIII, fig. 8). — Appliquée sur un treillage placé le long d'un mur. Dans cet exemple les broches partent du dessus et du dessous des branches formant cordon.

5. VIGNE EN PALMETTE (Pl. VIII, fig. 9). — Pour garnir une muraille de la base au sommet. — Une tige verticale s'élevant et supportant des branches dirigées obliquement, prolongées suivant l'étendue à garnir et couvertes de sarmens.

6. VIGNE EN TREILLE. — Pour garnir une muraille de la base au sommet. — Les branches se ramifient et supportent des broches qui partent de tous les points de l'étendue des ramifications et qui sont garnies de sarmens. — Les treilles fournissent d'excellent et de beau raisin, exemple : Thomery, Fontainebleau, etc.

7. VIGNE EN BERCEAU. — Pour couvrir des berceaux dans les jardins, afin de procurer de l'ombrage et obtenir plus de fruits.

8. VIGNE EN CEP (Pl. VIII, fig. 17). — C'est la forme adoptée dans la plupart des vignobles. Elle est la moins avantageuse pour les jardins, parce que le raisin y vient ordinairement moins beau, et qu'il a aussi moins de qualité comme raisin de table.

II. VIGNES DE VIGNOBLES. — *Raisin pour la vinification.*

Les vignes ne sont pas, dans tous les vignobles de la France, soumises à la même forme ; la forme qui est adoptée avec plus ou moins de raison et de fondement, fonde une pratique locale de taille qui caractérise la contrée viticole. Nous reconnaissons la nécessité d'adopter une forme spéciale aux contrées, c'est-à-dire une forme qui soit en rapport avec les besoins de la vigne, de la fécondité des plants et de la qualité du raisin pour la vinification, relativement au climat, à la situation, à l'exposition et au terrain.

1. *Vignes naines.*

Les vignes naines sont celles qui présentent une souche basse et dont les sarmens ne sont pas soutenus par un échalas : elles se soutiennent naturellement ou à peu près.

1. VIGNES RAMPANTES (Pl. VIII, fig. 12). — Avantageuses dans les climats septentrionaux et dans les parties sèches,

(213)

et surtout là où les vents soufflent fréquemment et avec violence. — Souche très-courte, à fleur de terre, supportant des branches mères qui rampent sur le sol et d'où sortent les sarmens.

2. VIGNES SUR SOUCHE (Pl. VIII , fig. 13). — Forme usitée dans les contrées méridionales de la France, où la chaleur a une grande intensité. — Une tige plus ou moins élevée suivant qu'on le juge utile, de trente centimètres à un mètre, supportant des mères branches écourtées desquelles partent les sarmens qui pendent sur la surface du sol.

3. VIGNES EN RUCHES *isolées* (Pl. VIII , fig. 14).

4. VIGNES EN RUCHES *alignées* (Pl. VIII , fig. 15). — Cette forme, fig. 14 et 15, offre l'avantage d'éviter les dépenses nécessitées pour l'acquisition des échalas. — Chaque souche de vigne est disposée en carrés, fig. 14, ou disposée en lignes, fig. 15, supportant des sarmens que l'on entretient dressés par un lien, fixé à leur extrémité, qui réunit les sarmens des plants voisins ; ainsi les sarmens se soutiennent mutuellement.

5. VIGNES SUR FOURCHETTES (Pl. VIII , fig. 16). — Offre à très-peu près l'avantage des vignes rampantes auxquelles cette forme doit-être préférée dans certaines localités. Les branches mères, partent d'une souche basse, très-rapprochée du sol et les sarmens sont soutenus par des fourchettes fichées dans le sol, pour servir de support.

2. *Vignes moyennes échalassées.*

Les vignes moyennes sont celles de presque tous les vignobles de la France, dont les sarmens sont soutenus par des perches ou par des échalas, fichés en terre, sur lesquels sont fixées les ramifications réunies en bottes. Cette forme, quoique très-usitée, n'est pas la meilleure partout ; elle ne convient pas dans les localités fraîches et humides et dans les climats où la température est variable.

VIGNES ÉCHALASSÉES. — Des principales localités viticoles de la France.— Ces vignes présentent une souche qui est plus ou moins élevée et supportant des branches mères, en nombre variable, desquelles partent les sarmens qui sont dressés en totalité ou en partie. L'échalas est fixé auprès de la souche.

1. La fig. 17, pl. VIII, présente un cep dont la souche a

plusieurs étages de branches écourtées et tous les sarmens dressés et accolés à l'échalas.

2. La fig. 21, pl. VIII, présente un cep dont la souche est plus simple et les sarmens moins nombreux que dans la figure précédente, mais dressés et accolés à l'échalas.

3. La fig. 22, pl. VIII, présente un cep peu différent des deux autres, mais sur lequel on a fait un provin *b* de la *sautelle* ou du sarment de l'année précédente *c*.

4. La fig. 19, pl. VIII, présente deux ceps, *a, b,* qui sont à peu près dans les mêmes conditions de forme que ceux des exemples précédens, si ce n'est que la sautelle *c* du cep *a*, est inclinée et attachée au cep *b*, et ainsi de suite d'une vigne à l'autre, pour certains vignobles.

5. La fig. 20, pl. VIII, présente un cep *a*, dont la sautelle, nommée *ploïye b*, est ployée en arc ou en archet et fixée à l'échalas en *c*.

6. La fig. 18, pl. VIII, *Vignes en archets* ou *arquées*, présente un cep qui offre plusieurs exemples de directions locales; *a*, est la souche élevée supportant les sarmens dressés et accolés à l'échalas *b*, et des sarmens *c* courbés et maintenus dans cette situation par de l'osier; de l'autre côté, des sarmens arqués *d*, dont l'extrémité est fichée en terre et qui sont dans certains endroits nommés *fiches* ou *piques*; et en *e*, des sarmens ployés en arc, nommés *ployes*.

7. VIGNES CROISÉES (Pl. VIII, fig. 23). — Tige basse *b*, supportant des branches écourtées *c*, qui soutiennent des sarmens *d*, dirigés obliquement sur un échalas *e*, placé entre deux ceps : les sarmens des deux ceps *a*, sont croisés et accolés sur l'échalas. — Avantageuse méthode pour obtenir une plus grande quantité de fruits.

8. VIGNE EN CÔNE (Pl. VIII, fig. 24). Plusieurs ceps plantés circulairement dans une fosse commune, ayant chacun son échalas dirigé obliquement; ces échalas sont réunis et attachés ensemble par leur sommet au centre : les sarmens sont accolés à ces échalats. — Cette méthode est avantageuse pour utiliser de petits espaces de terrains dans les localités escarpées et rocailleuses, et surtout dans les climats méridionaux.

9. VIGNES EN PALISSADE (Pl. VIII, fig. 25). — Ces vignes,

qui se rencontrent dans l'est de la France, sont accolées à un treillage à très-larges mailles, fait tout simplement avec des pieux et des gaulettes.

3. *Vignes hautes.*

Les vignes hautes sont celles dont l'élévation sort plus ou moins des limites de la hauteur des vignes précédentes : cette hauteur est toutefois assez variable. — Ces sortes de vignes ne sont avantageuses que dans les contrées méridionales.

1. Vignes en guirlande. — Se rencontrent plus souvent dans les jardins que dans les cultures viticoles. — C'est une tige plus ou moins élevée, présentant des sortes de cordons, ayant des sarmens qui sont pliés les uns sur les autres.

2. Vignes en hautains. — Ce sont des pieds de vignes plantés auprès de grands arbres le long desquels ils montent, et dans la tête desquels ils se ramifient.

DES INSTRUMENS ET DES OUTILS.

On s'occupe beaucoup de l'amélioration des instrumens et des outils dont on se sert en culture ; cette partie a réellement fait des progrès sur quelques points de la France, et ce qui le prouve, c'est que le cultivateur peut, aujourd'hui plus facilement qu'autrefois, se servir d'instrumens spéciaux pour l'exécution des diverses opérations que les cultures nécessitent, et que dans quelques localités, les hommes les plus éclairés sur les avantages d'une bonne pratique, modifient, suivant qu'ils en reconnaissent le besoin, les instrumens dont ils se servent. Les charrues surtout ont reçu, depuis quelques années, de notables améliorations, et les différentes sortes de charrues qui existent, décèlent l'intelligence du cultivateur sur la nécessité de perfectionner le premier de tous les instrumens.

Cependant, ce que nous observons dans quelques départemens à cet égard ne se remarque pas dans d'autres, car on pourrait en citer plusieurs où les instrumens sont encore dans l'enfance de l'art, et où la charrue diffère bien peu de l'araire primitif.

Si le cultivateur, dans les départemens où la culture est en progrès, peut facilement faire le choix d'une suite d'instrumens nécessaires à ses besoins, il sera quelquefois arrêté par la complication de ces instrumens, qui rend leur acquisition dispendieuse et leur entretien difficile. La plupart des instrumens sont applicables, dans la grande culture, sur des terres qui opposent une certaine résistance; mais pour la petite culture où l'on n'est pas en position de disposer des mêmes forces, et dans les sols légers qui se travaillent aisément, il est difficile d'en trouver qui réunissent toutes les conditions pour satisfaire à cet égard.

Dans tous les cas, on devra préférer les instrumens simples dont le prix d'acquisition ne soit pas élevé, qui puissent se réparer partout, qui soient faciles à diriger même par les ouvriers ordinaires, et avec lesquels on puisse faire un bon travail, tout en économisant les forces des hommes et des animaux.

La propagation de bons instrumens est une chose importante pour l'amélioration des cultures; mais pour en introduire de nouveaux dans les lieux où l'habitude profondément enracinée empêche de comprendre les avantages de cette introduction, on doit procéder avec prudence et avec une insensible persévérance, afin de ne pas froisser ni heurter les anciennes convictions, que l'on ne détournera qu'avec du temps, que par des exemples, et des faits bien démontrés auxquels on ne peut pas ne pas se rendre tôt ou tard.

Ce n'est pas en voulant changer instantanément ce qui est, que l'on arrivera plus promptement. On doit, quant aux instrumens, chercher à modifier ceux qui existent dans la contrée, et commencer avant tout par cette modification qui sera plutôt approuvée qu'une innovation, et qui passera même inaperçue si on procède avec sagesse. Ce sera un grand pas de fait; car ensuite, de modifications en modifications insensibles, on parviendra à faire disparaître sans résistance tous les mauvais instrumens pour leur substituer ceux dont l'expérience du mieux a consacré l'usage. Ce que nous disons ici pour les instrumens peut s'appliquer à toutes les améliorations culturales.

Je ne décrirai ni ne donnerai ici la figure de tous les instrumens et de tous les outils dont on se sert en culture; je n'ai pas non plus le projet d'entrer dans les détails qui se rapportent à ceux que je figurerai. J'ai voulu seulement mettre sous les yeux de nos élèves quelques-uns des instrumens anciens et nouveaux, et quelques-uns de ceux dont on fait un usage journalier. Les figures que je donnerai développeront l'intelligence de nos jeunes gens sur cette partie essentielle de la culture qui exerce une grande influence sur la production.

La plupart des dessins des instrumens qui se trouvent ici, sont dûs à plusieurs élèves de l'Ecole normale, qui se sont empressés, sous la direction de leur professeur de dessin linéaire, M. Peyré, de satisfaire aux désirs que je leur manifestai qu'ils fissent ce travail. Que ce bon professeur, mon collègue, et que ces zélés jeunes gens, mes élèves, reçoivent ici l'hommage de ma reconnaissance.

1. *Instrumens et Outils de défonce et de labour.*

1. CHARRUE SIMPLE, ARAIRE DU POITOU, *et de quelques contrées du midi de la France* (Pl. IX, fig. 1). — Cette charrue, qui est pour ainsi dire la charrue primitive, laisse considérablement à désirer; néanmoins elle est d'un usage général dans quelques parties de la France, dans le centre, dans l'ouest et dans le midi, où on la retrouve à quelques modifications près. — Je donne cette figure pour démontrer combien on comprend peu partout l'avantage du mieux.

a le Soc, — *b* le SEP, — *c* le MANCHE ou le *Mancheron* simple, — *d* L'AGE, la *Haie* ou la *Flèche.*

2. CHARRUE SIMPLE, ARAIRE DE GRIGNON, *modifiée par M. Bella; différent peu de celui de Roville dû à M. de Dombasles* (Pl. IX, fig. 2, 3 et 4). — Publiée en feuilles à Grignon (1).

Fig. 2, élévation longitudinale gauche de l'Araire. — Fig. 3, plan.

A le Soc ; *a l'aile, b la souche.* — B le COUTRE ; *c la lame, d le manche, e le coin.* — C le SEP : *f le talon.* — D le VERSOIR ; *g étançons* ou *montans, h verges boulonnées.* — E L'AGE, la *haie* ou la *flèche; n crampon en forme d'anneau servant à maintenir la charrue sur le traîneau.* — F le MANCHE ou les *mancherons.* — G le RÉGULATEUR ; *i la chaîne, j le crochet, m la clavette avec sa chaîne, k la tige, l la crémaillère.*

(1) M. Erembert, professeur de mathématiques et de dessin linéaire à l'Institut agronomique de Grignon, a réuni en feuilles une suite de figures des divers instrumens et machines qui fonctionnent à Grignon. Ces figures, établies sur une plus grande échelle que celle que j'ai adoptée, ont quelquefois servi à nos élèves de l'Ecole normale pour l'exécution du dessin de plusieurs figures composant les planches de ce travail. Je ne manquerai pas d'indiquer celles qui sont réduites d'après les dessins de mon collègue de Grignon.

(**218**)

Fig. 4, Plan de la TRAINE ou du *Traineau, pour le transport de l'araire.*

A LIMONS ou *Patins;* — B TRAVERSES; — C les DENTS; D la CHAINE; — E le CROCHET.

3. GRANDE CHARRUE SIMPLE, ARAIRE *à soc américain, à age cintré, pouvant recevoir un avant-train* (Pl. IX, fig. 5 et 6). — Annales de Roville, supplément 1839, pl. I.

Fig. 5 plan de l'Araire. — Fig. 6 Araire vu du côté droit. — *a* RÉGULATEUR, *supportant la chaîne b.* — *ce Piton placé sur l'age destiné à recevoir le goujon de l'avant-train qui s'adapte à la chaîne du régulateur ou chaîne de l'avant-train.* — *e* COUTRE, *glissant dans sa coutelière* f, *et pouvant être fixé à la hauteur désirable au moyen d'une vis de pression g.* — *h* Soc *américain.* — *i* AVANT-CORPS *de la charrue.* — *j* le SEP ou *talon.* — *k* L'ETANÇON. — *l* LE VERSOIR; *m arc-boutant servant à maintenir l'écartement du versoir;* n *Crampon en forme d'anneau, servant à maintenir la charrue sur le traineau destiné au transport de l'instrument.* — *o* MANCHERONS, *fixés à l'age par un boulon.* — *p* L'AGE; q *Crochet en fer fixé sur les mancherons et servant à soutenir les rênes.*

Toutes les parties de cette charrue sont en fonte ou en fer forgé, excepté l'age et les mancherons qui sont en bois; on pourrait remplacer le versoir en fonte par un versoir en bois. — Cette charrue telle qu'elle est figurée, est un araire simple, on pourrait y adapter l'avant-train du *scarificateur.* Pl. XI, fig. 4.

4. CHARRUE SIMPLE, ARAIRE A DEUX VERSOIRS (Pl. IX, fig. 9), 10, 11 et 12. — Annales de Roville, 1.re livraison, 1834, pl. II.

Fig. 9. Instrument vu du côté droit; fig. 10, plan de l'instrument.

A L'AGE, B LES MANCHERONS. — C le SEP. — D le Soc fait en fer de lance. — E les VERSOIRS. — F le COUTRE — C L'ETANÇON. — H le RÉGULATEUR ; *a crochet fixé sur le versoir et dont l'extrémité se place dans l'un ou l'autre des trous de la crémaillère, suivant qu'on veut donner plus ou moins d'écartement aux versoirs.* — b *crémaillère destinée à donner plus ou moins de largeur à la raie, selon que les versoirs sont écartés.* — c *chaîne,* d *crampon destiné à fixer la charrue sur le traineau.*

Fig. 11. Plan du TRAINEAU *pour le transport de la charrue.*

(219)

Fig. 12 , Traineau, *vu en élévation.* — *a Montant fixé sur la traverse de derrière du traineau qui s'enfile dans le crampon* a *des fig.* 9 *et* 10. — *La charrue est placée sur le traineau de manière que le soc repose sur la traverse antérieure en* d *, et que le Sep se trouve entre les deux montants de la traverse postérieure en* e. — b *Montant moins haut que le premier, fixé sur la même traverse et maintenant le Sep de la charrue.* — e, *Chaîne fixée sur la traverse antérieure et à laquelle on accroche la chaîne du régulateur.*

5. Charrue composée, Araire modifié, *avec avant-train.* — Charrue Dumérin *à double régulateur* (Pl. IX, fig. 7 et 8). — Le Cultivateur, T. 13, mars 1837.

Fig. 7. Charrue vue en élévation du côté droit.

A les Mancherons. — B b l'Age. — C le Coutre. — D grand Regulateur. — E petit Régulateur, *muni de la chaîne et du crochet d'attelage* e. — F f, Estomac *porte soc.* — G g Soc. — H Versoir. — I Etançon. — K Valet *du versoir.* — L *grande* Roue. — M *petite* Roue. — Ces deux roues composent le grand régulateur.

Fig. 8. Charrue vue en élévation du côté gauche. — A les Mancherons. — B l'Age. — C le Coutre. — D le Soc. — E. le Sep. — F l'Etançon. — G grand Régulateur. — H petit Régulateur avec la chaîne et le crochet d'attelage. — I petite Roue. — K grande Roue.

6. Charrue composée , Araire *avec avant-train modifié.* Charrue Pluchet (Pl. X, fig. 1). — Mémoires de la société d'agriculture de Meaux, tom. 1834 à 1835.

A le Soc *terminant le* Sep *vu en partie à la base du versoir.* — B les Mancherons. — C l'Age, la *flèche ou la haie.* — D les Etançons ou *les montants.* — E le Coutre. — F le Versoir , *l'oreille ou l'épaular.* — G les Roues ou *les rouelles.* — H le Patron, *le Palier* ou le *Limonier.* — I le Têtard. — J le Palonnier *soutenu par une chaîne et un crochet, crampon, en forme d'anneau fixé au têtard destiné à recevoir le crochet du Palonnier* a *et* b. — K la Sellette. — L les Epées ou *les soies.* — M le Régulateur. — N Chaine *qui réunit l'araire à son avant-train.*

Cette charrue est très-répandue dans le département de Seine-et-Oise où elle a été primitivement confectionnée ; elle tient le milieu entre la charrue du pays et l'araire.

7. CHARRUE COMPOSÉE, CHARRUE A LEVIER A BASCULE, CHARRUE RABOURDIN (Pl. X, fig. 2). — A le LEVIER *à bascule dirigé horizontalement.* — B l'AGE ou *la haie.* — C les MANCHERONS. — D l'ETANÇON. — E le FRAYON. — F le SOC. — G le VERSOIR, l'*Oreille* ou *l'Epaular.* — H GENDARME. — I le RÉGULATEUR. — J le COUTRE. — K COLLIER *à branche qui joint la charrue à l'avant-train au moyen d'un boulon formant brisure.* — L BRIDE. — N TÊTARD *terminant le forceau.* — O EPARS. — P EPÉES. — Q SELLETTE ; au-dessus, sur le levier, se trouve le porte-guide. — R les ROUES ou *les Rouelles.*

Cette Charrue se trouve déjà chez quelques cultivateurs du département de Seine-et-Oise d'où elle provient.

8. TOURNÉE (Pl. XIII, fig. 3 et 4). — Outil dont on fait un fréquent usage pour les travaux de défonce, de plantation, de fouille, etc. — La TOURNÉE A PIC, fig. 3, composée d'un *œil* au centre d'une lame *e*, *pioche*, d'un côté, et de l'autre d'un *pic b*, est employée dans les terrains où on rencontre beaucoup de pierres : le côté à lame sert pour piocher la terre, et le côté à pic sert pour pénétrer dans les pierres, les séparer, les soulever, afin de les extraire plus facilement. — La TOURNÉE PIÉMONTAISE, fig. 4, diffère de la précédente en ce qu'elle présente d'un côté une sorte de petite hache *b*, au lieu du pic : elle est plus spécialement employée partout où il y a des souches et des racines à extraire. — Très-utile pour les défonces dans les bois et les forêts, pour l'arrachage des arbres, etc.

9. PIOCHE (Pl. XIII, fig. 5). — Très-fréquemment employée quand le sol est difficile à pénétrer avec la bêche : — *a* l'*œil*, *b* la *lame.*

10. BÊCHE TERRASSIÈRE (Pl. XIII, fig. 2). — Outil le plus ordinairement employé dans toutes les cultures, se composant de la *lame a*, de la *douille c*, qui se prolonge en *arète b* sur la lame et qui reçoit le *manche d* dont l'extrémité se termine par une *pomme.*

11. HOUE (Pl. XII, fig. 6, 7, 8 et Pl. XIII, fig. 1). — Outil qui est soumis à bien des modifications suivant les localités, et qui sert particulièrement dans les contrées viticoles de la France. — On distingue trois sortes de Houes ; la HOUE PLATE, pl. XII, fig. 6, et pl. XIII, fig. 1 ; la HOUE A CROCHET, pl. XIII, fig. 7 et 8, et la HOUE FOURCHUE. — Les Houes sont difficiles à manier et fatiguent considérablement les

(221)

hommes qui en font un usage journalier, parce qu'ils sont
obligés d'être constamment courbés sur le sol qu'ils travaillent : le corps prend de bonne heure cette attitude,
et les ouvriers sont déformés avant l'âge. — Celles qui sont
représentées pl. XII, fig. 8 et pl. XIII, fig. 1, sont de beaucoup préférables aux autres à cause de la longueur du manche, de la direction et de la forme de la lame, qui permettent au cultivateur d'opérer sans se courber beaucoup.

2. *Instrumens et Outils pour l'amélioration du sol et pour
l'entretien des cultures.*

12. Fouilleur (Pl. X, fig. 3 et 4). — Publié en feuilles
à Grignon.

Fig. 3, plan de l'instrument, fig. 4, élévation.—A l'Age.
— B les Ailes. — C les Manches. — D les Dents ; *e dent
vue de face supérieure, f dent vue de face inférieure.* —
E le Régulateur ; *a crémaillère, b la fiche, c la chaîne,
d le crochet* d'attelage.

13. Extirpateur (Pl. XI, fig. 1 et 2). — Annales de Roville, 1.re livraison, 1834, pl. XI.

Fig. 1, plan de l'instrument ; fig. 2, élévation.— A l'Age
ou la *flèche, présentant des trous* d, *destinés à recevoir une
cheville qui sert à l'ajustement d'un avant-train.* — B Mancherons. — C *traverses supportant les pieds en fer* a. —
D Pièce d'encadrement, *sorte de limon fixant les traverses;
a tige en fer supportant les socs* c, *b brides serrées par des
vis et des écrous, c soc triangulaire.*

Cet instrument se monte sur un avant-train ordinaire de
charrue, en fixant la chaîne qui l'unit à l'avant-train par
le moyen d'une cheville qui se place dans l'un des trous d.
Les pieds sont mobiles; on peut faire varier les distances
des pieds entr'eux suivant les besoins.

14. Trisoc de Grignon (Pl. X, fig. 7 et 8). — Publié en
feuilles à Grignon.

Fig. 7, plan de l'instrument ; fig. 8, élévation et Soc. —
A l'Age, *la haie ou la flèche.* — B la Traverse. — C les
Mancherons. — D Soc antérieur; *a le coutre, b l'étançon,
c la clavette, d le sep, e les ailes, f la douille.* — E les
Socs postérieurs; *h les coutres, i étançon à tige taraudée,
j crémaillère réglant la distance des socs, l écrous à mani-
velles, m rondelle.* — F Régulateur ; *n crémaillère circu-*

laire d'entrure, p *le pivot*, q *crémaillère horisontale*, r *le crochet.* — G Roulette a crémaillère ; s *la fiche.*

15. Scarificateur (Pl. XI , fig. 3 et 4). — Annales de Roville , supplément 1837, pl. II.

Fig. 3, plan de l'instrument ; fig. 4, élévation. — A Sca-rificateur ; a *cadre ou bâtis*, b *l'Age*, c *les Mancherons*, d *les Dents*, e *Roues ou Rouelles*, f *Levier coudé portant les roues*; g *Chevilles en fer disposées dans des chappes à coulisses* h, *dans lesquelles jouent librement les leviers* f : c'est par cette cheville que l'on règle la profondeur à laquelle l'instrument doit pénétrer dans le sol, de même qu'elle donne le moyen, en élevant les dents au-dessus du sol, de transporter l'instrument. — B Avant-train ; j *Goujon s'enmanchant dans les pitons* i *qui sont fixés sur l'age, et dans lesquels il tourne et glisse librement*; q *Boîte à coulisse glissant le long du montant* r, *et s'y fixant au moyen de la vis de pression* p; r *Montant fixé sur l'essieu de l'avant-train*; k *Roues ou Rouelles*; l *Traverses consolidant les branches d'armons*, m *branches d'Armons*, n *arc de cercle fixé aux armons*, o *Crochet d'attelage : ce crochet glisse librement sur l'arc* n, *et s'y fixe à volonté au moyen de la cheville en fer* s; t *Chaîne liant l'avant-train au scarificateur.*

16. Houe a cheval, ou Bineur a cheval de Grignon (Pl. X, fig. 5 et 6). — Publié en feuilles à Grignon.

Fig. 5, plan de l'instrument; fig. 6, élévation. — A l'Age; a *rainure du régulateur.* — B les Ailes ; b *crémaillère réglant l'ouverture*, c *la fiche d'arrêt.* — C les Mancherons. — D le Régulateur ; d *crémaillère horizontale*, e *crémaillère d'entrure*, f *pivot*, g *la chaîne*, h *la fiche.* — E le Soc ; i *les ailes*, j *l'étançon*, k *la jambe de force.* — F les Couteaux; l *la lame*, m *l'étançon.* — G les Dents.

17. Butteur de Grignon (Pl. X, fig. 9 et 10), — Publié en feuilles à Grignon.

Fig. 9, plan de l'instrument; fig. 10, élévation. — A l'Age. — B les Mancherons. — C le Soc; a *les ailes*, b *la souche.* — D les Versoirs, servant à amasser la terre en monticule sur la base des touffes de pommes de terre; c *verges à crochets*, d *oreille d'arrêt*, e *tôle recouvrant les versoirs.* — E le Sep ; f *le talon.* — F le Coutre; g *la lame*, h *le manche*, k *les clavettes*, l *la douille.* — G le Régulateur ; m *la chaîne*, n *le crochet*, o *crémaillère hori-*

zontale, p *la tige.* — H L'ETANÇON ; q *étançon de la souche.* — K CRÉMAILLÈRE, *réglant l'ouverture des versoirs.*

18. BINETTE (Pl. XIII, fig. 6). — Instrument souvent employé dans la culture.

19. SERFOUETTE (Pl. XIII, fig. 7 et 8). — Sorte de petite binette souvent employée dans les cultures jardinières. L'une, fig. 7, est nommée *Serfouette à coin*, et l'autre, fig. 8, *Serfouette à dents.*

20. FOURCHE ORDINAIRE, *Trident* (Pl. XIII, fig. 11). — Outil très-souvent employé dans toutes les cultures pour répandre le fumier, herser les terres, arracher les légumes, remuer la terre, etc.

21. CROC, *Bident* (Pl. XIII, fig. 12). — Outil qui est d'un usage général en culture.

22. RATISSOIRE A MAIN (Pl. XIII, fig. 9 et 10). — Outil employé pour le nettoyage des allées des jardins et pour biner superficiellement la surface de la terre. L'une, fig. 9, est nommée *Ratissoire à tirer;* l'autre, fig. 10, est connue sous le nom de *Ratissoire à pousser :* cette dénomination provient de la manière dont on se sert de l'instrument.

23. RATISSOIRE A BRAS, *Galère à bras* ou *Charrue-ratissoire à bras* (Pl. XII, fig. 17 et 18). — Instrument dont on se sert avec avantage dans les grands jardins pour le nétoyage des allées et pour gratter la surface du terrain partout où l'instrument pourra passer sans obstacle.

24. RATISSOIRE A CHEVAL ou *à Limon, Galère à cheval* ou *Charrue-ratissoire à cheval :* Pl. XII, fig. 15 et 16. — Cet instrument qui doit être conduit par un cheval, est avantageux dans les grandes propriétés.

25. HERSE TRIANGULAIRE (Pl. XI, fig. 5). — A HERSE *formée de deux pièces de bois* CD, *nommées les Bras, entaillés en* E *et se croisant à ce point de jonction; les trois traverses* F, *ont un tenon à chaque extrémité qui entre dans les mortaises pratiquées sur les bras;* b *les dents : la première traverse a deux dents, la seconde en a quatre, la troisième sept, et chaque bras en a six.* — B *Palonnier auquel est attaché la corde de tirage* a, *fixée à un anneau placé en* E.

26. HERSE CARRÉE IRRÉGULIÈRLMENT (Pl. XI. fig. 6). — A *Herse formée par huit pièces de bois dont cinq longitudinales* b, *et trois transversales* a ; *les cinq premières sont ar-*

mées de dents de fer C. — B *Palonnier fixé par une corde à l'un des angles du devant de l'instrument.*

27. HERSE PARALLÉLOGRAMMIQUE DE GRIGNON (Pl. XI, fig. 7 et 8). — Publiée en feuilles à Grignon.

Fig. 7 plan de l'instrument, fig. 8, élévation. — A les LIMONS. — B les TRAVERSES. — C les PITONS ou *Chapeaux.* — D les DENTS. — E la CHAINE. — F les CROCHETS ; *f traces parallèles des dents.* — G PALONNIER.

28. HERSE DOUBLE, *Herse brisée* (Pl. XII , fig. 1). — A et B les *deux* HERSES *réunies par deux anneaux* a. — C PALONNIER, *pour atteler les chevaux, fixé à la Herse par une double chaîne D. — E cordes partant du côté opposé au palonnier, fixées à un bâton F,* destinées à soulever la Herse pour diriger l'instrument et pour débarrasser les dents quand elles sont encombrées.

Cette herse est avantageuse pour opérer sur les surfaces bombées, dans les terres labourées en billon et en double billon ; la herse cintrée, décrite et figurée dans la collection de machines et d'instrumens de M. le comte de Lasterie, serait préférable dans certaines situations ; elle ne diffère de celle-ci qu'en ce que toutes ses parties sont cintrées au lieu d'être planes.

29. RATEAU (Pl. XIII, fig. 13). — Outil très employé dans les jardins, soit pour nettoyer les allées, soit pour niveler la surface du terrain, soit pour herser les planches de jardin avant ou après les semis. Les rateaux, comme les autres outils, ont diverses formes et sont de différente dimension, qui varient suivant les besoins.

30. ROULEAU SIMPLE (Pl. XI, fig. 9).—A *le Rouleau, soutenu par un arc en fer enfilé dans deux traverses, l'une de droite, l'autre de gauche* B, *et maintenue verticale par une traverse ou brancard,* C *auquel on attèle les animaux : deux arcs-boutants joignent ces deux parties.*

31. ROULEAU ENCAISSÉ (Pl. XII , fig. 10). — *Rouleau soutenu par deux axes de fer* B, C *cadre en bois fixé par des traverses auxquelles on attèle les chevaux ou les bœufs en* a, *soit d'un côté, soit de l'autre.*

32. ROULEAU A LIMONS, DE GRIGNON (Pl. XI, fig. 11 et 12). — Publié en feuilles à Grignon, — Fig. 11 plan du rouleau ; fig. 12 élévation. — A CYLINDRE *à madriers boulonnés ; b les*

(225)

Jantes; c les Raies; d les Moyeux; e l'Essieu; f les Coussinets; g planches fermant le cylindre; h ouverture pour charger ou lester; i cercle en fer; j Palonniers. — B Limons.

3. *Instrumens et Outils pour la multiplication des plantes, pour la taille et l'élagage des arbres, etc.*

33. Cordeau *muni de ses pieux* (Pl. XII, fig. 9). — Pour tracer le terrain à semer ou à planter.

34. Plantoir multiple à béquille (Pl. XII, fig. 10). — Pour repiquage dans la grande culture.

35. Plantoir à béquille (Pl. XII, fig. 11). — Pour repiquage dans la grande culture.

36. Plantoir ordinaire (Pl. XII, fig. 12). — Employé pour repiquage dans les jardins.

37. Plantoir ordinaire ferré (Pl. XII, fig. 13).

38. Plantoir à cheville (Pl. XII, fig. 14). — Pour régulariser la profondeur des trous, par le moyen de la cheville mobile que l'on peut élever ou baisser, suivant qu'on veut enfoncer le plantoir dans le sol.

39. Greffoir (Pl. XIII, fig. 20). — *a la lame* étroite de la base, bombée au sommet d'un côté, et échancré à angle, en s'attenuant en pointe de l'autre côté; b *le manche;* c l'*écussonnoir* en os, en buis ou en ivoire.

40. Coin (Pl. XIII, fig. 30). — Pour opérer la greffe en fente sur de gros sujets : il doit être en *buis* ou en tout autre *bois dur et résistant;* a le coin vu de côté, b vu de face.

41. Serpette (Pl. XIII, fig. 25). — Pour la taille des arbres.

42. Seccateur (Pl. XIII, fig. 26 et 29). — Pour la taille des arbres.

43. Bagueur (Pl. XIII, fig. 31). — Cet instrument sert, dans les vignobles, pour opérer l'incision annullaire sur les vignes, afin d'empêcher le raisin de *couler* et d'assurer la fécondité des ceps : l'opération se nomme *baguer.*

44. Egohine ou *Scie à main* (Pl. XIII, fig. 28). — Employée, dans la taille des arbres, pour supprimer les branches trop fortes qui ne pourraient être enlevées avec la serpette.

45. Croissant (Pl. XIII, fig. 24). — *a* la *lame* cintrée; *b* le prolongement de la douille formant *arête* sur la lame;

15

c la *douille* recevant le manche. — Employé pour la tonture et pour faire l'amputation de jeunes branches.

46 SERPE D'ELAGUEUR (Pl. XIII, fig. 14). — Employée pour l'élagage des arbres. — La *lame* doit être droite, ayant seulement un *bec* saillant, *a*.

47. SERPE, BELGE, D'ELAGUEUR (Pl. XIII, fig. 15). — La *lame* est droite et sans *bec* en *a*.

48. SERPE DE FAGOTEUR (Pl. XIII, fig. 16). — Pour la facilité de l'opération du fagotage : la *lame* doit être très-cintrée de *b* en *a*.

49. CEINTURON DE SERPE (Pl. XIII, fig. 19). — *a le crochet*, pour poser la serpe, fixé par un *anneau au ceinturon; b courroie en cuir, munie d'une boucle à l'une de ses extrémités, et trouée à l'autre extrémité pour serrer le ceinturon à volonté*. — L'élagueur, à l'aide de ce ceinturon qui lui entoure le corps et qui soutient la serpe, est libre de ses deux mains.

50. HACHE D'ELAGUEUR (Pl. XIII, fig. 17). — Pour faire l'amputation des fortes branches, qui se coupent plus facilement et plus promptement à la hache qu'à la serpe. — Cette hache se place dans une ceinture.

51. CEINTURE AVEC CORDAGE, *à l'usage des Élagueurs* (Pl. XIII, fig. 22). — *A ceinture en cuir* que l'élagueur se passe autour du corps, présentant son *porte-hache a*, la *hache b*, posée dans le porte-hache; *c œil* ou *boucle* de la ceinture fait en ficelle forte, dans lequel passe le cordage. — *B cordage* lié sur lui-même auprès de l'œil. — Cet appareil sert à placer l'élagueur sur l'arbre, dans une situation sûre pour sa vie et commode pour le travail, en même temps que la ceinture devient le porte-hache.

52. GRIFFES SIMPLES, *Griffons* (Pl. XIII, fig. 21). — *a le plat; b les crochets-griffes* qui pénèrent dans l'arbre; *c les anneaux*, dans lesquels passent les cordes qui fixent les griffons aux pieds. — Ce genre de griffes n'est employé que pour de petits élagages et pour ne faire que quelques ascensions non continues, car elles fatiguent beaucoup celui qui s'en sert : les jambes ne sont soutenues par rien, le pied seul est pris.

53. GRIFFES A TRINGLE (Pl. XIII, fig. 20). — *a la tringle* que l'on applique sur la jambe; *b le plat* sur lequel on

pose le pied ; c *les crochets-griffes* qui pénètrent dans l'arbre ;
d *lanière en cuir* enveloppant le haut de la jambe et recevant
la tringle pour empêcher que cette dernière pose immédiatement sur la jambe ; e *anneau* pour passer une *courroie* afin
de mieux fixer la griffe ; f *lanière en cuir* qui entoure le bas
de la jambe et à laquelle sont fixées *des ficelles* qui entourent
le pied, pour maintenir la base de la griffe et le plat au pied
et à la jambe. — Ce genre de griffes est préférable aux griffons. La tringle maintient le pied, et l'élagueur griffé est
comme botté : toutes les parties de la jambe et du pied également prises et bien soutenues, placent le travailleur dans
une meilleure situation. — Il y a la paire de griffes ; celles
qui sont figurées, à cause de la forme un peu différente,
sont destinées à la jambe droite : on comprendra facilement
comment doit être celle de la jambe gauche.

54. Un Élagueur équipé *et prêt à monter sur un arbre
pour l'élaguer* (Pl. XIII, fig. 23). — a, b, c, d *Les deux
griffes fixées, avec tous leurs accessoires.* — e, f, g *Le ceinturon, le crochet et la serpe situés au point convenable.* — h,
i, j *La ceinture, le cordage et la hache disposés pour opérer.*

55. Élagueur flamand (Pl. XIII, fig. 18). — a *douille*
de l'instrument prolongée dans la *lame* b, et formant *arête*
sur cette lame ; b *lame* présentant un tranchant *en biseau
aigu sur les quatre côtés* c, d, e, f ; g *le manche.* — Cet instrument, auquel on adapte un manche dont la longueur
varie suivant les besoins, servant avec avantage pour l'élagage, est en état de couper, depuis terre d'où l'on atteind à
quelque hauteur que ce soit, les branches les plus fortes.
Pour opérer, on pose la lame au-dessous de la branche que
l'on veut amputer, et l'opérateur, muni d'un maillet en
bois, frappe au bout du manche jusqu'à ce que, par l'incision dirigée, on fasse tomber la branche. Un peu avant la
chute de la branche, pour éviter les éclats, avec le tranchant de la base, on doit donner plusieurs secousses en ti-
rant à soi l'instrument.

4. *Machine et appareil.*

56. Tarare cribleur, *pour le nettoyage des grains* (Pl. XII,
fig. 2, 3 et 4). — Mémoire de la Société royale d'Agriculture et des Arts de Seine-et-Oise, vol. de l'année 1839.

Fig. 2 plan général ; fig. 3 coupe suivant *p. q* ; fig. 4
coupe suivant *m n.*

Le Tarare est mis en mouvement par une *manivelle* fixée à une *roue dentée* A, qui s'engraine sur une seconde *roue* B, et lui communique la vitesse. — c *ailes* fixées sur le prolongement de l'axe. — D *Trémie* de laquelle s'échappent les corps légers qui salissent les grains. — E *deux planches* parallèles et verticales situées au bas de la trémie, renfermant, dans des *rainures, trois grilles* F, parallèles et horizontales, à mailles inégales, plus larges à la partie supérieure, au point où le grain vient toucher, et plus serrées à la partie inférieure. — G *Planches* verticales et mobiles placées à l'extrémité du tarare, destinées à arrêter les grains qui seraient entraînés par une trop grande force, et qui ont roulé sur les grilles, et s'échappant des deux côtés sur des *plans* H, inclinés en sens contraire. — I *pièce de bois* fixée à l'*axe* faisant tourner *les ailes* et dont les deux extrémités viennent frapper *un levier* mobile K, dans un plan vertical parallèle aux planchers qui tiennent les grilles, afin de communiquer un mouvement de va et vient pour rendre l'action des grilles plus énergique. — Le mouvement vertical circulaire qui en résulte, est changé en un mouvement circulaire horizontal, au moyen d'une *tige de fer* L, qui va du *levier* K à un autre *levier* M, placé sur un *cylindre* N, mobile sur *un axe*, et auquel est fixé un autre *levier* O, perpendiculaire au premier, et qui au moyen d'un *crochet* entraîne les grilles dans son mouvement. — De l'autre côté du tarare une *planche* P, faisant ressort au moyen d'une *vis de pression* Q, est attachée également à un *crochet* et effectue ainsi le mouvement de va et vient. — Le grain à la sortie des *grilles* F, est conduit dans un *cylindre* incliné R, mobile sur son axe et dont le mouvement est communiqué par une *corde sans fin*, qui passe sur la *poulie* S, fixée *à l'axe*; puis de là, sur deux *poulies* T, fixes, de renvoi et sur deux autres V, mobiles, dans un plan vertical, qui permettent de serrer la corde autant qu'on le veut, ce qui remédie aux variations suivant l'état hygrométrique de l'air; enfin la corde s'enroule sur une dernière *poulie* V, fixée à l'axe de la roue, qui reçoit le mouvement de la manivelle (1).

57. **Appareil pour la cuisson des Pommes-de-terre** *à la vapeur* (Pl. XII, fig. 5) — A **Fourneau.** — B **Chaudière**,

(1) Cette description est un extrait de la notice descriptive de la machine, faite avec des figures explicatives, par M. Victor Pigeon, membre de la Société royale d'Agriculture de Seine-et-Oise.

contenant l'eau qui doit fournir la vapeur pour la cuisson des tubercules. — C Escalier appliqué au fourneau pour faciliter le remplissage du tonneau qui contient les pommes-de-terre et qui est posé sur la chaudière. — D Pivot qui sert au transport du tonneau, soit sur la chaudière, pour opérer la cuisson, soit sur le récipient, quand les pommes-de-terre sont cuites. — E Tonneau clos en dessus, si ce n'est au centre, où il y a une ouverture de 25 centimètres carrés. Ce tonneau qui se remplit par le sommet et qui se vide par la base E, *grillée* en F, dans le récépient G, quand les pommes-de-terre sont cuites, se fixe sur la chaudière B pour la cuisson. — C récipient des pommes-de-terre après la cuisson, d'où on tire les tubercules au fur et à mesure des besoins.

Cet appareil est très-avantageux dans les exploitations agricoles pour la cuisson des pommes-de-terre en grand. Il y en a un qui fonctionne chez M. le marquis Decase, à Villeneuve-l'Étang, et c'est celui que j'ai figuré.

DES ANIMAUX.

J'aurais désiré pouvoir donner une suite de figures représentant les diverses races de nos animaux domestiques des différentes parties de la France, car c'est une partie essentielle de notre agriculture qui est bien digne de tout l'intérêt des cultivateurs, et sur laquelle nous devons appeler l'attention des jeunes gens qui étudient la culture, soit pour l'enseigner, soit pour la pratiquer. La difficulté de réunir assez promptement tous les matériaux nécessaires à l'exécution de ce travail, m'a empêché de réaliser, quant à présent, le projet que j'avais formé à cet égard. Ce travail se simplifiera beaucoup, si MM. les directeurs et les professeurs de culture des Écoles normales de France veulent faire exécuter par leurs élèves, dans les contrées où il existe des races caractérisées et reconnues, le dessin des animaux de ces contrées. La réunion de ces dessins procurera d'excellens élémens d'étude dont nos élèves profiteront, et serviront à l'instruction de tous les jeunes gens qui se livrent à la culture.

Je m'arrêterai, pour terminer ce programme, à quelques figures qui m'ont paru d'une grande utilité pour les élèves des Écoles normales, afin de propager la connaissance de quelques parties qui sont relatives à l'étude des animaux domestiques. Ne voulant pas donner de plus longs développemens que ceux dans lesquels je suis entré jusqu'à présent dans ce travail, j'ai seulement cherché à aider la mémoire en plaçant des noms que l'on ignore parce qu'on n'a pas l'occasion de les apprendre, ou qui s'oublient quand on n'a pas l'occasion de les voir tous les jours. Les figures qui se rapportent à la laconique explication des sujets sur lesquels je m'arrête, auront aussi l'avantage de préparer l'intelligence d'une matière que l'on ne peut que traiter très-rapidement dans le cours de culture, à cause de l'étendue que comportent toutes les parties de cet enseignement.

Du Cheval. — Cet animal, si précieux pour l'homme et qui rend d'immenses services à l'agriculture, ne peut être ignoré de personne, et dans la conviction que j'ai qu'on ne saurait trop l'étudier pour bien le connaître, j'ai pensé que nos élèves trouveraient utilement placée ici l'indication des parties qui le composent, celle des principales couleurs que cet animal affecte ordinairement, celle des vices de conformation qu'on observe si souvent sur lui, et enfin celle des diverses allures qui le caractérisent.

1. Nomenclature des différentes parties extérieures du Cheval (Pl. XIV, fig. 1, 2 et 3). — Ces figures, publiées par M. Huzard, sont extraites du *Dictionnaire d'Agriculture*, tome IV, pl. VII.

Le Cheval est divisé en trois parties : la *tête*, le *corps* ou le *tronc*, les *membres* ou les *extrémités*.

La tête comprend la *nuque* 1 ; le *toupet* 2 ; les *oreilles* 3 ; les *parotides* ou *avives*, formées par les glandes de ce nom ; la *gorge*, le *front* 4 ; les *tempes* ; les *joues* ; les *salières*, ou enfoncemens plus ou moins profonds situés au-dessus des yeux 5 ; les *sourcils* ; les *yeux* 6 ; les *larmiers*, enfoncemens à l'angle interne de chaque œil 7 ; le *chanfrein* 8, partie qui s'étend depuis les sourcils jusqu'aux naseaux ; les *naseaux* 9 ; le *nez* 10 ; la *bouche* et les *lèvres* 11 ; les *barres*, ou parties sur lesquelles le mors s'appuie ; la *langue*, le *palais*, le *menton*, petite protubérance environnée par la lèvre inférieure 12 ; la *barbe*, immédiatement au-dessous du menton, là où porte la gourmette 13 ; les *joues* 14 ; les *ganaches* 15 ; l'*auge*, espace compris entre les deux ganaches ou espèce de canal entre le gosier et la barbe 16 ; les *dents*, qui sont : 1.° *incisives*, au nombre de six à chaque mâchoire, servant à couper les alimens, dont deux du milieu, les *pinces*; les deux voisines, les *mitoyennes*, les deux externes, les *coins*; 2.º les *molaires* ou *mâchelières*, au nombre de douze à chaque mâchoire, dont six *avant-molaires* et six *arrière-molaires*; 3.º les *crochets* ou *angulaires*, ainsi nommées parce qu'elles se terminent en pointe au nombre de quatre, placées entre les incisives et les molaires : les juments n'ont ordinairement pas de crochets; lorsqu'elles en ont, ce n'est qu'à une des mâchoires, et ces dents sont très-petites : on les appelle *bréhaignes*. — Suivant leur durée, elles sont dites *dents de lait* ou *caduques*, parce qu'elles tombent peu après la naissance, les incisives et les avant-molaires; *dents de remplacement* celles qui leur succèdent; *persistantes* celles qui durent indéfiniment.

Le CORPS ou le TRONC comprend la *crinière* 17; *l'enco-lure* 18; le *poitrail* 19; les *ars antérieurs*, replis de la peau qui, de la partie inférieure de la poitrine, gagnent chaque extrémité antérieure 20; le *garrot*, partie élevée plus ou moins tranchante située au bas de la crinière 21 ; le *dos* 22; les *reins* 23; les *côtes* 24; le *passage des sangles* 25 ; le *ventre* 26; les *flancs* 27; les *ars postérieurs*, replis de la peau qui, du ventre, gagnent chaque extrémité postérieure, et correspondent à la partie appelée *aine* chez l'homme 28; la *croupe* 29; la *queue* 30; les *hanches* 31 ; les *fesses* 32; les *organes de la génération* du mâle ou de la femelle 33.

Les EXTRÉMITÉS ou les MEMBRES. — Les extrémités se divisent en extrémités antérieures et postérieures. — Chaque extrémité antérieure comprend l'*épaule*, formé par l'*omoplate* 34; le *bras*, situé entre l'épaule et l'avant-bras 35; le *coude*, situé à la partie supérieure et postérieure de l'avant-bras 36; l'*avant-bras* 37, se terminant au genou et formé par le *cubitus*; la *châtaigne* 38, excroissance cornée dégarnie de poils, placée au côté interne, à la partie inférieure de l'avant-bras : elle manque souvent dans les chevaux fins; les *genoux* 39, jointure de l'avant-bras au canon; le *canon* 40; le *boulet* 41 ; le *paturon*, espace court qui se trouve entre le boulet et la couronne 42; la *couronne* 43, renflement garni d'une rangée de poils qui couvre la naissance du sabot; le *pied* est la dernière phalange qui porte sur le sol; le *sabot* ou l'*ongle* 44.

Chaque extrémité postérieure comprend la *cuisse* 45 ; le *grasset* ou *rotule* 46, partie qui couvre la jonction de la cuisse avec la jambe ; la *jambe*, partie située entre la cuisse et le jarret 47 ; le *jarret* 48 : la partie, antérieure en forme le *pli*, la partie postérieure la *pointe*, et les parties latérales les *faces internes* et *externes* ; le *canon* 49 ; le *boulet* 50 ; le *paturon* 51 ; la *couronne* 52 ; le *sabot* 53 ; il se trouve souvent une *chataigne* 54, dans les extrémités postérieures : elle est située à la partie interne et supérieure de chaque canon, au-dessus du jarret. — A la partie postérieure et inférieure de chaque boulet, il se trouve souvent une petite excroissance cornée, nommée *Ergot* qui est presque toujours recouvert par une touffe de longs et forts poils que l'on appelle le *fanon* 55. Le *sabot* ou l'*ongle* (Pl. XIV, fig. 4) est ce qui pose sur le sol, composé de la *muraille* ou *paroi*, substance cornée formant le tour du pied ; la partie supérieure qui touche à la couronne se nomme le *biseau* 56 ; la partie antérieure, la *pince* 57 ; les parties, latérales les *quartiers* 58 ; les parties postérieures, le *talon* de la *sole* 60, plaque de corne fermant l'ouverture inférieure de la muraille en forme de voûte ; la *fourchette* 61, qui est une élévation en forme de V, se trouvant au centre de la sole et de la partie postérieure.

2. De la robe du Cheval.

La couleur du poil détermine ce qu'on appelle la *robe*, qui présente beaucoup de variétés.

Robes d'une seule couleur, y compris les jambes et les crins. — Noir : clair, *mal teint* ; foncé, *franc*. — Blanc : franc, *mat*, *de lait* ; jaunâtre, grisâtre, *sale* ; bleuâtre, *porcelaine*. — Alezan : jaunâtre, *clair*, soupe de lait, *café au lait* ; rougeâtre, *cerise* ; brunâtre, *obscur foncé* ; noirâtre, brûlé. (Les alezans, *soupe au lait* et *café au lait* ont pour caractère distinctif la *raie de mulet* et du *ladre*).

Robes d'une couleur, jambes noires. — Bai : jaunâtre *clair* ; rougeâtre, *sanguin* ou *cerise* ; brunâtre, *châtain, brun* ; mélangé, *marron*. (Le cheval *bai* a toujours les crins noirs). — Isabelle : jaunâtre, *foncé* ; blanchâtre, *clair*. — Souris : clair, foncé. (Les *isabelles* et *souris* ont ordinairement les crins noirs et la raie de mulet).

Robe de deux couleurs. — Gris, (mélange de poils noirs et blancs) : blanc, *clair* ; bleuâtre, *ardoisé* ; noir, foncé, sale, bourdille, *étourneau*. : — Aubère (mélange de *poils blancs et alzans*), blanchâtre , *clair;* nuance de l'alzan *foncé.* — LOUVET : (mélange de *noir et alzan*), nuance de l'alzan, *clair;* noirâtre, *foncé.* On appelle quelquefois les *louvets,* du nom de *fauve* ou de *poil de cerf.* (Dans cette division, *les crins et les extrémités sont ordinairement pareils à la robe.*)

ROBES DE TROIS COULEURS. — ROUAN, (mélange de *noir, blanc et alzan*) : blanchâtre, *clair;* nuances de l'alzan , *vineux;* noirâtre *foncé;* (*extrémités* ordinairement *pareilles à la robe*).

ROBES MÉLANGÉES. — PIE : *blanc, noir, alzan, bai, aubère,* etc. (*Le fond est généralement blanc avec des plaques de ces différentes couleurs*).

3. DES ALLURES.

Les allures sont naturelles, défectueuses et artificielles.

Les ALLURES NATURELLES sont 1.° le *pas,* 2.° le *trot,* 3.° le *galop.*

Les ALLURES DÉFECTUEUSES sont 1.° *l'amble,* 2.° le *pas relevé* ou *pas défectueux,* 3.° *tracquenard* ou *trot défectueux,* 4.° *Aubin* ou *galop défectueux.*

Les ALLURES ARTIFICIELLES sont celles que l'on fait prendre à un cheval en le soumettant à l'éducation.

4. DES TARES ET DES DÉFAUTS DE CONFORMATION du cheval (Pl. XIV, fig. 5). — Cette figure a été prise sur le tableau synoptique de la connaissance du cheval, publié par M. Saucerotte, à qui j'ai aussi emprunté ce que j'ai dit sur la robe du cheval.

DÉFAUTS DE LA TÊTE :

Tête de vieille, volume excessif, ou trop de longueur ; *tête décharnée,* os saillans et muscles mal dessinés ; quand le cheval tend le nez, on dit qu'il *porte au vent; tête encapuchonnée,* lorsque la tête mal prise est trop rapprochée du potrail; *oreillard,* oreilles longues, basses et pendantes 1 ; *oreilles de lièvre,* lorsque les oreilles sont rapprochées ; *nuque basse,* front enfoncé ou trop bombé ; *salières creuses,* (elles n'indiquent pas toujours un âge avancé); *yeux petits* 2 ; *yeux bombés, saillans,* quelquefois *inégaux* et *enfoncés; chanfrein trop arrondi; nazeaux étroits; bout du nez gros* 3 ; *bouche trop ou trop peu fendue; les lèvres trop grosses* 4, *flasques, ouvertes, renversées en dehors, pen-*

dantes 5 ; *lèvres, menton et barbe à peau épaisse; ganache
charnue 7 ; auge empâtée; barres inégales; langue pendante
6; langue serpentine*, lorsque remuant sans cesse elle sort et
rentre de la bouche à chaque instant; *fistules aux avives 8;
gorge pendante 9.*

Défauts du tronc.

Encolure fausse 10; quand elle se joint mal au corps
et qu'elle paraît plus volumineuse à son extrémité opposé ; *l'encolure de cerf* prédispose le cheval à porter au
vent ; *l'encolure grèle* est faible ; *l'encolure courte* est mas-
sive et sans souplesse ; *l'encolure trop longue* est disgra-
cieuse et présente peu d'appui à la main; *garrot gros* 14;
garrot bas et *garrot décharné; coup de hache* 11, évidement
naturel qui se trouve quelquefois en avant du garrot ; *poitrail étroit* ou *serré; encellé* 13, quand le dos est bas ou concave; *dos de carpe* ou *de mulet*, quand le dos est convexe
ou tranchant ; *côte plate; ventre de vache* 16, quand il est
affaissé et volumineux ; *ventre levretté*, lorsqu'il est retroussé;
flanc creux; flanc cordé, lorsqu'on aperçoit une éminence
transversale de la hanche aux côtes, qui peut être com-
parée à une corde ; *croupe coupée* ou *avalée* 14, lorsqu'elle
est très-oblique de son sommet à la queue ; *mal culotté*,
si la pointe des fesses n'est pas prononcée ; *cheval cornu*,
quand les hanches sont trop prononcées ; *queue de rat*,
lorsque le tronçon de la queue est dégarni de crins à son
origine 15; *cul de poule*, lorsque la graisse forme une éminence prononcée autour de l'attache de la queue; *hernie* 17;
pissant dans le fourreau 18, si le penis ne sort pas pour uriner.
Le *tronc trop court*, rend les réactions dures, le trot peu
allongé ; le *tronc trop long* amoindrit la force des reins.

Défaut des membres.

Épaules trop charnues 19; *épaules décharnées; épaules
chevillées*, quand elles manquent de jeu ; *épaules froides*,
par le défaut d'exercice ; *avant-bras grèle et long; genou
trop petit* ou *arrondi; canon trop gros; tendons grèles;
long-jointé*, quand le paturon a un excès de longueur;
court-jointé 30, quand le paturon manque de longueur;
pieds trop grands ou *trop petits; corne trop épaisse; manque de corne; manque de consistance dans la corne; dureté de la corne; pinsard* ou *rampin*, lorsque le cheval ne
marche pour ainsi dire que sur sa pince; *pieds plats*, ceux

dont le dessous cesse d'être creux et dont la sole et la fourchette touchent à terre ; *pieds combles*, quand la sole est convexe et la pince presque toujours concave ; *cuisse plate*, lorsqu'elle est maigre et décharnée 33 ; *jambe longue et grèle* 34 ;
*jarret petit ; jarret charnu, plein, ou gras ; cheval bas sur ses
extrémités antérieures*, est exposé à butter fréquemment ;
trop haut sur le devant, se câbre volontiers et trotte sous lui ;
éponge, tumeur dure qui vient quelquefois à la pointe du
coude 20 ; *couronné* 23, quand le genou est dénué de poils
ou garni de poils blancs, indiquant qu'il est exposé à
tomber sur les genoux ; *osselets*, quand il y a une exostose
à cette partie ; *malandres* 22, crevasses au pli du genou ;
suros 26, tumeur osseuse qui affecte le canon ; *nerf-ferure*
ou tendon féru, quand le cheval s'est blessé le tendon avec
la pince du pied postérieur ; *mollette* 28, tumeur molle qui
vient au boulet ; *un cheval se coupe*, lorsque le pied qui se
porte en avant frotte le boulet en avant, forme une plaie ;
atteinte, blessure que le cheval se fait au paturon ou que
d'autres chevaux, marchant sur lui, occasionnent ; *Ja-
vart* 42, tumeur qui se déclare derrière les paturons, sur
les côtés ou près de la couronne ; *eaux aux jambes*, humeur
puante qui suinte des extrémités, causant enflure : cette
maladie se déclare au paturon et s'étend jusqu'au milieu
du canon ; *poireaux* 27, espèce de verrues qui viennent sur
les boulets et sur les paturons ; *crapaudine*, ulcère occa-
sionné par une atteinte à la couronne ; *crevasses*, fentes
qui attaquent le pli du paturon ; *fourbure*, accumulation de
sang dans le tissu réticulaire du pied, affection très-commune et souvent grave ; un cheval *forge* lorsque en trotant
le cheval frappe de la pince des pieds de derrière sur les
fers de devant ; *forme*, tumeur osseuse qui survient à la
partie inférieure du paturon ; *seime* 31, division de la corne
depuis sa naissance jusqu'à la pince ; *soie* ou *pied-de-bœuf* 32,
lorsque la fente, partant de la couronne, se remarque sur
la partie antérieure de l'ongle et descend jusqu'au bas de
la pince ; on dit que le cheval a pris un *clou de rue*,
lorsqu'il a rencontré un clou ou un corps quelconque
résistant, qui lui est entré dans le pied ; *encastellure*, resserrement des talons ; *capelets* ou *passe-campanes* 37, tumeur
mouvante qui se montre sur la pointe des jarrets ; *solandres*
36, crevasses au pli du jarret ; *rapes* 24 ; quand les crevasses du pli du jarret et du pli du genou sont transver-

sales ; *vessigon* 38, tumeur molle qui se déclare entre la corde tendineuse qui passe sur la pointe du jarret et la partie inférieure et latérale du tibia ; cette tumeur n'est visible que lorsque le cheval s'appuie sur l'extrémité qui en est affectée; *varice*, dilatation de la veine *saphène*, qui passe à la partie latérale interne du jarret ; cette maladie peut se déclarer aussi dans d'autres vaisseaux du même genre ; *courbe* 35, gonflement de la partie inférieure et interne du tibia ; *éparvin sec*, ne présente aucune tumeur extérieure ; son effet est de susciter une flexion convulsive et précipitée de la jambe qui en est attaquée au moment où elle se meut; ce mouvement est très-visible dès le premier pas que fait le cheval et jusqu'à ce qu'il soit échauffé: il constitue ce qu'on appelle *harper ; éparvin de bœuf,* tumeur humorale qui occupe toute la face interne du jarret et qui s'ossifie ; *éparvin calleux* 41, tumeur osseuse qui se déclare à la partie latérale interne et supérieure du canon; *jarde* 39, tumeur à la partie latérale externe et inférieure du jarret ou la tête du peroné se joint au canon; *jardon* 40, lorsque cette tumeur est peu volumineuse et qu'elle n'apparaît que sur le côté; *jarret ankylosé,* quand plusieurs tumeurs osseuses ont soudé ensemble tous les os de cette partie ; *cercles,* le gonflement de toutes les parties qui environnent le jarret.

Par rapport aux aplombs, un cheval est *sous lui du devant ou du derrière,* lorsque ces extrémités antérieures ou postérieures se rapprochent du centre ; il est *campé* lorsqu'il a le défaut contraire ; il est dit *droit sur ses membres* 29, quand il y a rétraction des tissus à l'articulation des boulets qui alors se redressent ; il est *bouleté* lorsque le mal est porté au plus haut degre ; il est *bas-jointé,* quand le boulet est par trop en arrière, et par conséquent trop près de terre; il est *droit jointé,* dans le cas contraire ; *brassicourt,* se dit d'un membre antérieur dont le genou est trop en avant ; *arqué* 21, quand cette défectuosité provient du racourcissement des tissus de la face postérieure du genou ; *genoux creux,* si cette partie est rentrée ou si elle est trop en arrière ; *trop ouvert ou trop serré dans ses membres,* quand ils sont trop portés en dehors ou en dedans ; *panard*, les membres et les pieds tournés en dehors, et les membres antérieurs ayant les coudés rentrés ; *cagneux,* membre tourné en dedans ; *genou-de bœuf*, si le genou seul est porté en dedans ; *clos* ou *crochu*, si le jarret seul est en dedans ; *ouvert des genoux ou des jarrets*; *panard du boulet*, *cagneux du boulet*.

5. Des Moutons, *considérés relativement à leur laine.* — Le mouton est un animal qui est d'un grand secours au cultivateur comme machine à fumier, et il devient l'objet d'une éducation spéciale, suivant qu'on veut en faire une bête laitière pour la fabrication du fromage, ou qu'on les engraisse pour la boucherie, ou qu'on se dispose à avoir un troupeau pour la production des laines. Les laines font l'objet d'un commerce immense, entretiennent un grand mouvement industriel et manufacturier, et sont d'un usage général pour la société. — La laine de tous les moutons n'est pas également bonne, et les meilleures laines se rencontrent surtout chez certaines races de moutons qui sont propagées et entretenues pour satisfaire aux besoins de cette production.

La *toison* du mouton, qui est toute la partie laineuse couvrant le corps de l'animal, contient du *suint* qui est la substance grasse, excrétée de l'animal, imprégnant plus ou moins toute la masse laineuse. Une toison est formée de *mèches* plus ou moins épaisses et floconneuses, lâches ou tassées, longues ou courtes, etc., suivant la nature des brins. Les mèches sont formées de *brins*, affectant différens caractères qui fondent la qualité des laines. Ces brins sont plus ou moins longs, lâches ou étroitement serrés ; quelquefois ils sont si rapprochés et tassés qu'on ne distingue pas les mèches, et qu'en touchant à un point de la toison, sur le dos de l'animal, tout l'ensemble remue : tels sont les *Mérinos* purs. Quelquefois, au contraire, le moindre vent agite les mèches qui se désunissent facilement, ainsi qu'on le voit sur quelques sortes de bêtes : les moutons *anglais*, dits à longue laine.

Les laines, selon leur qualité, présentent les caractères suivans, indiquant les divers degrés de bonté. Les brins sont égaux, très-égaux, courts ou longs, tassés plus ou moins, ou lâches, d'un parallélisme plus ou moins régulier, ondés ou ondulés, feutrés ou chevêtrés, vrillés, tordus ou cordonnés, bourrus, raides, jarrés ou poil de chien, brouillés, élastiques, moelleux, souples, légers, mats, lustrés, éclatans ou brillans, nerveux ou forts, mous, secs ou cassans, faibles ou tendres, plats, maigres, morts, plus ou moins purs et diversement colorés, quoique la couleur blanche soit celle qui domine : on rencontre plus rarement des moutons noirs, roux, etc.

La qualité des laines varie suivant la nature des animaux, suivant le climat, suivant le régime alimentaire et le traitement qu'on leur fait subir, et elle varie encore suivant son point de situation sur le corps de l'animal. — La laine des races communes est ordinairement divisée en trois qualités : 1.° la mère laine, qui est celle du cou et du dos ; 2.° la seconde, qui provient des parties latérales du corps et des cuisses ; 3.° la tierce, celle qui provient de la gorge, du ventre, de la queue et des jambes. — Cette division ne serait pas suffisante pour les laines fines, qui varient beaucoup ; aussi ces dernières se divisent-elles à l'infini. — Le célèbre agronome allemand, Thaer, a publié, dans les *Annales de Mœglin*, le résultat des observations qu'il a faites sur la qualité de la laine de chacune des parties de la toison du mérinos, résultat qui d'ailleurs peut, jusqu'à un certain point et à quelques exceptions près, s'appliquer aux autres races. Voici le résultat de ces observations, voir la fig. 6, Pl. XIV, qui est une toison divisée par régions. — La laine la plus fine et la plus régulière est celle qui se trouve dans la direction *du garrot à l'ombilic*, à six ou sept centimètres de *l'échine en descendant* à six ou sept centimètres de *l'omoplate a*. — La qualité moyenne se trouve sur le *dos b*, à dix centimètres environ, plus en arrière. — Sur *la croupe et dans les parties voisines c*, la finesse est un peu plus caractérisée : les laines de ces parties ont une couleur matte et paraissent manquer de nerf. — De la *naissance de la queue* en descendant *d*, la laine est un peu plus longue, plus frisée, et les mèches effilées : la finesse se réduit encore à quelques centimètres au-dessous. — A trois ou quatre centimètres environ de la *naissance de la queue*, se trouve un point *e* qui est la ligne de démarcation de la laine de la toison supérieure et de celle de la base de la cuisse, se réduisant en qualité au fur et à mesure qu'on descend. — Au *jarret f*, se trouve la majeure partie de la laine la plus commune de la toison. — A *l'épaule g*, et auprès du *genou*, la laine est plus frisée et plus fine. — La laine du *ventre h*, quoique aussi fine que celle des meilleures qualités, est rarement bonne ; elle est mince et toujours disposée à se tordre, se tordant même. — La laine du *garrot i*, tassée et quelquefois dure,

ténd à se cordonner ; moins elle est tassée , plus elle est disposée à se tordre, et quand elle est dure les extrémités sont
presque toujours défectueuses. — Des deux côtés du cou *k*,
la laine est d'une belle venue et d'une qualité supérieure ;
elle est plus longue que celle des meilleures parties , auxquelles
elle en cède peu : dans les toisons à brins épais, elle
a un lustre caractéristique. — La laine des parties supé-
rieures du cou *l*, va toujours en décroissant. — Chéz plusieurs, la laine de la *nuque m*, décroît sensiblement en proportion des autres parties du cou : ordinairement elle égale
en qualité celle de la partie supérieure de l'arrête du cou ;
dans les toisons très-serrées, elle se rapproche davantage des
parties latérales de cette région.

6. ANNEAU CANNELÉ POUR MAITRISER LES TAUREAUX
(Pl. XIV, fig. 7, 8, 9, 10 et 11). — *Notice publiée par
M. Berger Perrière, avec une planche, en mars 1833.* —
Les Taureaux sont des animaux dangereux, dont il faut
toujours se méfier, et que l'on doit maîtriser en employant
des moyens faciles à appliquer sans les faire souffrir. Plusieurs moyens sont ordinairement usités, mais ils sont tous
plus ou moins condamnables, soit comme ne remplissant pas
l'objet, soit comme trop barbares. Celui que je donne ici,
et dont les résultats avantageux sont appréciés et connus,
est pratiqué avec succès dans quelques parties de l'Europe
et à l'Institut agronomique de Grignon, par M. Bella, directeur de cet établissement. — M. Bella fils est l'auteur de
la planche qui accompagne le mémoire de M. Berger, et ce
sont les figures de cette planche que j'ai reproduites ici. —
Ce moyen consiste à passer un anneau cannelé à travers les
membranes nasales, anneau qui est soutenu par des lanières
en cuir fixées à la tête de l'animal, fig. 11.

Perforer avec l'instrument nommé *trocar*, fig. 7 *a*, ren-
fermé dans sa *gaîne en cuivre b*, la *membrane du nez*, en
pénétrant par la *cavité nasale droite c*, *près du mufle*, sans
toucher à ce dernier. — Fig. 8, *la gaîne du trocar* traver-
sant la membrane et recevant l'une des extrémités de *l'anneau d*, qui est entraîné par la *gaine* que l'on retire : cette
extrémité de l'anneau doit être jointe avec l'autre *e*. —
Fig. 9, *l'anneau passé, fermé et rivé en f* par une *goupille*
qui sert de rivet. — Fig. 10, *l'anneau g fermé et rivé*, et
garni de *lanières en cuir* composant la *têtière*, qui est formée d'un *montant h*, dirigé verticalement, se *bouclant* en *i*,

et des *passans*, se *bouclant* en *l*. — La fig. 11 représente la tête d'un taureau *naselé*, supportant la *têtière* en cuir *k*, fixée sur les cornes au moyen d'une boucle, et dont le *montant h*, longe le chanfrein *m*, et soutenant l'anneau *g*, rivé en *f* et relevé au-dessus du mufle. — Fig 12, *a* marteau *brochoir* et *b* tenaille *tricoises* pour l'opération des rivets de l'anneau.

7. Démonstration de l'opération de la ponction dans le cas de météorisme, ou *Météorisation, sorte de tympanite ou enflure des animaux ruminans ou enpansement* (Pl. XIV, fig. 13, 14 et 15). — Quoique cette partie soit tout-à-fait du ressort de la médecine vétérinaire, et que j'aie la conviction que tous les cultivateurs ne puissent pas être assez vétérinaires, quand ils n'ont pas fait toutes les études nécessaires pour pouvoir se passer d'un homme de l'art, j'ai pensé que cette simple opération, qui peut être pratiquée par tout le monde avec la plus grande facilité, devait être bien connue des cultivateurs et des hommes qui se destinent à enseigner la culture. Cette opération, devenue populaire, pourra rendre des services dans des cas pressans où les animaux d'une exploitation sont pris de cette affection qui arrive instantanément, et faisant aussi, instantanément, des ravages qui exposent le cultivateur à des pertes souvent considérables (1). En attendant les secours d'un vétérinaire, qui est quelquefois fort éloigné, les bêtes pé-

(1) Il est de ces simples connaissances en médecine vétérinaire que tous les cultivateurs doivent avoir pour donner les premiers soins aux animaux; et ces connaissances rendent souvent de grands services, surtout dans les localités où les vétérinaires sont rares et où il faut les attendre long-temps dans un cas pressant. Si je pense que ces premières connaissances sont indispensables au cultivateur, je ne puis me persuader qu'un homme qui ne fait pas des études spéciales puisse jamais assez oser pour se passer d'un vétérinaire. La culture est une partie bien vaste qui nécessite des études appliquées et une longue pratique; le cultivateur n'est jamais très-habile si il n'a pas beaucoup étudié, beaucoup vu et beaucoup fait. Il en est de même pour la médecine animale. Comment ces deux branches des connaissances humaines, qui se lient il est vrai, pourraient-elles être généralement suivies par un seul homme! On l'a parfaitement compris; aussi des Écoles vétérinaires sont-elles élevées dans quelques départemens de la France, afin de spécialiser les études et de former des hommes spéciaux qui passent bien des années sur les bancs avant d'exercer. Cet état de choses, fort bien ordonné, démontre le peu de confiance qu'on doit avoir dans les hommes qui ne se livrent pas exclusivement à l'étude et à la pratique d'une partie aussi vaste que la médecine animale, et si le cultivateur a été assez heureux pour acquérir quelques connaissances sur cette partie, qu'il les utilise sagement dans les cas pressans, mais qu'il appelle toujours à son secours des hommes dont les études spécialement faites, une pratique journalière et les travaux, inspirent de la confiance.

rissent; tandis que le premier venu, connaissant l'opération, les sauvera. — M. Berger-Perrière a publié, *dans les Mémoires de la Société d'agriculture de Seine-et-Oise, année 1838,* une notice spéciale sur cette affection et sur les moyens curatifs prompts à employer, avec une planche explicative; c'est cette planche que je reproduis ici, en m'aidant de la description donnée par cet habile vétérinaire.

Quand une bête est météorisée, enflée ou empansée, comme on le dit vulgairement, on procède à l'opération de la ponction, qui est facile à faire et qui n'est nullement dangereuse. A défaut d'instrument spécial, on peut opérer avec une lame tranchante ; et pour entretenir le dégagement du gaz qui s'échappe de l'intérieur, après avoir perforé, on doit enfoncer un tuyau quelconque dans l'ouverture, soit canule de seringue, soit entonnoir, soit même un morceau de bois de sureau, canuliculé par l'enlèvement de la moelle.

Toutefois il est préférable d'employer le *trocar,* fig. 15, *b, c, e.* — La ponction se fait au centre du flanc gauche, un peu vers la partie supérieure, ainsi qu'il est indiqué fig. 13 et 14, *a.* — Le poil ayant été tondu vers ce point, on doit, la peau étant épaisse chez les grands animaux ruminans, faire préalablement une *incision* qui permette de porter directement la pointe de l'instrument sur la panse : l'incision doit être dirigée *du haut en bas* et *d'arrière en avant.* — Avec la paume de la main droite, frapper un fort coup sur le manche du trocar, tenu de la main gauche, *l'extrémité de la lame appliquée sur le point à ponctuer,* afin de faire pénétrer la *lame,* environnée de sa *gaine,* dans la *panse ;* puis retirer ensuite la tige et laisser dans l'intérieur la gaine *tubulée* ou la *canule* du trocar *d,* fig. 14. Cette canule fixée, le gaz s'échappera par ce canal qui reste dans la plaie pendant tout le temps nécessaire pour que l'évacuation se fasse complètement. Dès que l'opération est faite, les flancs s'affaissent et l'animal éprouve du soulagement. — La canule restée plongée, est maintenue dans cette situation, fig. 14 *a,* par le moyen *d'un ruban de fil d,* qui ceint le corps de l'animal. L'évacuation terminée, on nettoye les bords de la plaie et on la recouvre d'un plumasseau d'étoupe imbibée de térébenthine, ou de poix noire fondue, ou de glue. — Le trocar avec lequel on opère est figuré pl. XIV. — La fig. 15, *e,* présente *l'instrument garni de sa gaine* et disposé pour l'opération ; *b* la *gaine* ou *canule libre,* telle qu'elle se trouve dans l'estomac, son *plateau* appliqué sur la surface de l'animal et la *canule* plongée de toute son étendue ; e *lame* ou *tige* du trocar dégagée de sa gaîne.

8. Des Abeilles et des Ruches (Pl. XV, fig. 1, 2, 3, 4, 5, 6, 7, 8, 9 et 10). — L'éducation des Abeilles est une partie aussi utile qu'agréable, et l'instituteur dans les campagnes peut facilement suivre cette branche de la culture, qui donne, sans grandes dépenses et sans peine, beaucoup de produits. Il serait à désirer que l'on se livrât plus généralement à l'éducation de ces animaux producteurs de cire et de miel, dont les habitudes et les travaux sont si dignes de fixer notre attention.

Les Abeilles vivent en famille, et cette famille se nomme *Essaim*. — Dans un essaim on trouve *l'abeille Mère* ou la *Reine*, fig. 1, qui est plus allongée et plus forte que toutes les autres mouches qui composent la ruche : celle-ci seule de sa nature, gouverne en souveraine le peuple de la ruche ; elle est d'une couleur rousse. Les *Mâles*, ou *faux Bourdons*, fig. 2, qui sont moins longs, mais plus gros du corps que la reine, et d'une couleur plus brune, noirâtre, sont nombreux ; il y en a plusieurs centaines : ils sont destinés à féconder la reine pour entretenir le peuplement. Les *abeilles Ouvrières* ou *Neutres*, fig. 3, sont les plus nombreuses : il y en a plusieurs milliers dans une ruche ; elles sont plus petites et brunes. Ces abeilles sont les laborieuses ; elles ne sont occupées que de travail. La propagation leur est étrangère ; elles construisent tout l'intérieur de la ruche ; elles vont au-dehors chercher des matériaux de construction et pour se procurer de la nourriture, dont elles font provision : on dit alors qu'elles vont au *gagnage* ou *butiner*. Celles-ci ont un aiguillon droit et à six dentelures, ainsi que la reine, qui a un aiguillon long, fin, recourbé au sommet et à quatre dentelures : les faux bourdons, ainsi nommés à cause du bruit qu'ils font en volant, n'ont pas d'aiguillons.

Les essaims sont placés dans des *Ruches* de diverses formes qui sont leur habitation : le point où ces ruches sont placées se nomme le *Rucher*. — Dans une ruche on trouve les *rayons* ou *gâteaux*, qui sont disposés par étages, les uns sur les autres, et fixés au sommet et sur les côtés avec une substance nommée la *propolis*. Les rayons sont faits avec de la *cire* et composés dessus et dessous de cellules allongées, ayant une forme hexogonale, nommées *alvéoles* : c'est dans les alvéoles que se trouve le *miel* qui les remplit, et c'est aussi là que la mère fait sa ponte et que l'œuf déposé au fond de l'alvéole, est couvé, devient une *larve*, puis une *nymphe* par transformation, puis ensuite une *reine*, un *mâle* ou une *ouvrière*, suivant le point d'où sort l'insecte, point qui est spécialement construit selon qu'il doit concentrer l'une ou l'autre sorte de mouche de la famille ou de l'essaim. — La population d'une ruche devenant trop nombreuse en été, une certaine quantité de cette population quitte la ruche, sous la direction d'une mère, et va chercher ailleurs une habitation. Cette nouvelle population, se séparant de l'ancienne, est l'*essaim*, et sa sortie se nomme *essaimer*.

Les *ruches*, recevant les essaims, sont de plusieurs sortes; j'indique ici quelques-unes des principales : elles sont divisées en ruches simples et en ruches composées. Les premières sont celles qui ne sont formées que d'une seule pièce, sans division dans l'intérieur; les autres sont celles qui sont composées de plusieurs pièces et divisées à l'intérieur. — La fig. 4 représente une ruche simple, nommée *panier*, que l'on fait préférablement avec des scions d'osier ou de troène. — La figure 5 représente une ruche en paille de la même forme que la précédente : ces ruches sont connues sous le nom de *ruches ordinaires*. — La fig 6 est la ruche *Blancherie*, composée de deux parties; l'une supérieure, est la ruche principale *a*, et l'autre inférieure *b*, qui est la *hausse*, compartiment ajouté pour donner plus d'espace aux abeilles. — La fig. 7 est la *ruche villageoise*. — La fig. 8 est la ruche à hausse, dite *ruche Ravenel*, en paille. — La fig. 9 est la *ruche à tiroirs* ou à *hausses superposées*, en bois. — Les ruches à *hausses*, offrent l'avantage de permettre d'enlever une de leurs parties, pour en prendre le miel et la cire, sans déranger les abeilles et sans les entraver dans la suite de leurs travaux. — La fig. 4o représente une ruche ordinaire disposée ainsi que le sont les ruches dans les campagnes; *a* pieux enfoncés, supportant les ruches qui sont suffisamment éloignées du sol pour être garanties de l'humidité; *b* le support des ruches appliqué sur les pieux; *c* la base d'une ruche placée sur le support; *d* le chapeau en paille, recouvrant la ruche, tenu en *e* par un cerceau et surmonté en *f* d'un pot qui fixe le sommet et éloigne l'humidité du centre. — L'industrie de l'éducation des abeilles donne lieu à la *Rucherie*. L'industriel qui s'en occupe est nommé le *Ruchier*.

9. **Des Vers a soie** (Pl. XV, fig. 11, 12, 13, 14, 15, 16, 17, 18, 19, 20, 21, 22, 23, 24, 25, 26 et 27). — L'industrie de l'éducation des vers à soie a dans ces derniers temps pris un certain développement qui va croissant; autrefois le midi seul suivait cette industrie, et maintenant qu'il est reconnu qu'elle peut prospérer partout, on la voit s'étendre sur tous les points de la France. Cette partie de la culture mérite de se propager de plus en plus; elle doit fournir les moyens d'utiliser certains terrains peu productifs d'ailleurs, où le mûrier réussira, et elle permet d'utiliser des bras qui restent souvent inactifs, des vieillards, des femmes et des enfans, car ce travail n'est pas fatigant. La production résultant de cette culture et de l'industrie qui en découle, pouvant être fournie en totalité par le pays, ou bien des ouvriers sont employés à la fabrication des soieries, procure une substance qui concentrera un numéraire qui sort de chez nous par la nécessité où nous sommes de tirer de l'étranger la matière première que la France ne produit pas en suffisante quantité pour satisfaire au besoin des manufactures. — Je donne dans la planche ci-jointe des figures qui ont été prises sur la nature même, et qui sont dans des proportions tellement exactes, qu'on peut compter obtenir dans une éducation bien faite des sujets d'une dimension semblable.

Les feuilles du mûrier blanc sauvage et celles de ses variétés servent pour la nourriture des vers à soie. — Une plantation de mûriers se nomme *Mûraie*.

Le ver à soie, fig. 17, est la chenille du papillon *Bombyx à soie*, fig. 20, mâle, et fig. 21, femelle; les papillons femelles fécondés par les papillons mâles, pondent les œufs *a*. — Les œufs fig. 11, exposés à une température de 18 degrés, sont en voie d'éclosion; l'éclosion dure 7 jours, en exposant chaque jour les œufs à une température dont l'élévation est graduée. Chaque jour les œufs prennent un caractère particulier qui se remarque surtout dans la teinte et la transparence; la figure 12 représente les œufs arrivés au 6.ᵉ jour exposés à une température de 23.⁰ : tout ce qui a rapport aux œufs, concerne l'incubation. — Les vers après l'éclosion grossissent progressivement et de jour en jour; le temps qui se passe depuis l'éclosion constitue l'éducation des vers qui est divisée par des *périodes*, des *phases*, ou des *âges* qui deviennent caractéristiques. — Le 1.ᵉʳ âge de l'éducation dure 4 jours : la température pendant cet âge, qui doit-être de 24 degrés environ au moment de l'éclosion, s'abaisse à 21.° — La fig. 19 représente un ver au moment de son éclosion. — Le 2.ᵉ âge dure 3 jours : l'atmosphère est entretenue à 20 degrés environ. — La fig. 14 représente un ver au premier jour du 2.ᵉ âge. — Le 3.ᵉ âge dure 5 jours : la température est entretenue à 20 degrés. — La fig. 15 représente un ver arrivé au troisième jour du 3.ᵉ âge. — Le 4.ᵉ âge dure 5 jours : la température est entretenue à 20 degrés. — Le 5.ᵉ âge dure 7 jours : la température est entretenue à 20 degrés. — La fig. 16 représente un ver au second jour du 5.ᵉ âge : au sixième jour du 5.ᵉ âge, les vers ont atteint le *maximum* de leur développement, fig. 17 ; alors ils se préparent à former leur cocon.

L'endroit où se fait l'éducation des vers à soie, est un bâtiment spécial nommé *Magnanerie*. La fig. 22 en indique le plan, et la fig. 23 la coupe prise sur la largeur. Dans la fig. 22, les n.° 1, 2 et 3, sont des issues pratiquées pour la ventilation, afin de renouveler l'air de l'intérieur de la pièce où se suit l'éducation.. — Les n.°ˢ 4, 5, 6 et 7 indiquent quatre cheminées qui ont issue par les toits, et dont l'orifice intérieur tombe dans la magnanerie, à quelques pouces au-dessus du sol : ces cheminées dépendent du système de ventilation ; elles servent aussi de passage au tuyau de poêle qui est placé intérieurement. Les n.°ˢ 8 et 9 sont des trous carrés pratiqués dans le plancher pour donner passage à la chaleur qui arrive de la pièce inférieure A, fig. 23, et se répand à volonté dans toute la magnanerie B. — Le n.° 10, pl. 22, indique les tablettes sur lesquelles sont placés les vers pendant l'éducation. — B est la pièce consacrée à l'éducation ; A est une pièce d'attente ou de desserte pour les travaux préparatoires. — La fig. 20, A est un rez-de-chaussée dans lequel se trouve un poêle, dont les tuyaux, parcourant la pièce, entretiennent la chaleur dans la magnanerie B. Dans cette pièce, on distingue quatre lignes de supports contenant chacune cinq tablettes 10; ces tablettes se voyent parfaitement, fixées à leur support, dans la fig. 23. C'est sur ces tablettes que sont placés les vers et que se suit l'éducation dont le service se fait à l'aide d'un marche-pied, fig. 27.

Les vers, pendant le parcours de leurs phases, sont nourris avec des feuilles de mûrier ; cette alimentation est indiquée sous le nom de *repas*. Quand ils sont arrivés à leur état parfait, ils cherchent à monter pour filer et faire leur

cocon, ce qui commence le septième jour du cinquième
âge. Alors on les facilite dans ce travail, en construisant sur
les tablettes, des *haies*, *cabanes* ou *rames*, faites avec des
menues ramifications, soit de genêt, de bouleau ou de la
bruyère, fig. 25 et 26, disposées sur chaque tablette où ils
se trouvent, fig. 24, n.º 12. Les vers montent et filent leur
cocon, ce qui dure trois jours au moins. On procède ensuite *au déramage*, six ou huit jours après qu'ils sont mon-
tés, car il est prudent d'attendre quelques jours pour que
le coconnement soit parfait. — Le déramage consiste à
enlever les rames et à retirer les cocons qui tiennent après,
fig. 18 : ces cocons sont composés de la bourre, partie
soyeuse externe *a*, et du centre *b*, où se trouve la soie la plus
fine, celle que l'on dévide *c*. — Au centre du cocon se
trouve la crysalide, fig. 19, d'où sortira un papillon. On
choisit les plus beaux cocons qui servent à la reproduction
(*un kilog. de cocons donne ordinairement 62 gram. de soie*);
les autres sont placés sur des claies en attendant qu'on les
mette à l'étouffoir pour tuer les crysalides, car ce sont les
cocons qui seront dévidés. — Les vers se changent en crysalides aussitôt après avoir filé leur cocon. — Les cocons choisis pour la reproduction, sont mis dans une chambre obscure,
où quelques jours après, les papillons naissent, se fécondent
et la femelle pond, fig. 21 : chaque femelle pond de trois à
cinq cents œufs. — La graine ou les œufs est recueillie sur du
linge blanc ou du papier, et placée ensuite jusqu'à l'année
suivante, au moment où on veut commencer l'éducation,
dans une case où la température ne s'élève jamais au-dessus
de six à huit degrés afin de conserver les œufs. — L'éducation dure, y compris la ponte, quarante jours. — On procède ensuite au tirage de la soie et à tous les détails relatifs
à la réalisation de la matière qui découle de l'industrie.

L'éducation des vers à soie peut être divisée en cinq
époques caractéristiques : 1.º l'*incubation*, 2.º l'*éducation
des vers*, 3.º le *coconnement*, 4.º l'*éducation des papillons*,
qui comprend la *naissance*, l'*accouplement* et la *ponte*, le
tout se rapportant à la *setigène* ou *setifère*. — Le résultat
de la setigène ou setifère constitue la *setifice*, ou l'art de tirer
partie des cocons pour obtenir les différentes natures de soie.

F I N.

TABLE DES MATIÈRES.

(*) Voir l'ERRATA (oublié dans le texte).

FIN DE LA TABLE.

PLAN

du jardin et l'étude de l'École normale primaire de l'académie de Lille

à Versailles

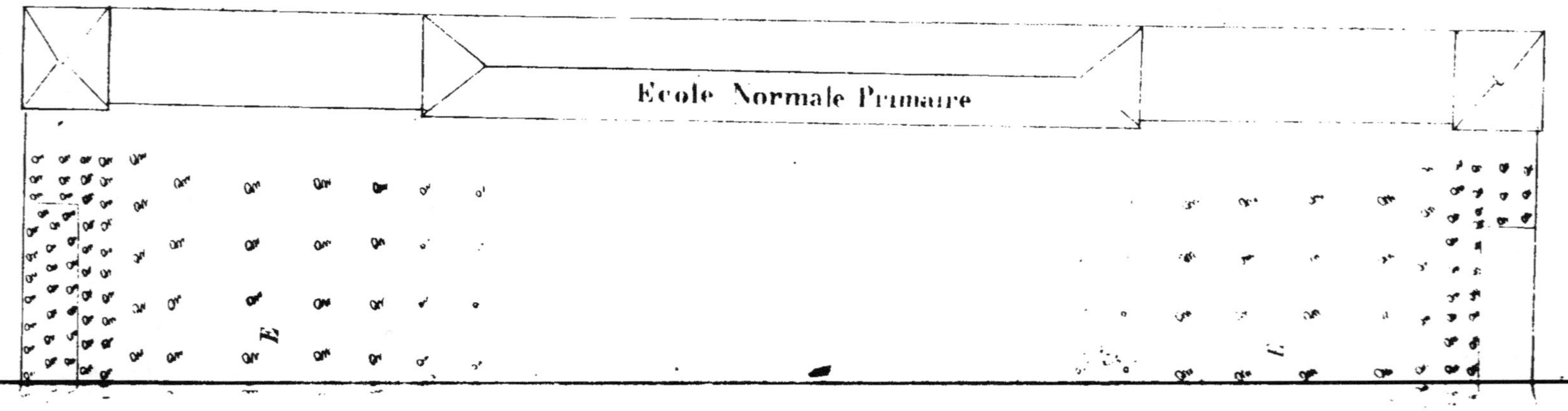

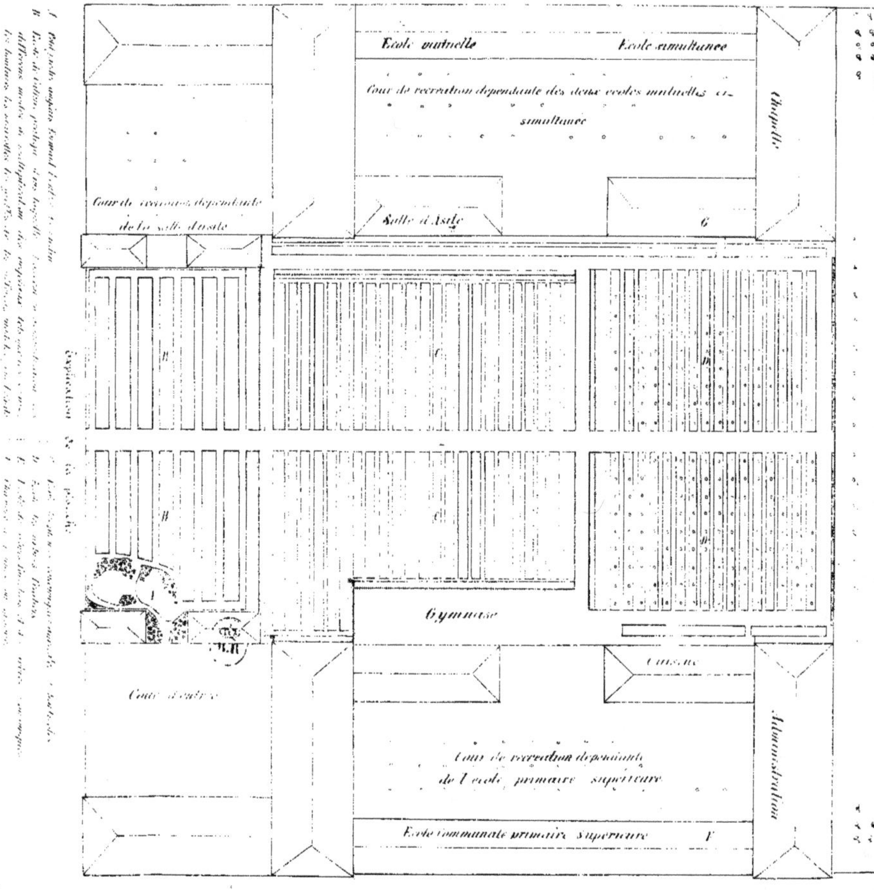

Ecole mutuelle
Ecole simultanée
Cour de recréation dépendante des deux écoles mutuelles et simultanée
Chapelle
Cour de recréation dépendante de la salle d'asile
Salle d'Asile
G
H
C
H
C
Gymnase
Cuisine
Cour d'entrée
Cour de recréation dépendante de l'école primaire supérieure
Ecole communale primaire supérieure
Administration
Explication de la planche
Echelle de 1 à 625

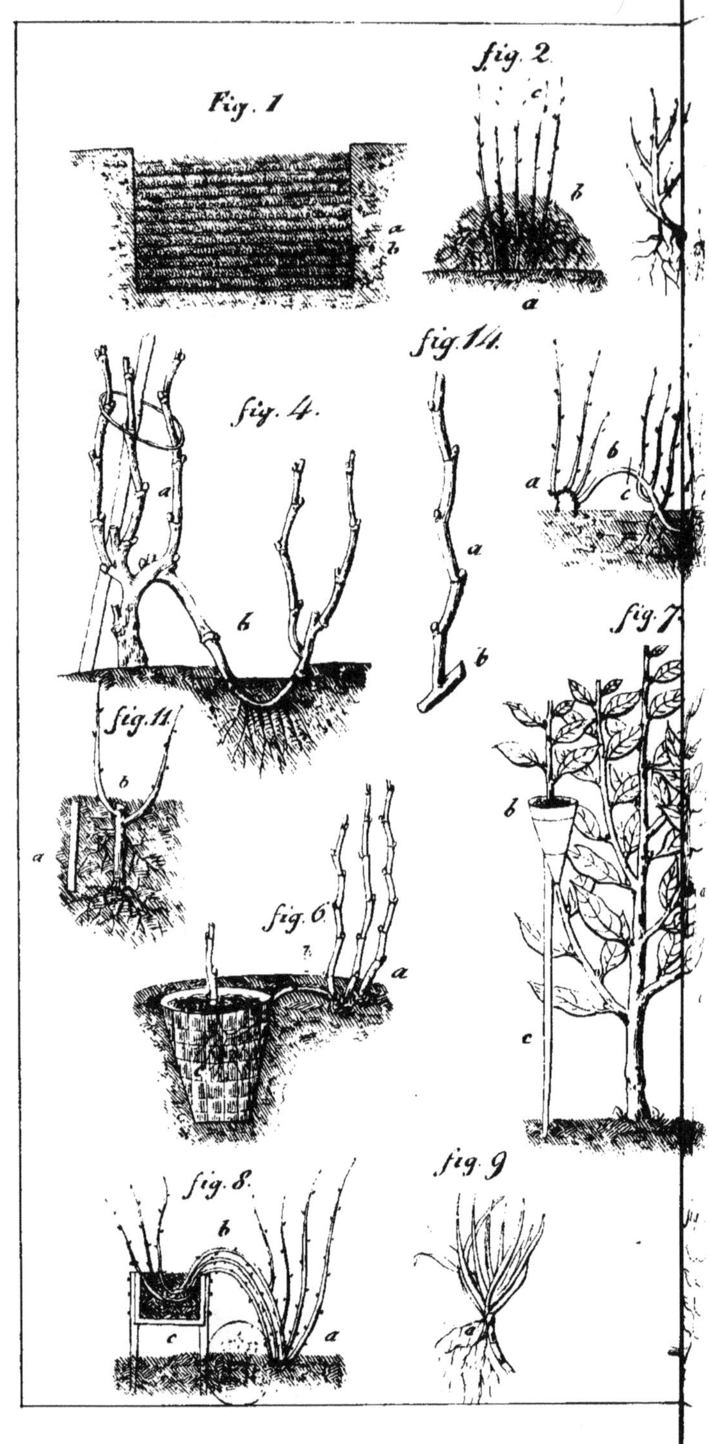

Fig. 1
fig. 2
fig. 14
fig. 4
fig. 7
fig. 11
fig. 6
fig. 8
fig. 9

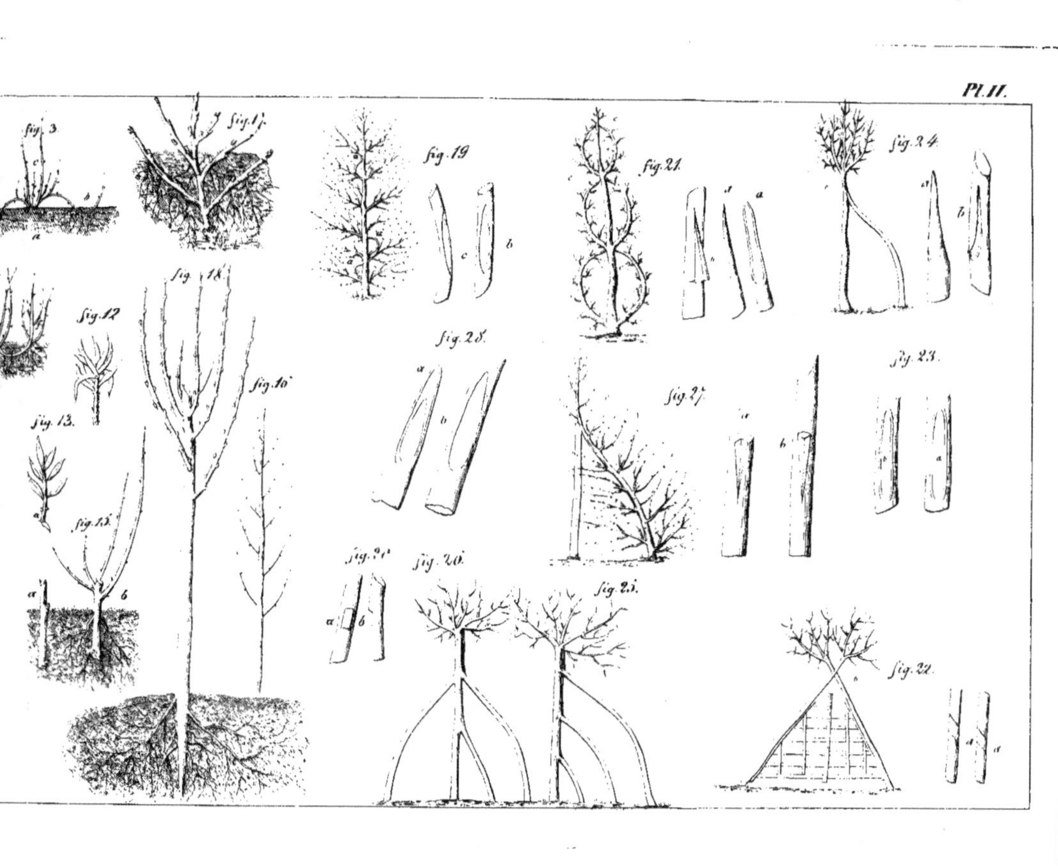

fig. 3.
fig. 17.
fig. 19
fig. 21.
fig. 24.
fig. 12.
fig. 18.
fig. 28.
fig. 23.
fig. 13.
fig. 16.
fig. 27.
fig. 15.
fig. 14.
fig. 20.
fig. 25.
fig. 22.

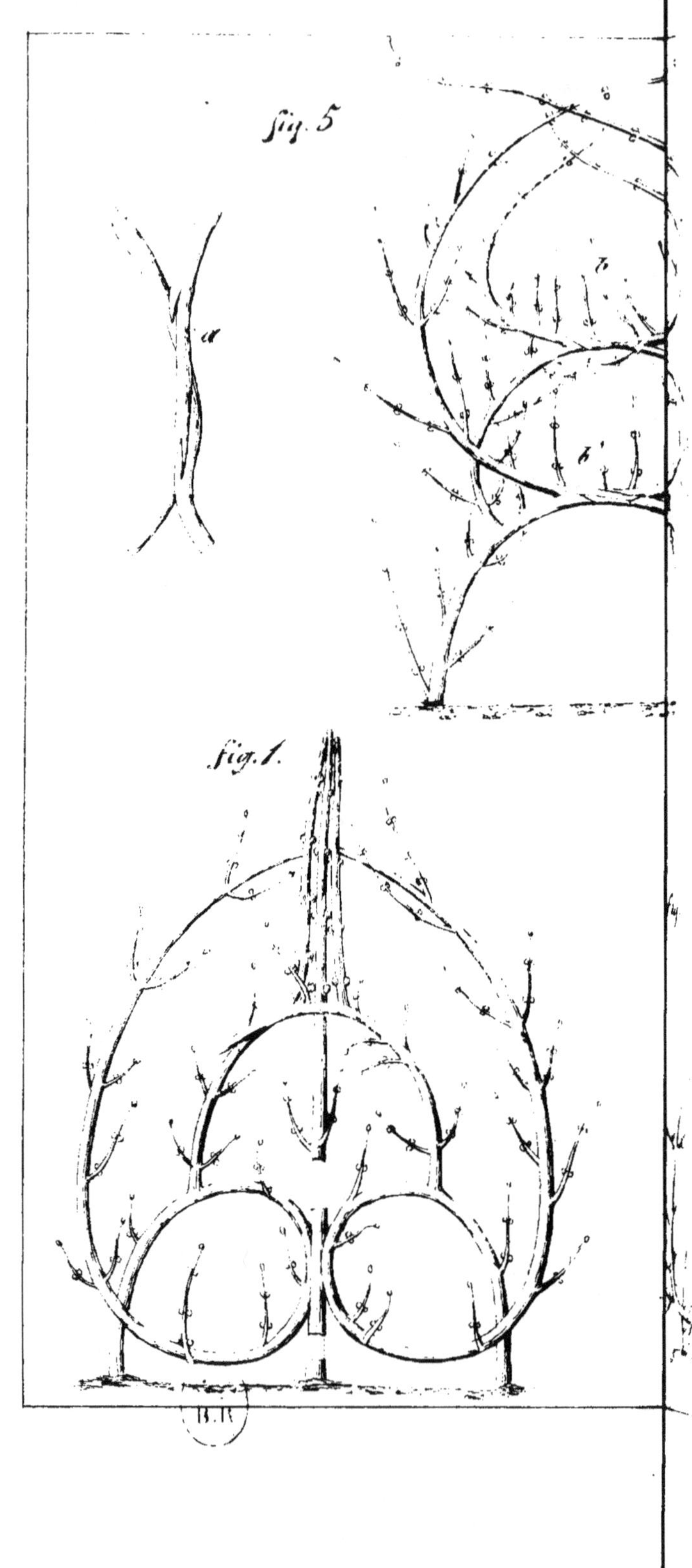

fig. 5
fig. 1

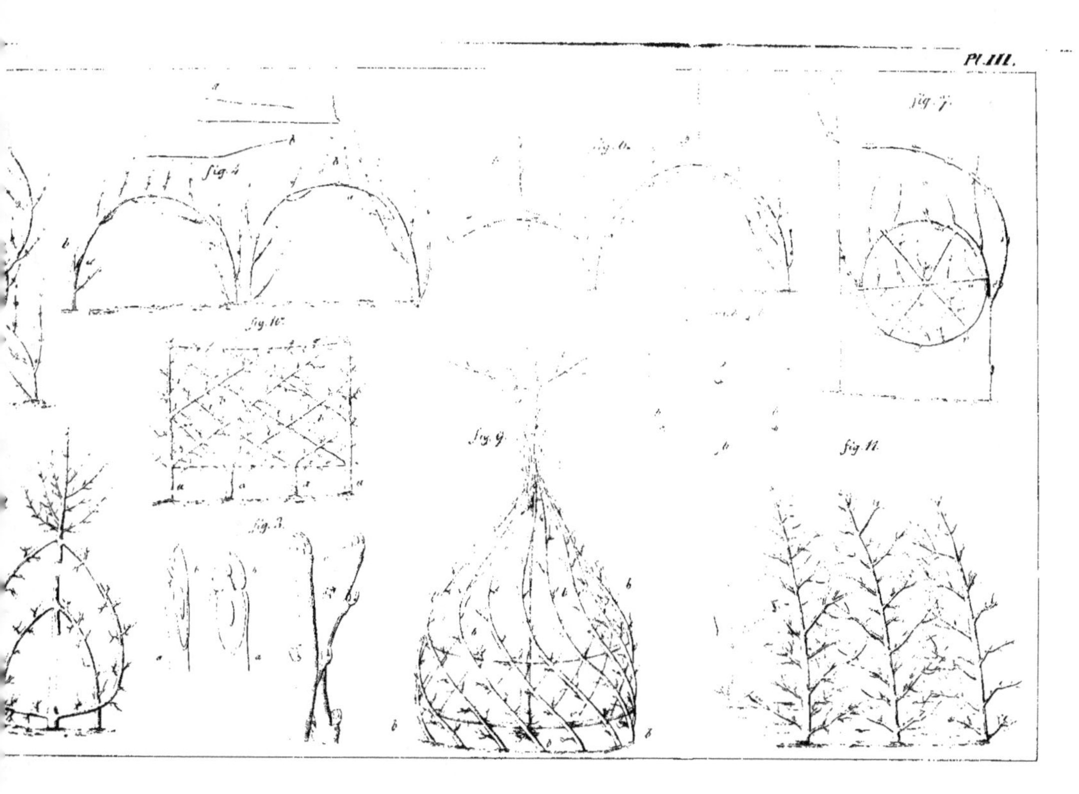

fig. 7.
fig. 4.
fig. 6.
fig. 10.
fig. 9.
fig. 11.
fig. 3.

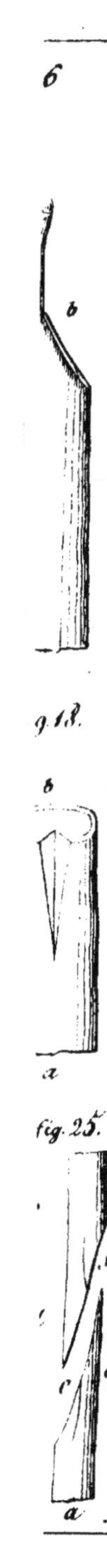

6
b
a
fig. 13.
b
a
fig. 25.
b
c
c
a

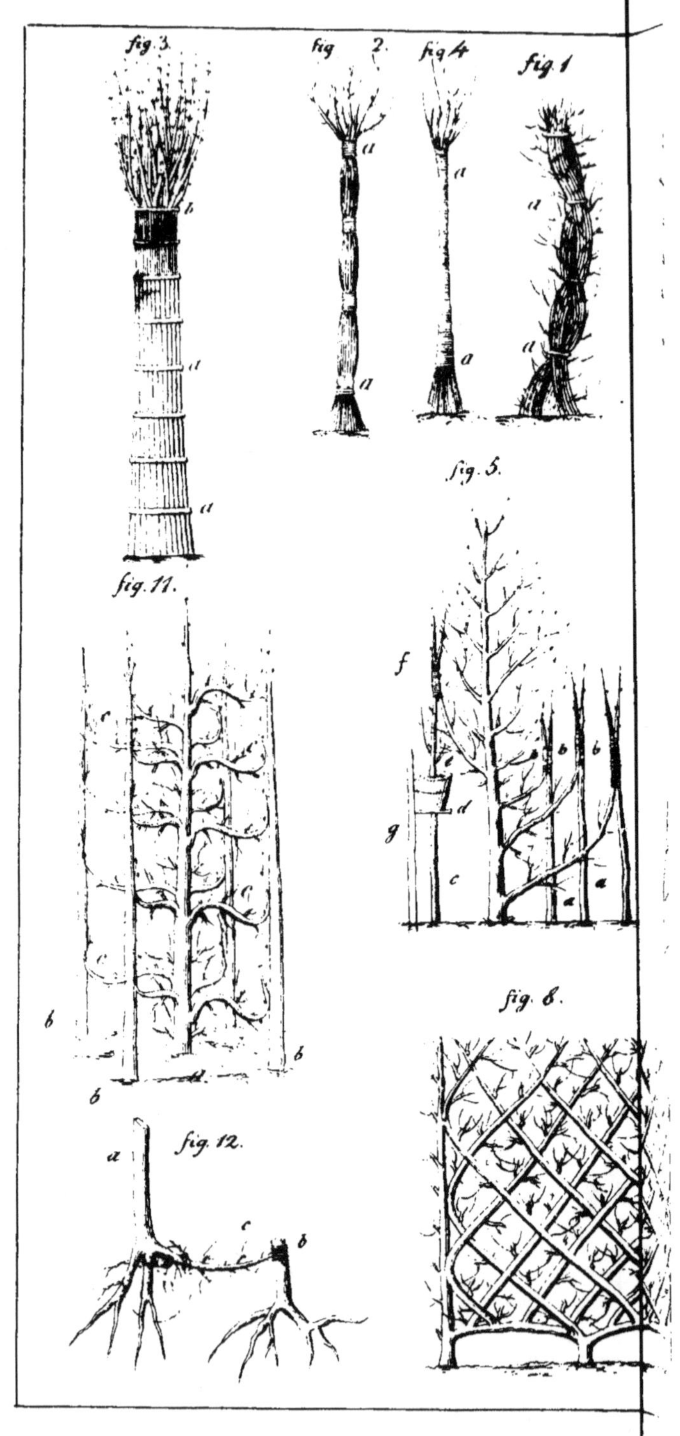

fig. 3
fig. 2
fig. 4
fig. 1
fig. 5
fig. 11
fig. 12
fig. 8

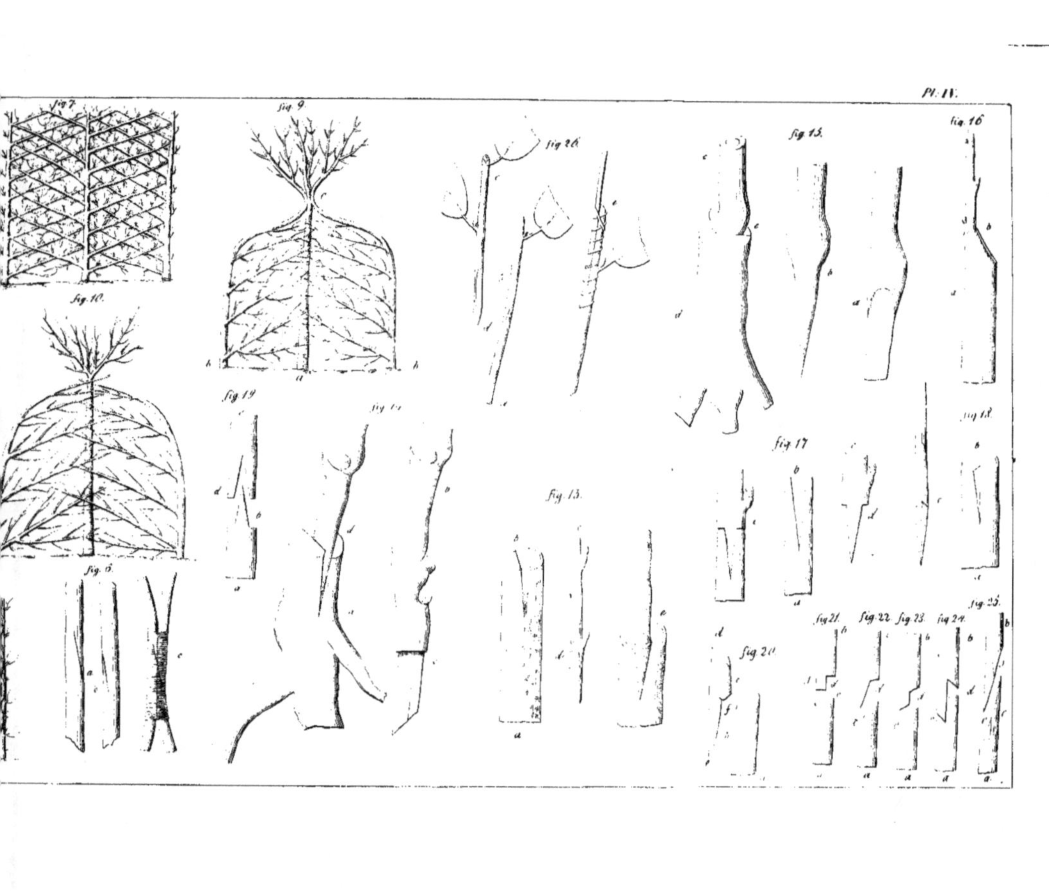

Fig. 7.
Fig. 9.
Fig. 10.
Fig. 8.
fig. 26.
fig. 15.
fig. 16.
fig. 14.
fig. 19.
fig. 17.
fig. 18.
fig. 13.
fig. 6.
fig. 20.
fig. 21. fig. 22. fig. 23. fig. 24. fig. 25.

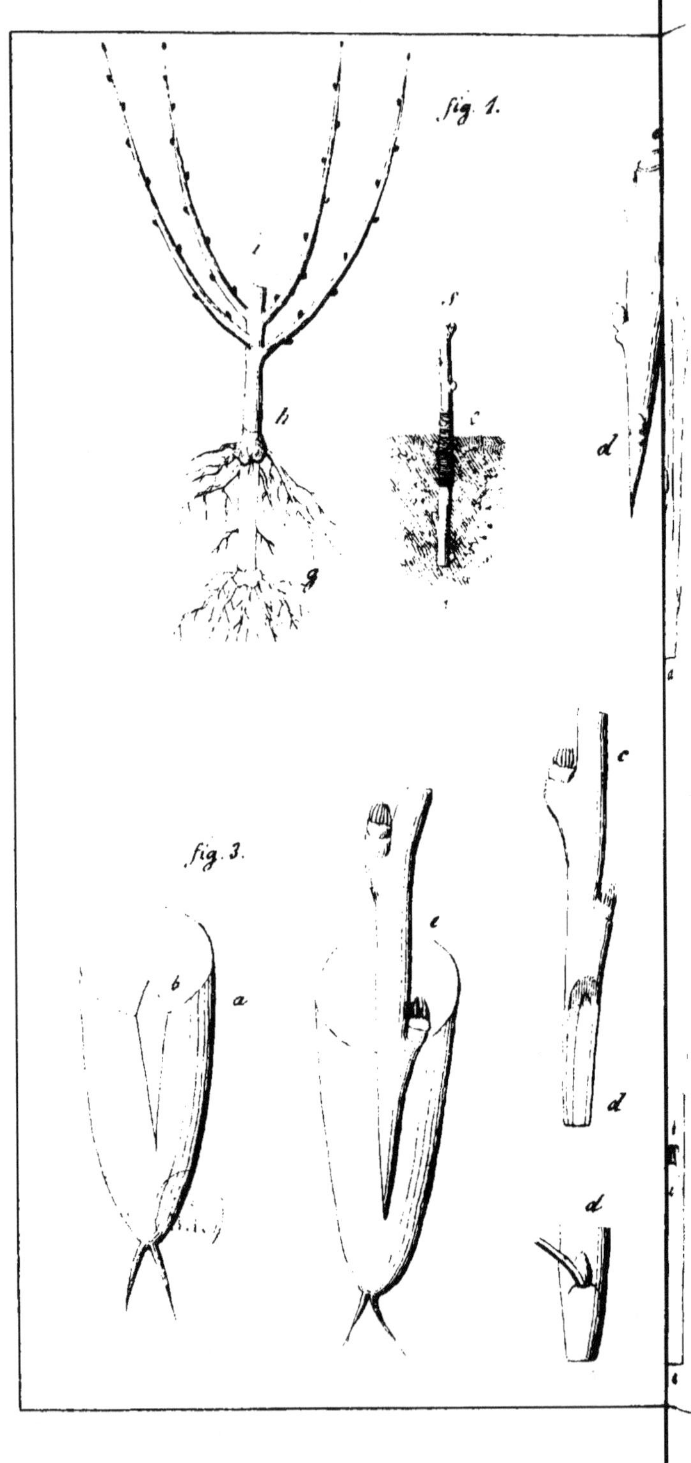

fig. 1.
fig. 3.

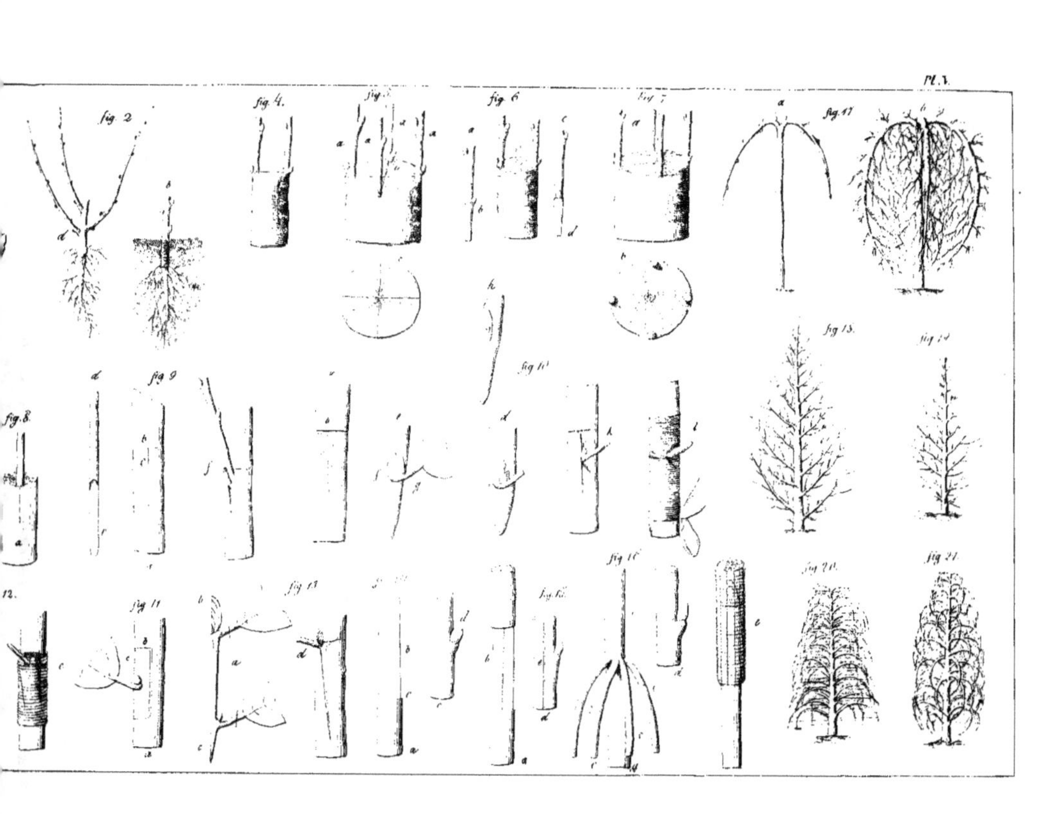
Pl. I.
fig. 2.
fig. 4.
fig. 5.
fig. 6.
fig. 7.
fig. 17.
fig. 8.
fig. 9.
fig. 10.
fig. 13.
fig. 14.
fig. 11.
fig. 12.
fig. 16.
fig. 20.
fig. 21.

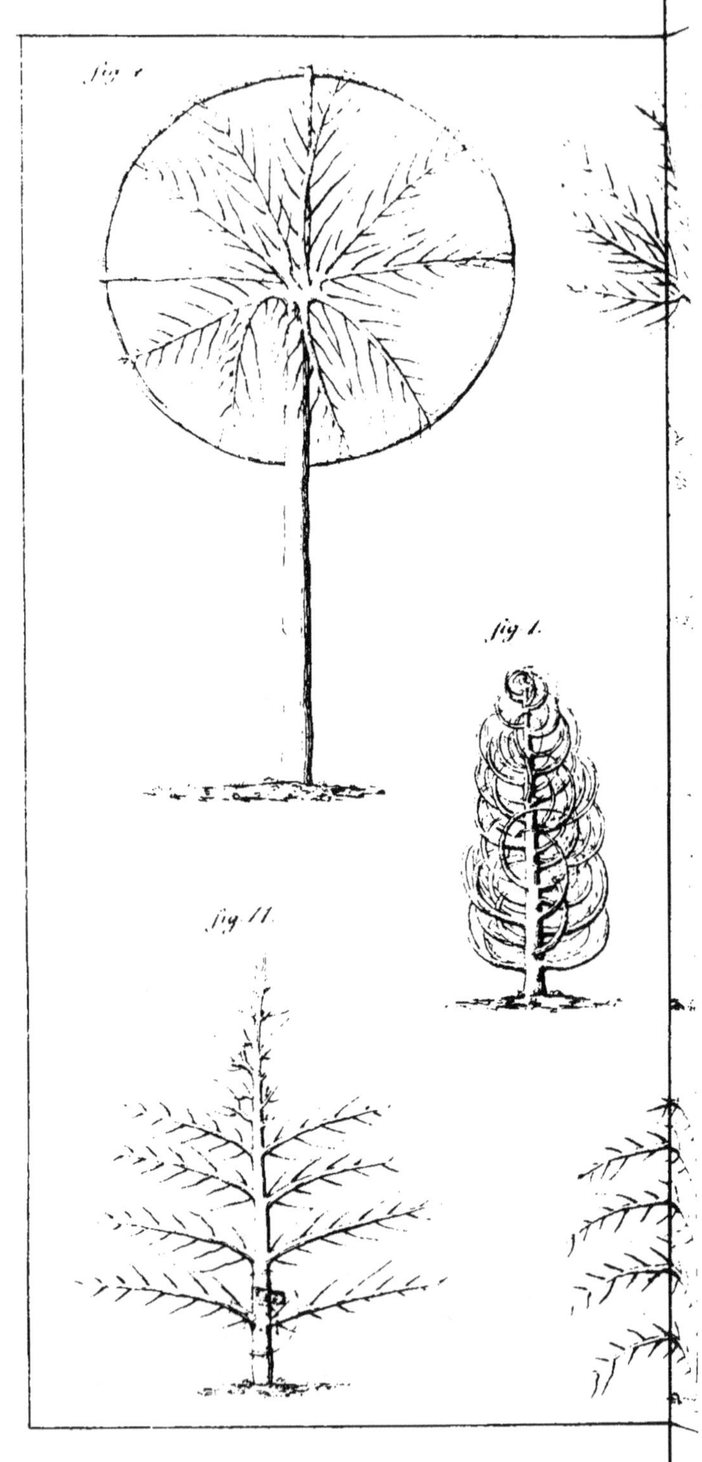

fig. 1.
fig. 1.
fig. 11.

Pl. VI. 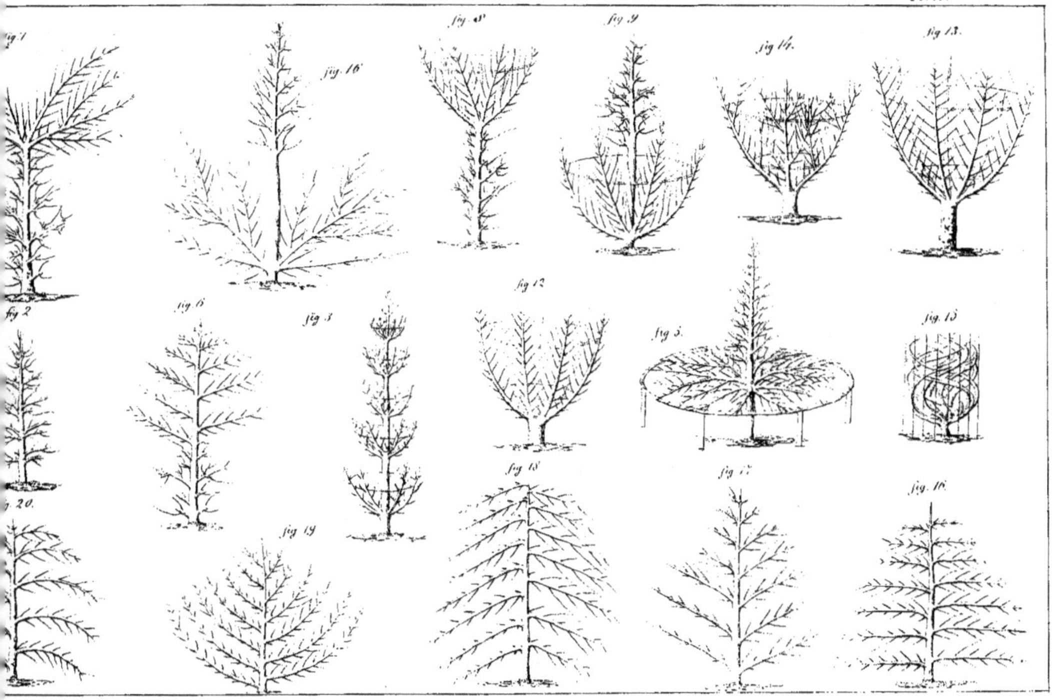
fig. 1.
fig. 16.
fig. 8.
fig. 9.
fig. 14.
fig. 13.
fig. 2.
fig. 6.
fig. 3.
fig. 12.
fig. 5.
fig. 15.
fig. 20.
fig. 19.
fig. 18.
fig. 17.
fig. 16.

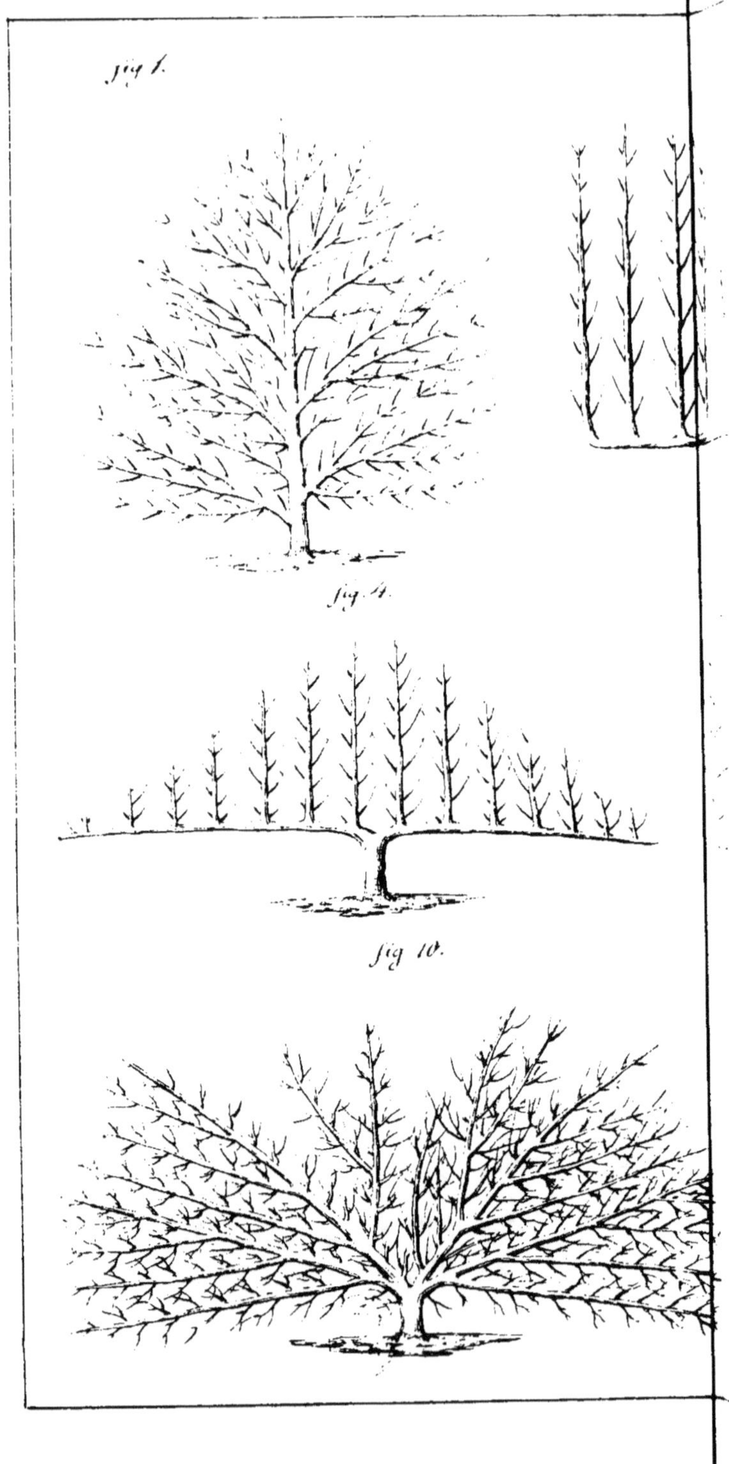

fig. 1.

fig. 4.

fig. 10.

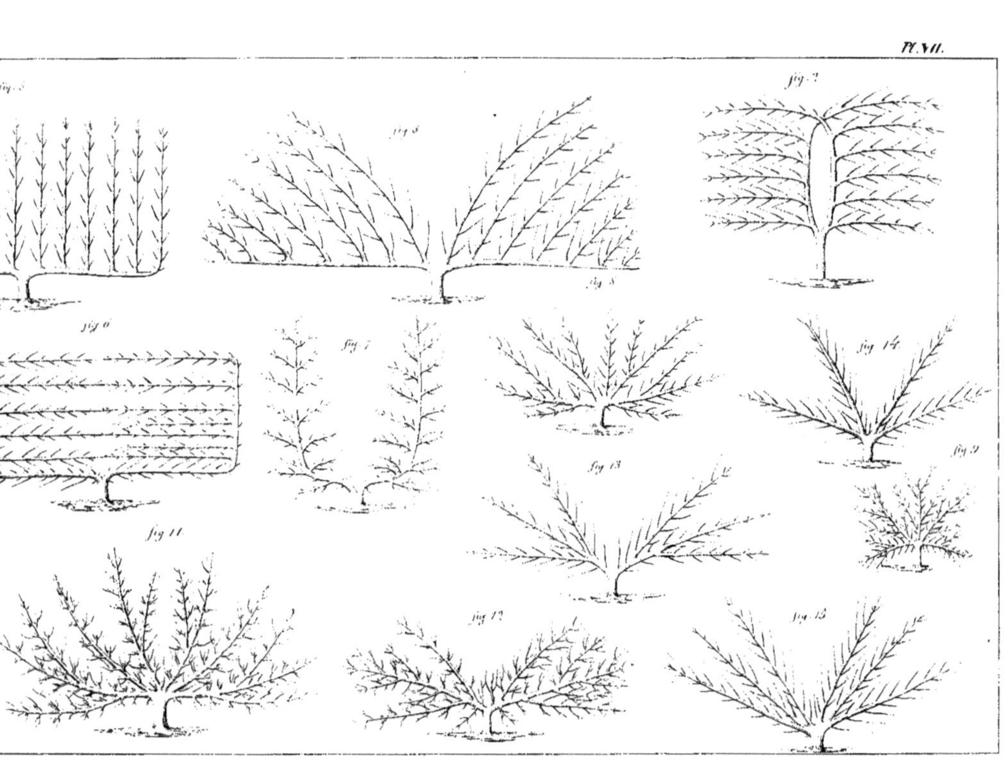

Pl. VII.
fig. 3
fig. 5
fig. 4
fig. 2
fig. 6
fig. 7
fig. 14
fig. 13
fig. 9
fig. 11
fig. 12
fig. 10
fig. 15

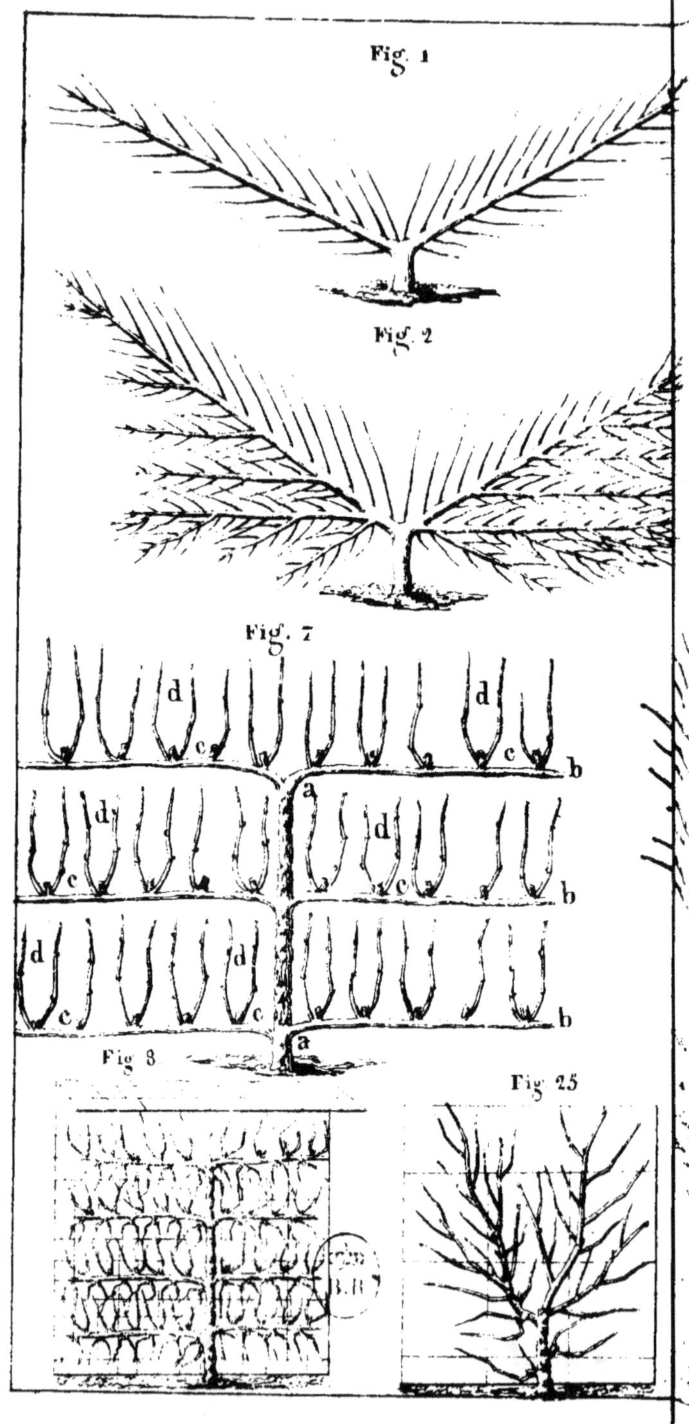

Fig. 1
Fig. 2
Fig. 7
d
d
c
c
b
a
d
d
c
c
a
b
d
d
c
c
b
a
Fig 8
Fig 25

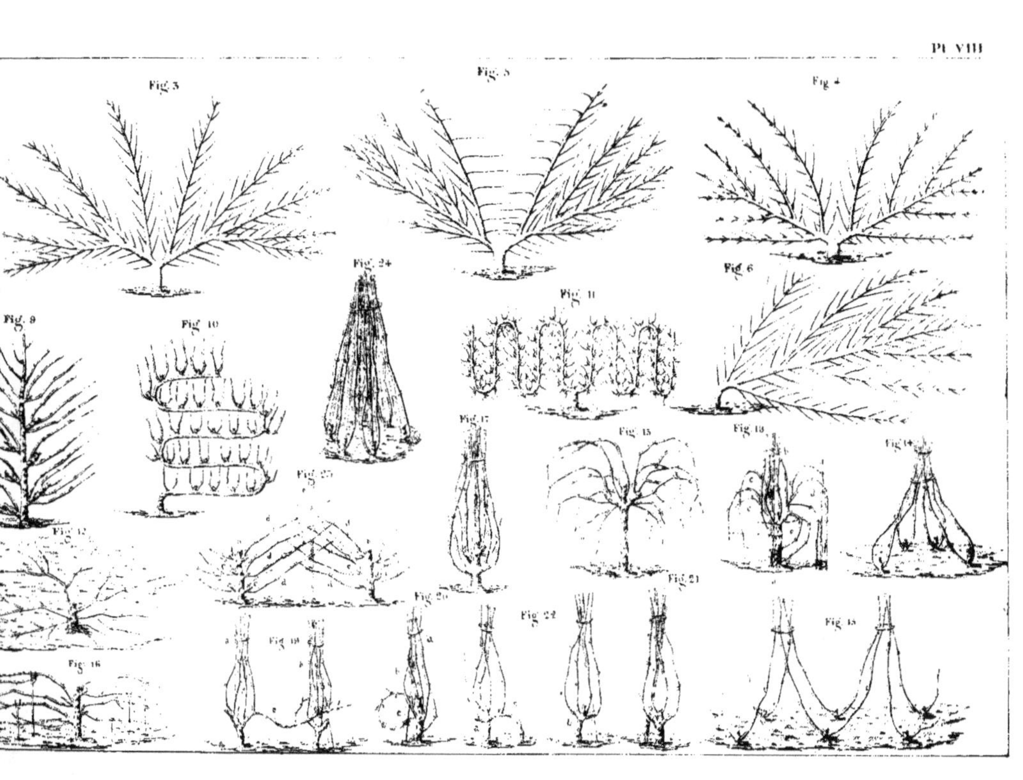

Fig 3
Fig 5
Fig 4
Fig 24
Fig 11
Fig 6
Fig 9
Fig 10
Fig 17
Fig 15
Fig 13
Fig 14
Fig 12
Fig 25
Fig 20
Fig 21
Fig 16
Fig 19
Fig 22
Fig 23

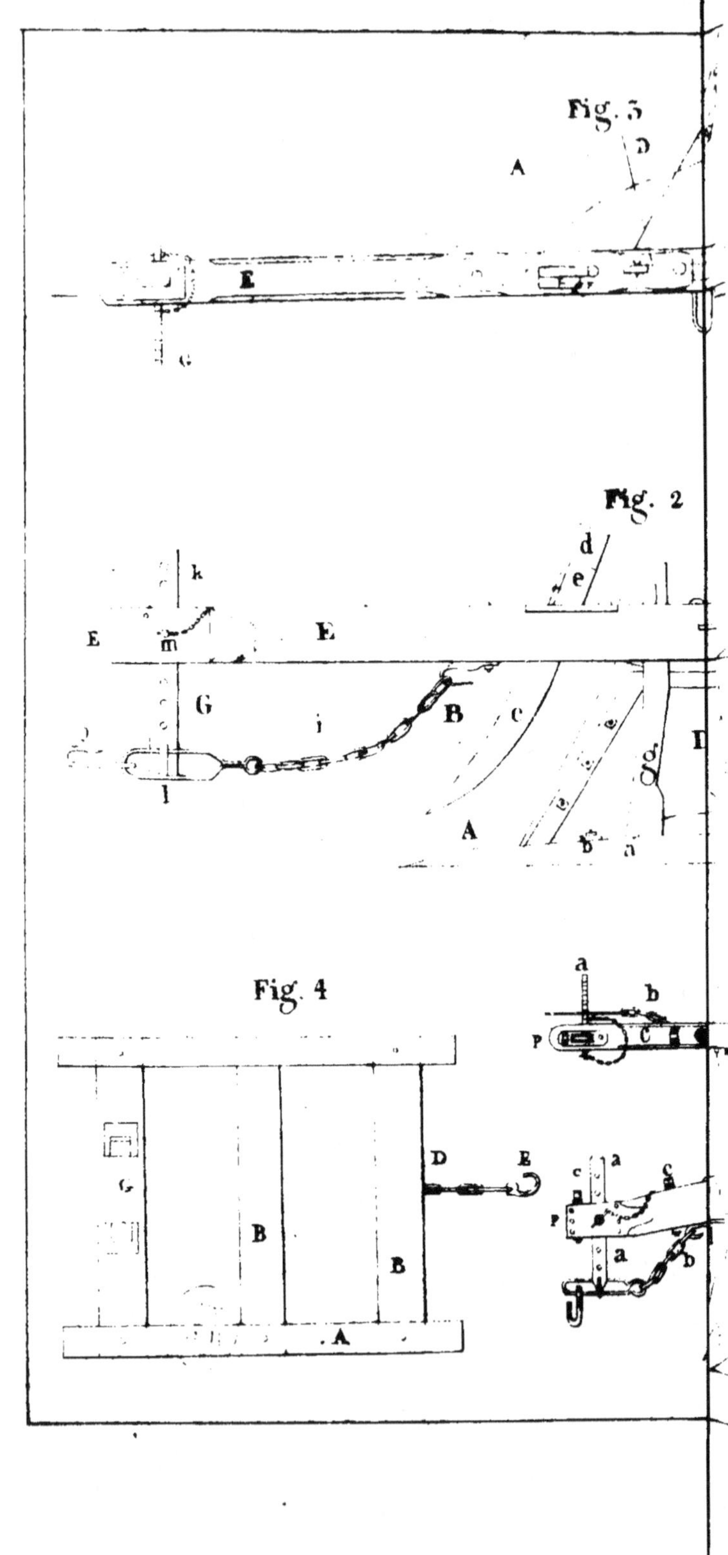

Fig. 3
A
D
E
G
Fig. 2
d
e
k
E
m
E
G
B
c
e
A
b
a
g
D
l
i
a
b
P
C
Fig. 4
a
c
a
c
c
G
D
E
P
B
B
a
a
b
A

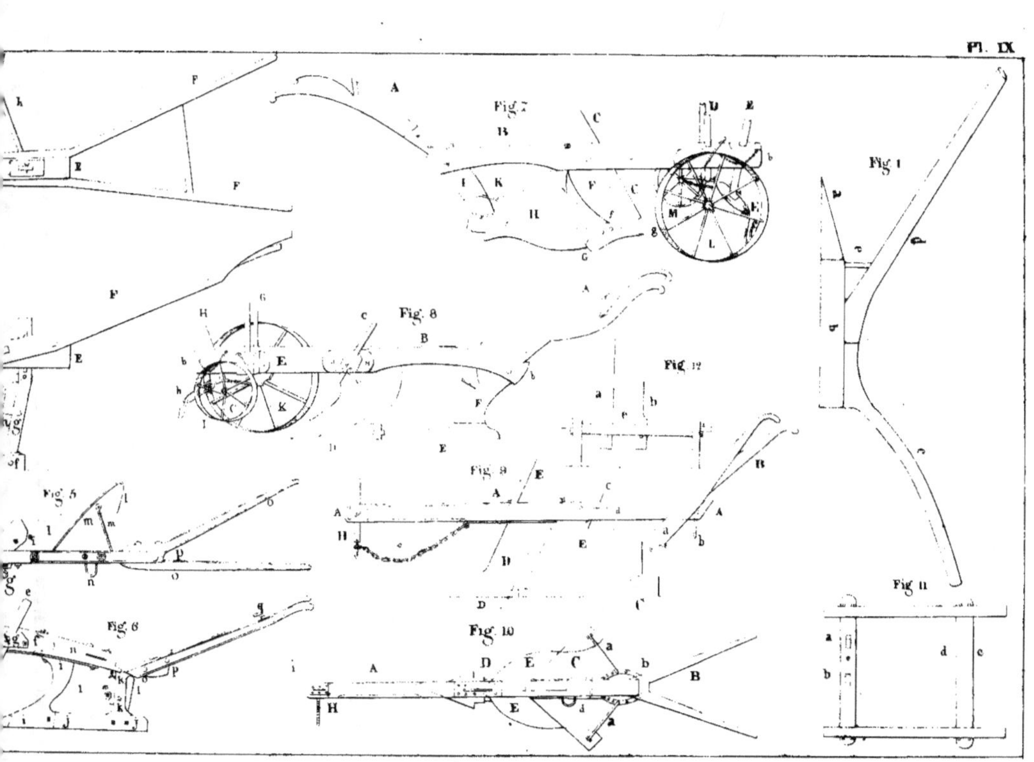
Fig. 1
Fig. 2
Fig. 3
Fig. 5
Fig. 6
Fig. 8
Fig. 9
Fig. 10
Fig. 11
Fig. 12

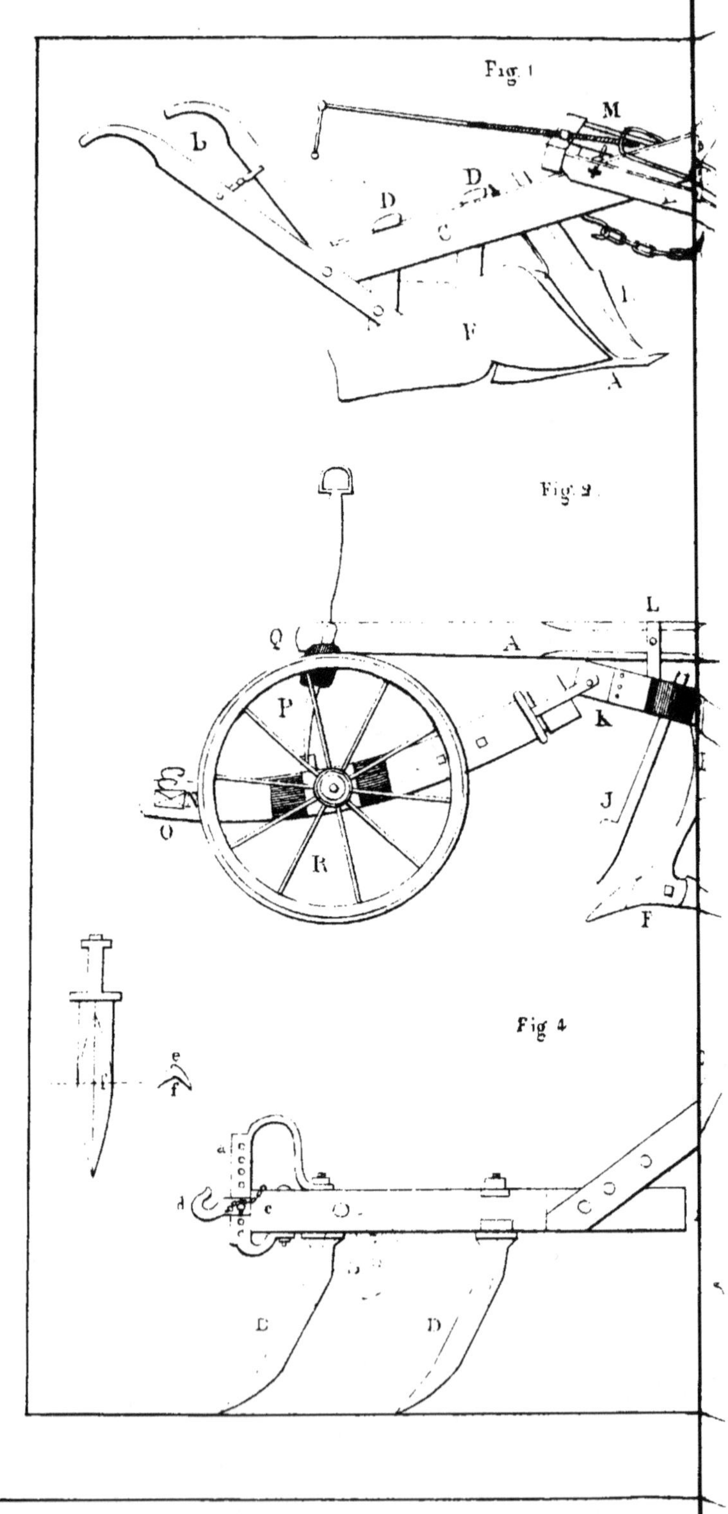

Fig 1
L
M
D
D
C
F
I
A
Fig 3
Q
A
L
P
K
N
O
J
R
F
Fig 4
e
f
a
d
c
D
D

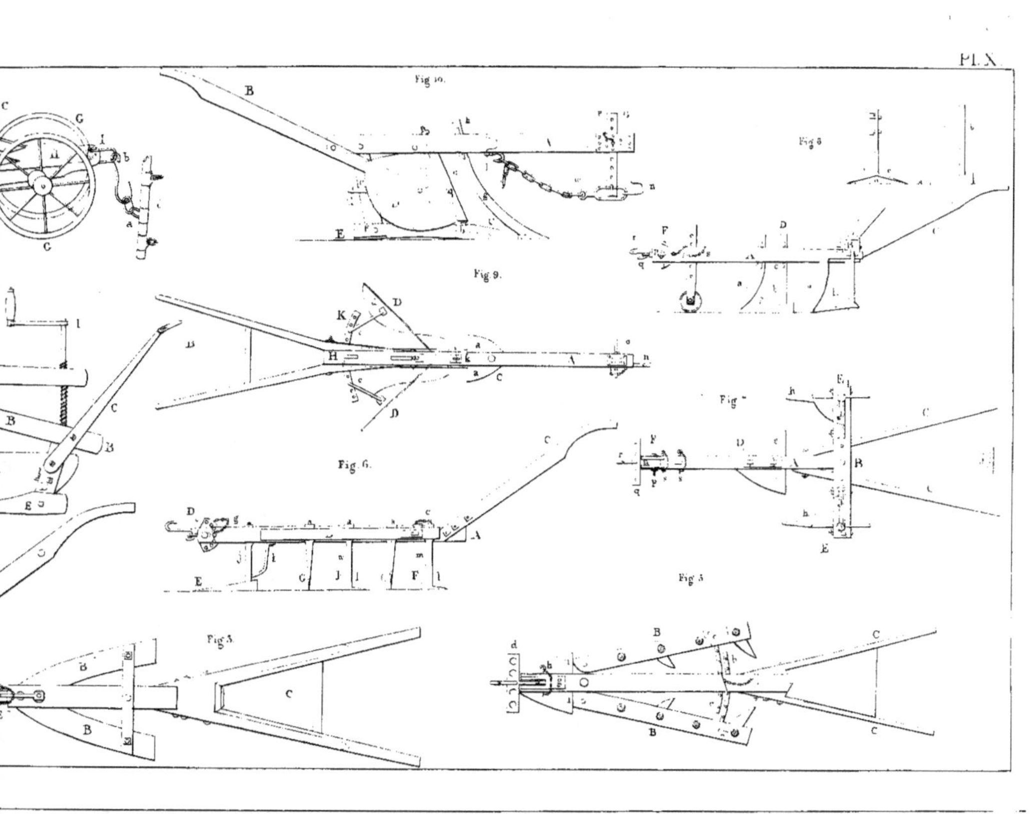
Fig 10.
Fig 9.
Fig 8.
Fig 7.
Fig 6.
Fig 5.
Fig 4.
Fig 3.

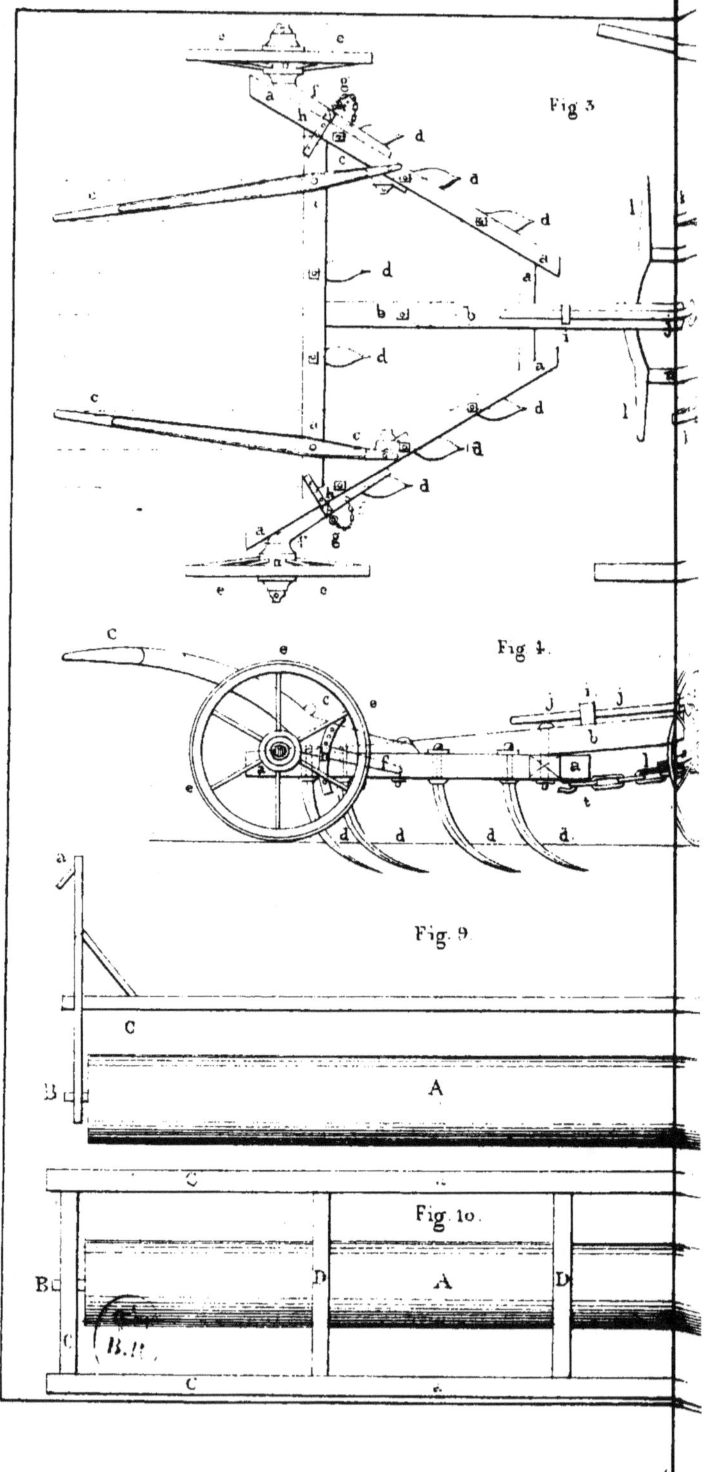

Fig 3
Fig 4.
Fig. 9
Fig. 10

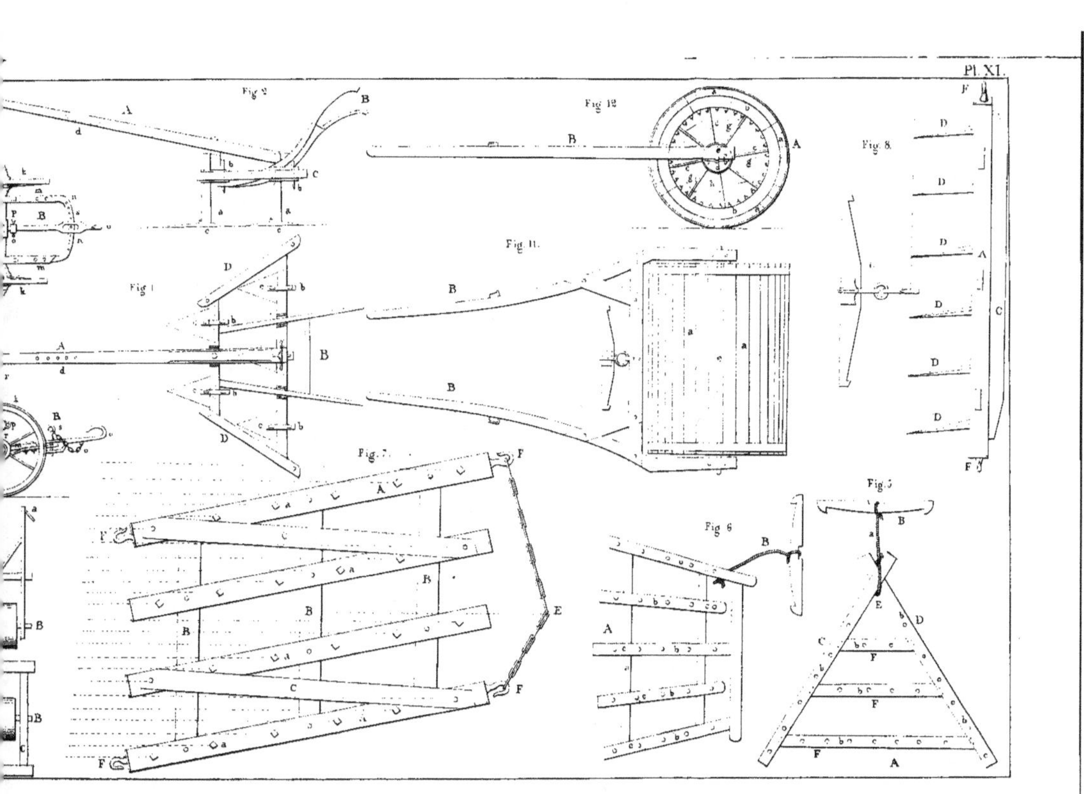

Fig 2
Fig 12
Fig. 8.
Fig 1
Fig. 11.
Fig. 7.
Fig 6
Fig. 5

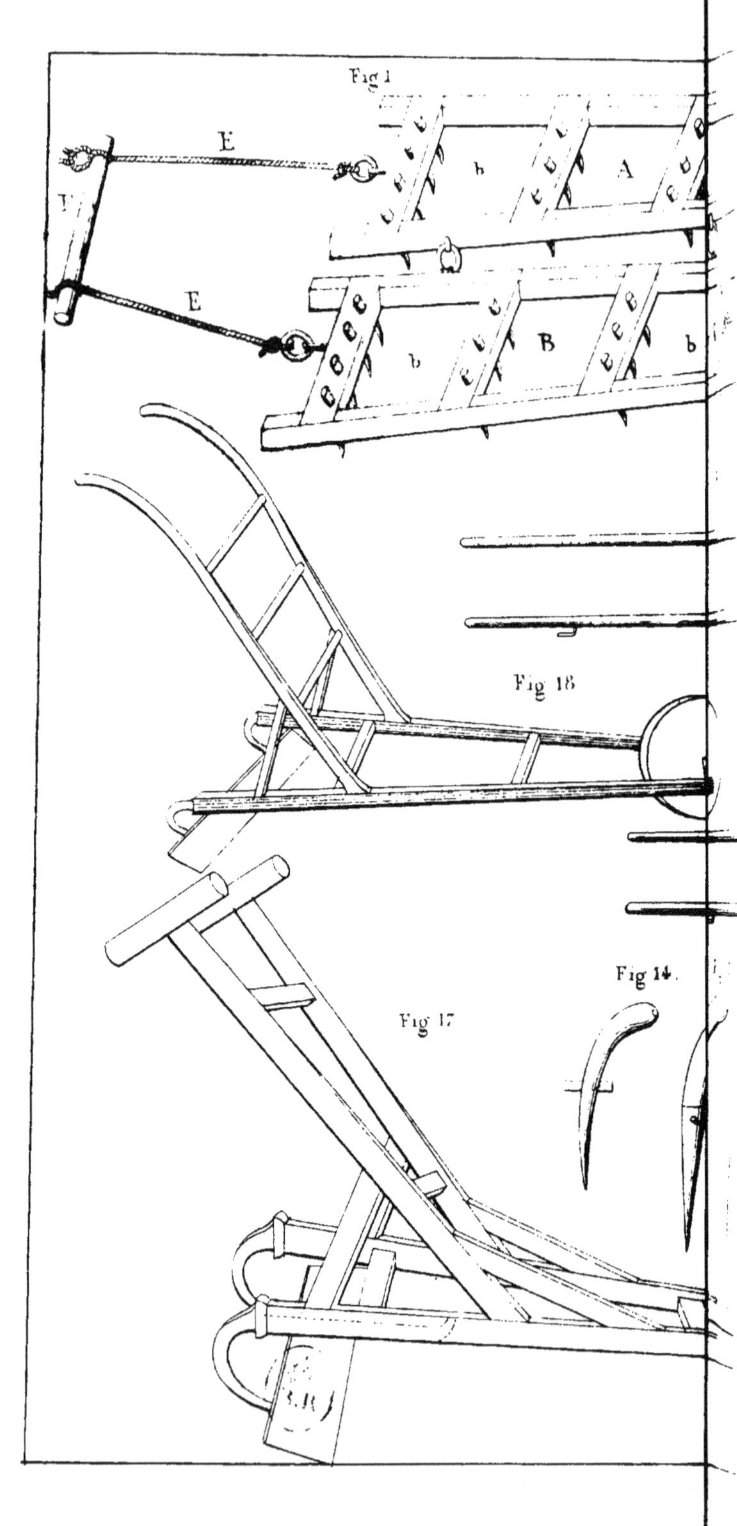

Fig 1
E
E
A
B
b
b
b
Fig 18
Fig 17
Fig 14

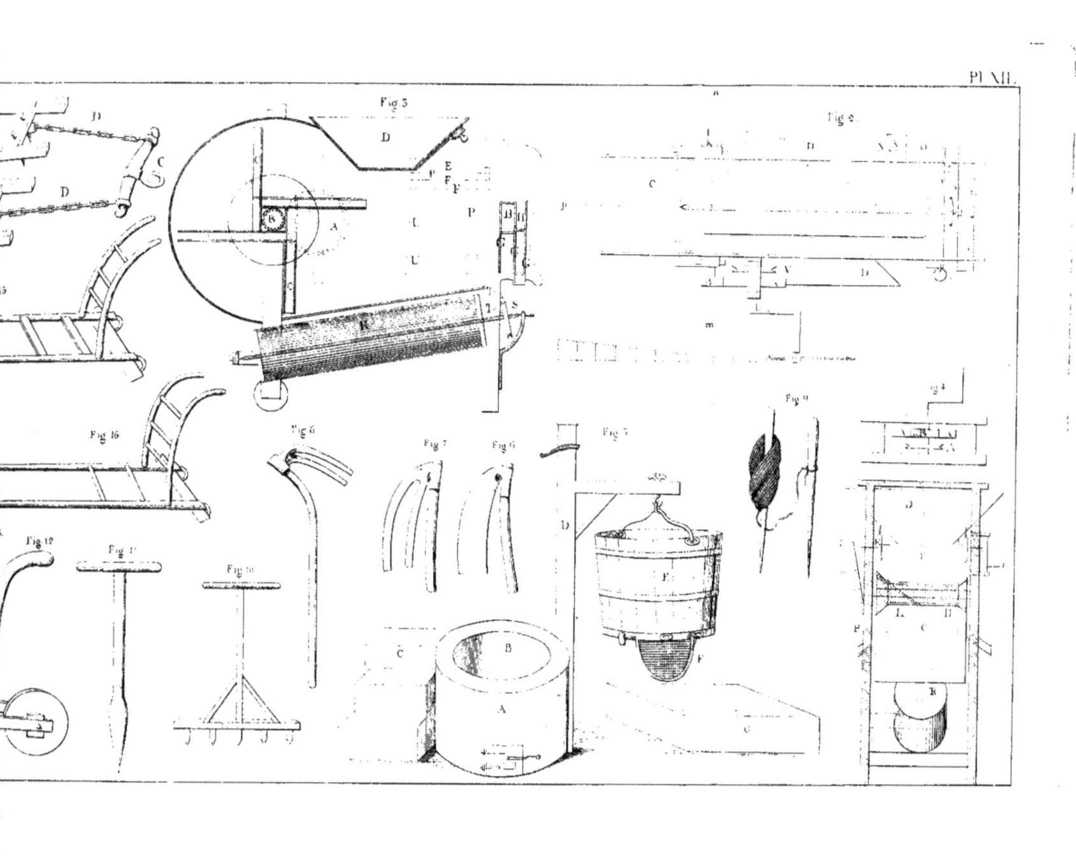
Fig 3
Fig 2
Fig 16
Fig 6
Fig 7
Fig 6
Fig 5
Fig 9
Fig 12
Fig 11
Fig 10

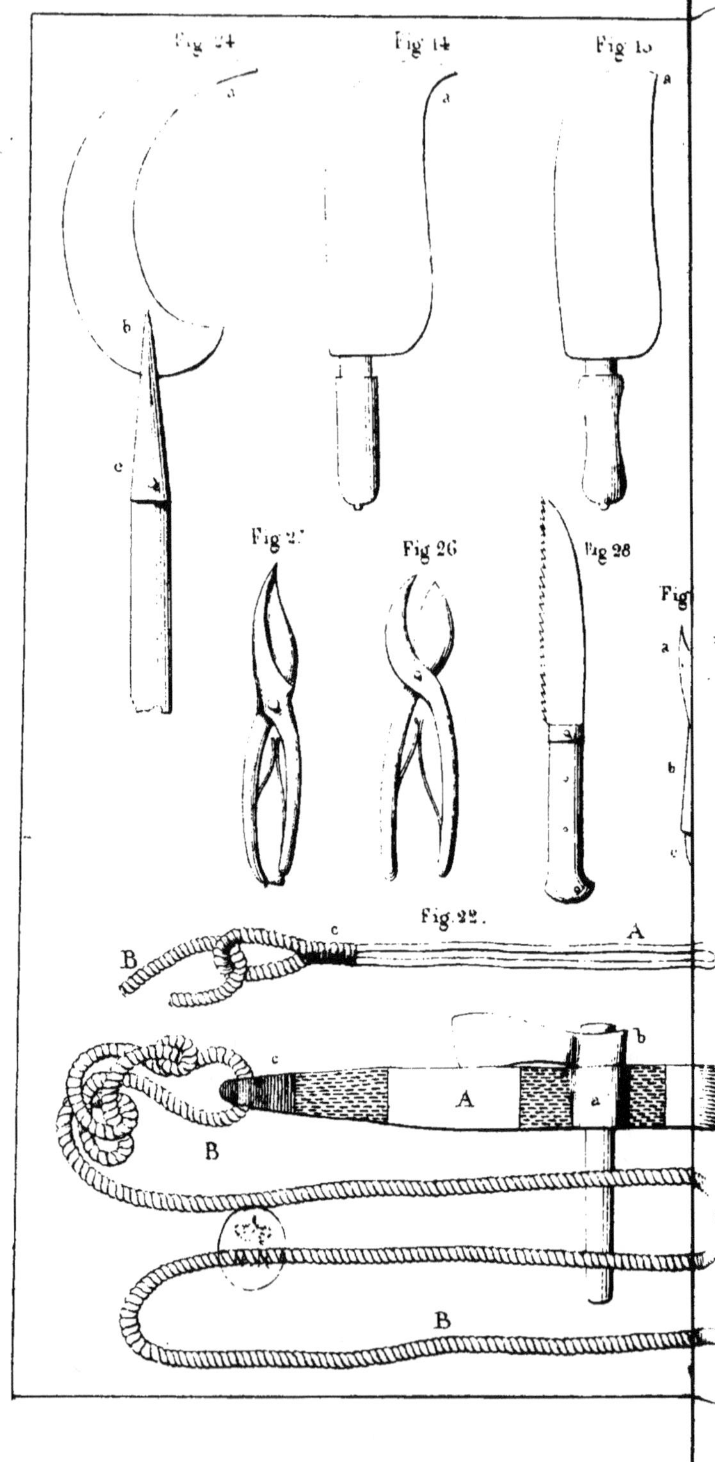

Fig 24
Fig 14
Fig 15
Fig 25
Fig 26
Fig 28
Fig 22

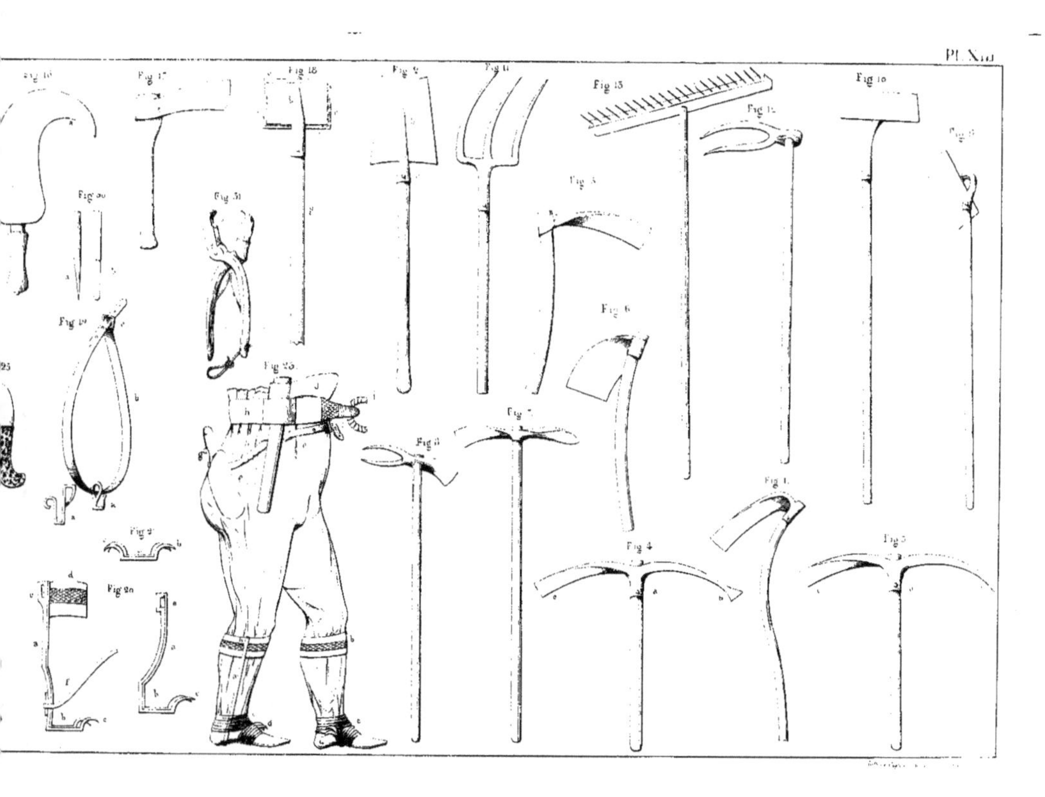

Pl. XIII
Fig. 16
Fig. 17
Fig. 18
Fig. 9
Fig. 11
Fig. 13
Fig. 10
Fig. 12
Fig. 30
Fig. 31
Fig. 5
Fig. 8
Fig. 19
Fig. 6
Fig. 23
Fig. 7
Fig. 3
Fig. 2
Fig. 20
Fig. 1
Fig. 4
Fig. 5

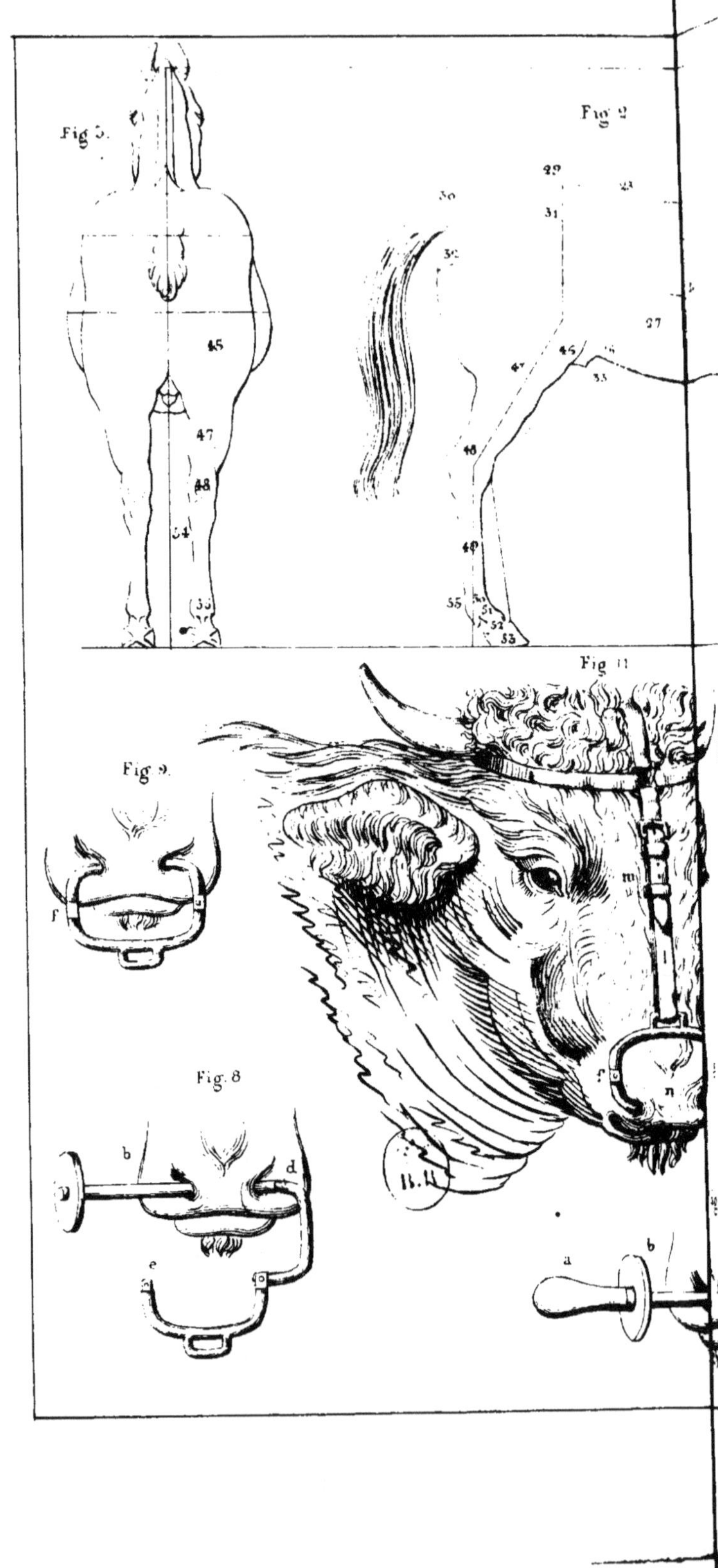

Fig 5.
Fig 2
Fig 11
Fig 9.
Fig. 8

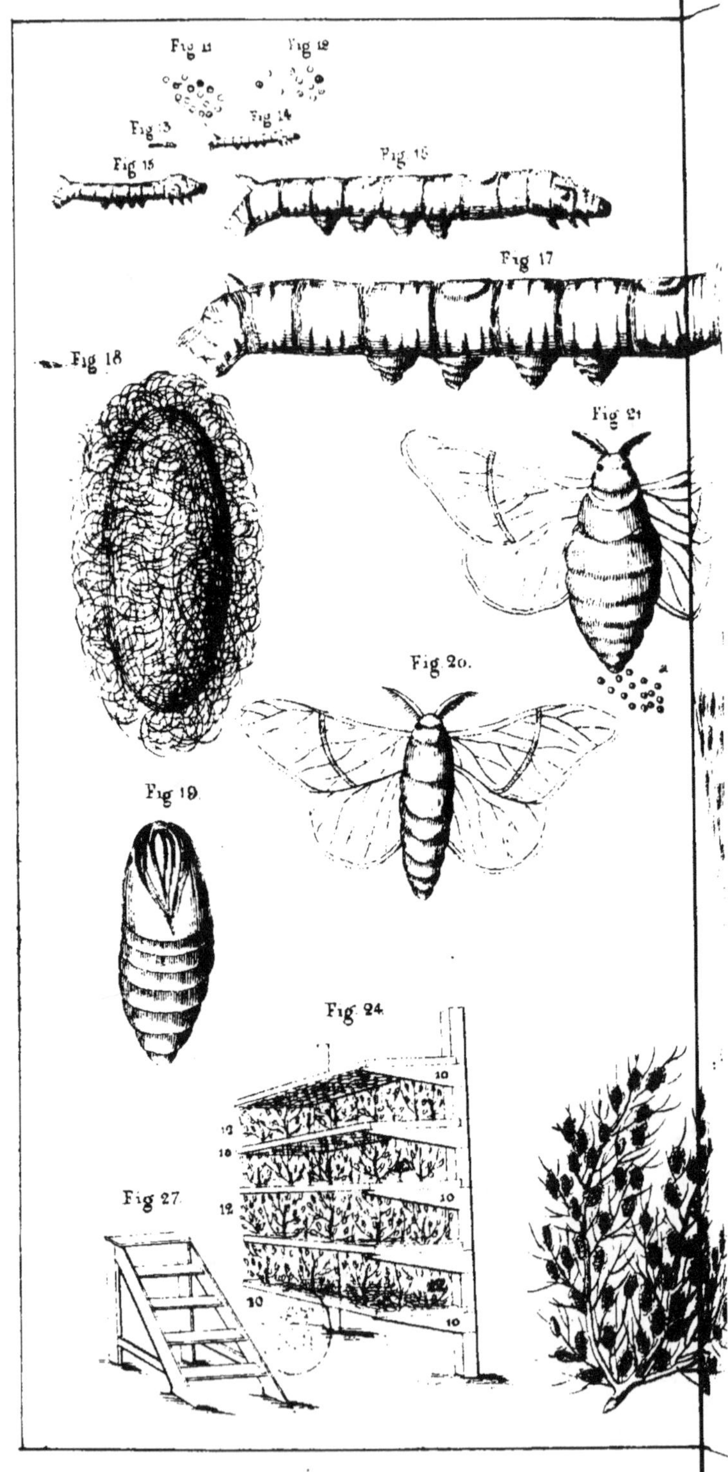

Fig 11
Fig 12
Fig 13
Fig 14
Fig 15
Fig 16
Fig 17
Fig 18
Fig 19
Fig 20.
Fig 21
Fig 24
Fig 27

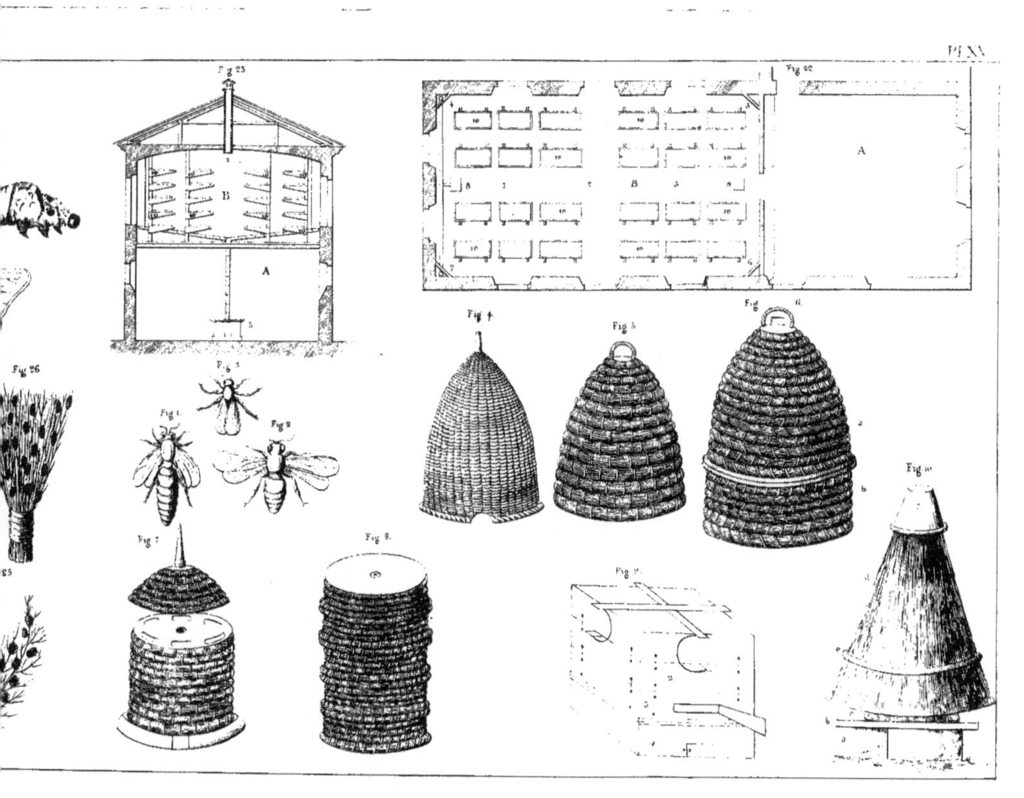